이번 학기 공부 습관을 만드는 첫 연산 책!

바빠 교과서 연산

바쁜 친구들이 즐거워지는
빠른 학습법

6-1

"우리 아이가
끝까지 푼 책은
이 책이 처음이에요." —학부모 후기 중

작은 발걸음 방식 문제 배치, **전문가의 연산 꿀팁** 가득!

이지스에듀

지은이 | 징검다리 교육연구소

징검다리 교육연구소는 바쁜 친구들을 위한 빠른 학습법을 연구하는 이지스에듀의 공부 연구소입니다.
아이들이 기계적으로 공부하지 않도록, 두뇌가 활성화되는 과학적 학습 설계가 적용된 책을 만듭니다.

바빠 교과서 연산 시리즈(개정판)

바빠 교과서 연산 6-1

(이 책은 2019년 11월에 출간한 '바쁜 6학년을 위한 빠른 교과서 연산 6-1'을 새 교육과정에 맞춰 개정했습니다.)

초판 1쇄 인쇄 2026년 1월 20일
초판 1쇄 발행 2026년 1월 20일
지은이 징검다리 교육연구소
발행인 이지연 　　　　　　　　　　　**펴낸곳** 이지스퍼블리싱(주)
출판사 등록번호 제313-2010-123호　　　**제조국명** 대한민국
주소 서울시 마포구 잔다리로 109 이지스 빌딩 5층(우편번호 04003)
대표전화 02-325-1722　　　　　　　　**팩스** 02-326-1723
이지스퍼블리싱 홈페이지 www.easyspub.com　　**이지스에듀 카페** www.easysedu.co.kr
바빠 아지트 블로그 blog.naver.com/easyspub　**인스타그램** @easys_edu
페이스북 www.facebook.com/easyspub2014　**이메일** service@easyspub.co.kr

기획 및 책임 편집 김현주 | 박지연, 김경진, 이지혜　**표지 및 내지 디자인** 손한나, 김세리
일러스트 김학수, 이츠북스　**전산편집** 이츠북스　**인쇄** js프린팅　**독자 지원** 박애림, 이세진, 김수경
영업 및 문의 이주동, 김요한(support@easyspub.co.kr)　**마케팅** 라혜주

ISBN 979-11-6303-807-8
ISBN 979-11-6303-581-7(세트)
가격 11,000원

• **이지스에듀**는 이지스퍼블리싱(주)의 교육 브랜드입니다.
　(이지스에듀는 학생들을 탈락시키지 않고 모두 목적지까지 데려가는 책을 만듭니다!)

공부 습관을 만드는 첫 번째 연산 책!
이번 학기에 필요한 연산은 이 책으로 완성!

✦✦ 이번 학기 연산, 작은 발걸음 배치로 막힘없이 풀 수 있어요!

'바빠 교과서 연산'은 이번 학기에 필요한 연산만 모아 똑똑한 방식으로 훈련하는 '학교 진도 맞춤 연산 책'이에요. 실제 학교에서 배우는 방식으로 설명하고, 작은 발걸음 방식(small-step)으로 문제가 배치되어 막힘없이 풀게 돼요. 여기에 이해를 돕고 실수를 줄여 주는 꿀팁까지! 수학 전문학원 원장님에게나 들을 수 있던 '바빠 꿀팁'과 책 곳곳에서 알려주는 빠독이의 힌트로 쉽게 이해하고 문제를 풀 수 있답니다.

✦✦ 산만해지는 주의력을 잡아 주는 이 책의 똑똑한 장치들!

이 책에서는 자릿수가 중요한 연산 문제는 모눈 위에서 정확하게 계산하도록 편집했어요. 또 6학년 친구들이 자주 틀린 문제는 '앗! 실수' 코너로 한 번 더 짚어 주어 더 빠르고 완벽하게 학습할 수 있답니다.
그리고 각 쪽마다 집중 시간이 적힌 목표 시계가 있어요. 이 시계는 속도를 독촉하기 위한 게 아니에요. 제시된 시간은 딴짓하지 않고 풀면 6학년 어린이가 충분히 풀 수 있는 시간입니다. 공부할 때 산만해지지 않도록 시간을 측정해 보세요. 집중하는 재미와 성취감을 동시에 맛보게 될 거예요.

✦✦ 엄마들이 감동한 책–'우리 아이가 처음으로 끝까지 푼 문제집이에요!'

이 책은 아직 공부 습관이 잡히지 않은 친구들에게도 딱이에요! 지난 5년간 '바빠 교과서 연산'을 경험한 학부모님들의 후기를 보면, '아이가 직접 고른 문제집이에요.', '처음으로 끝까지 다 푼 책이에요!', '연산을 싫어하던 아이가 이 책은 재밌다며 또 풀고 싶대요!' 등 아이들의 공부 습관을 꽉 잡아 준 책이라는 감동적인 서평이 가득합니다.
이 책을 푼 후, 학교에 가면 수학 교과서를 미리 푼 효과로 수업 시간에도, 단원평가에도 자신감이 생길 거예요. 새 교육과정에 맞춘 연산 훈련으로 수학 실력이 '쑤욱' 오르는 기쁨을 만나 보세요!

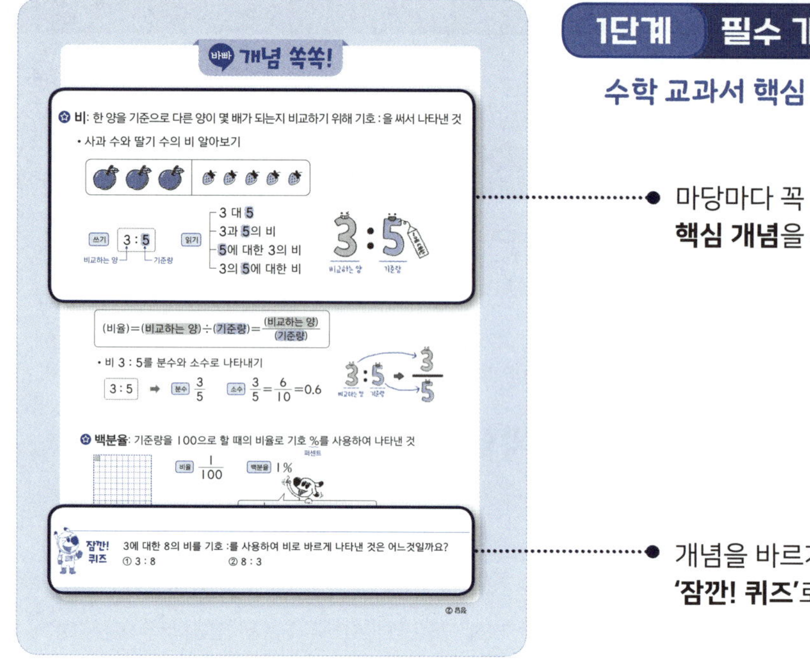

1단계 필수 개념 정리

수학 교과서 핵심 개념만 쏙쏙 골라 담았어요!

● 마당마다 꼭 알아야 할 **핵심 개념**을 확인하고 시작해요.

● 개념을 바르게 이해했는지 **'잠깐! 퀴즈'**로 확인할 수 있어요.

2단계 체계적인 연산 훈련

작은 발걸음 방식(small step)으로 차근차근 실력을 쌓아요.

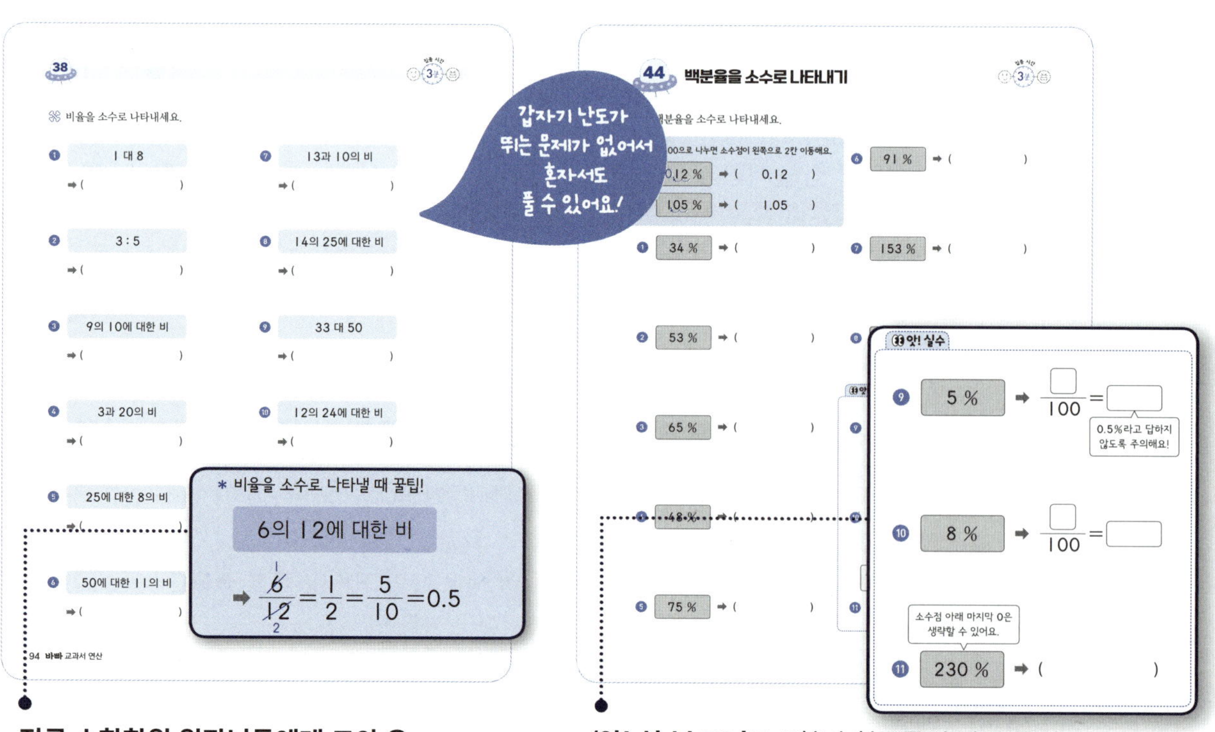

● 전국 수학학원 원장님들에게 모아 온 **'연산 꿀팁!'**으로 막힘없이 술술~ 풀 수 있어요.

● **'앗! 실수' 코너**로 6학년 친구들이 자주 틀린 문제를 한 번 더 풀고 넘어가요.

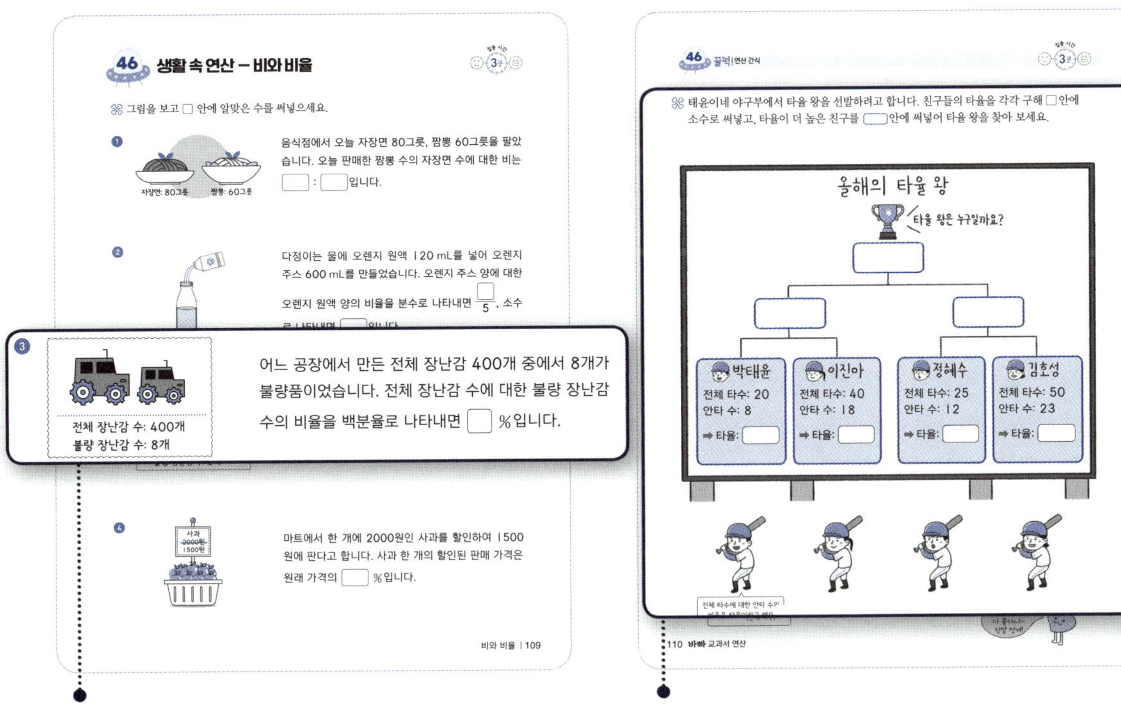

'생활 속 기초 문장제'로 서술형의 기초를 다져요.

그림 그리기, 선 잇기 등 **'재미있는 연산 활동'**으로 **수 응용력**과 **사고력**을 키워요.

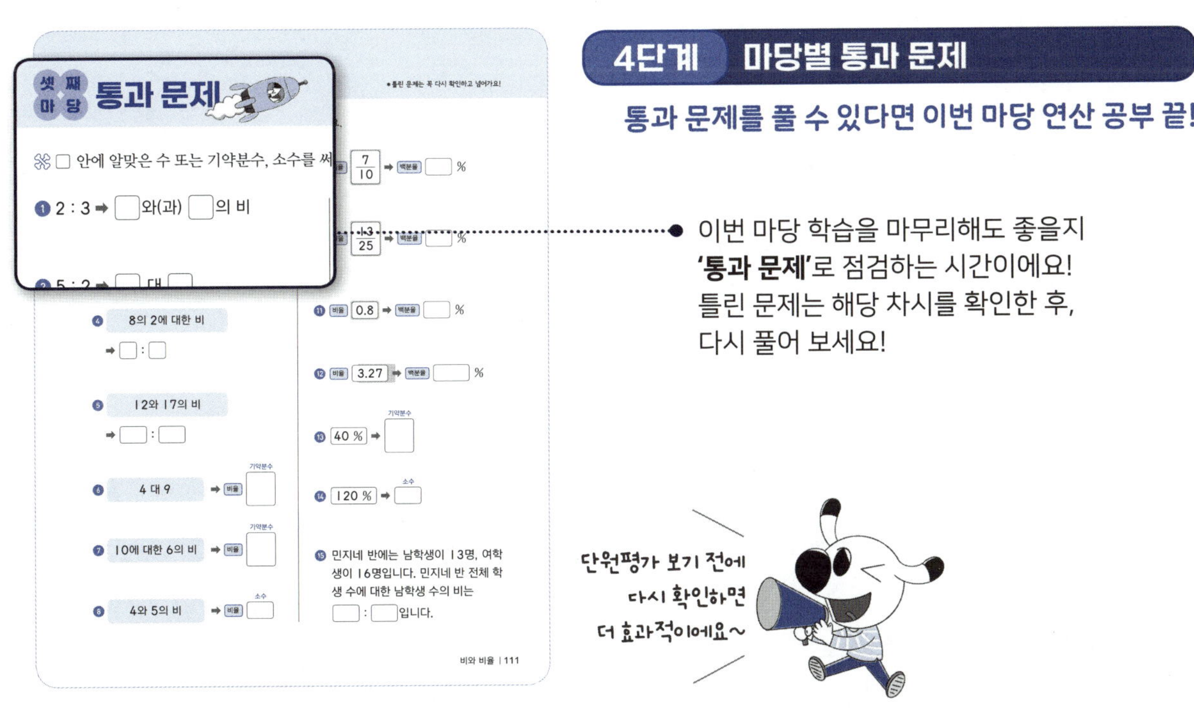

이번 마당 학습을 마무리해도 좋을지 **'통과 문제'**로 점검하는 시간이에요! 틀린 문제는 해당 차시를 확인한 후, 다시 풀어 보세요!

교과서 분수의 나눗셈
· (자연수)÷(자연수)의 몫을 분수로 나타내기
· (분수)÷(자연수) 알아보기
· (분수)÷(자연수)를 분수의 곱셈으로 나타내기
· (대분수)÷(자연수) 알아보기

지도 길잡이 6학년 1학기의 첫 단원에서는 분수의 나눗셈을 배웁니다. 분수의 나눗셈에서 가장 많이 하는 실수는 나눗셈 상태에서 바로 약분하는 경우입니다. 반드시 곱셈으로 바꾼 다음 약분하도록 지도해 주세요.
분수의 곱셈처럼 분수의 나눗셈도 대분수를 가분수로 바꾼 다음 계산해야 합니다.

교과서 소수의 나눗셈
· (소수)÷(자연수)
· (자연수)÷(자연수)의 몫을 소수로 나타내기
· 어림셈한 결과를 이용하여 몫의 소수점 위치 확인하기
· 공배수와 최소공배수 알아보기

지도 길잡이 소수의 나눗셈은 실수가 많은 단원이므로 몫을 바르게 구했는지 확인하는 습관을 기르는 것이 중요합니다.
몫의 소수점을 바르게 찍었는지, 몫이 1보다 작을 때 일의 자리에 0을 채웠는지, 내림을 연속으로 두 번 할 때 몫에 0을 빠뜨리지는 않았는지 확인하는 습관을 들여 주세요.
나눗셈을 한 후 (나누는 수)×(몫)=(나누어지는 수)로 몫을 바르게 구했는지 확인하는 것도 좋은 습관입니다.

교과서 비와 비율
· 두 수 비교하기
· 비 알아보기
· 비율 알아보기
· 백분율 알아보기

지도 길잡이 아이들이 비를 읽는 방법을 어려워하는 경우가 많습니다. 무조건 암기하기보다는 기준이 되는 수를 먼저 찾도록 지도 해주세요. 기준에 ○ 표시를 하고 '~에 대한'으로 읽는 것에 유의해서 연습하는 것이 필요합니다.

교과서 직육면체의 부피와 겉넓이
· 직육면체의 부피 구하기
· 직육면체의 겉넓이 구하기

지도 길잡이 직육면체의 부피와 겉넓이를 구하는 공식은 외워서 바로 떠오르게 연습해야 시간을 단축할 수 있습니다. 반드시 공식을 외우고 풀도록 지도해주세요.

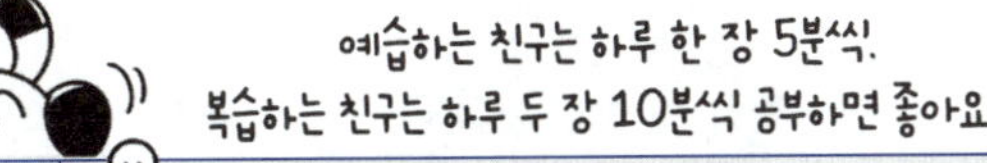

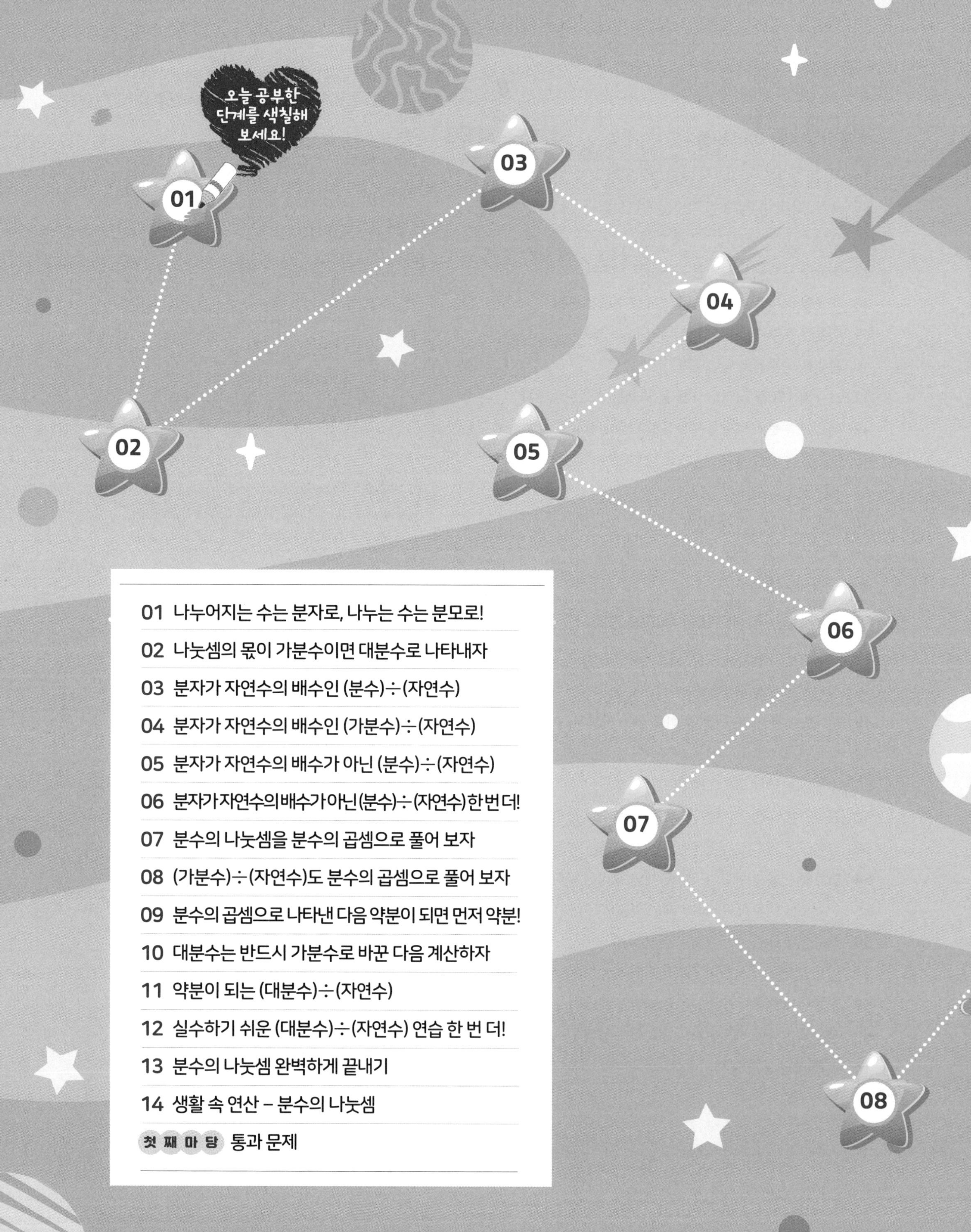

오늘 공부한
단계를 색칠해
보세요!

분수의 나눗셈

☆ 나눗셈의 몫을 분수로 나타내기

나누어지는 수는 분자에, 나누는 수는 분모에 써요.

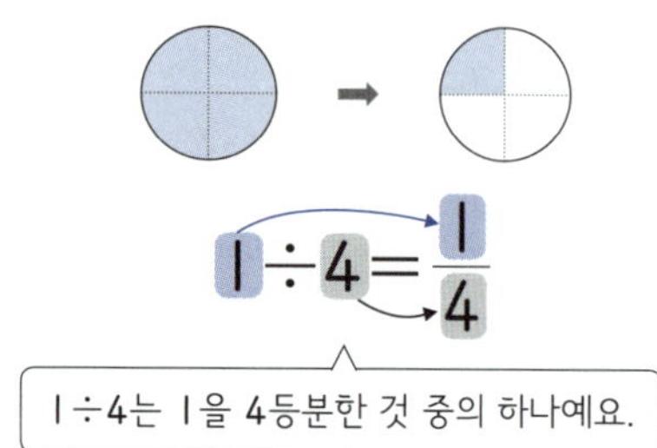

- $1 \div$ (자연수)

$$1 \div 4 = \frac{1}{4}$$

1÷4는 1을 4등분한 것 중의 하나예요.

- (자연수) $\div$ (자연수)

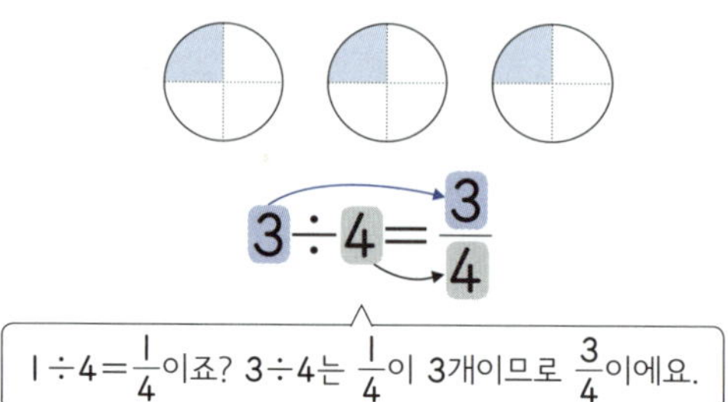

$$3 \div 4 = \frac{3}{4}$$

$1 \div 4 = \frac{1}{4}$ 이죠? $3 \div 4$는 $\frac{1}{4}$이 3개이므로 $\frac{3}{4}$이에요.

☆ (분수) $\div$ (자연수)

- 분자가 나누는 자연수의 배수인 경우

[방법 1] 분자를 자연수로 나누어 계산하기

분자를 자연수로 나눠요.

$$\frac{4}{5} \div 2 = \frac{4 \div 2}{5} = \frac{2}{5}$$

분모는 그대로!

[방법 2] 분수의 곱셈으로 나타내어 계산하기

$$\frac{4}{5} \div 2 = \frac{4}{5} \times \frac{1}{2} = \frac{2}{5}$$

$\div$(자연수)를 $\times \frac{1}{(자연수)}$로 나타내요.

- 분자가 나누는 자연수의 배수가 아닌 경우

[방법 1] 분자가 자연수의 배수인 분수로 만들어 계산하기

분자를 자연수로 나눠요.

$$\frac{3}{4} \div 2 = \frac{3 \times 2}{4 \times 2} \div 2 = \frac{6}{8} \div 2 = \frac{6 \div 2}{8} = \frac{3}{8}$$

크기가 같은 분수 중에서
분자가 자연수의 배수인 수로 만들어요.

[방법 2] 분수의 곱셈으로 나타내어 계산하기

$$\frac{3}{4} \div 2 = \frac{3}{4} \times \frac{1}{2} = \frac{3}{8}$$

$\div$(자연수)를 $\times \frac{1}{(자연수)}$로 나타내요.

 **01** # 나누어지는 수는 분자로, 나누는 수는 분모로!

✂ 나눗셈의 몫을 기약분수로 나타내세요.

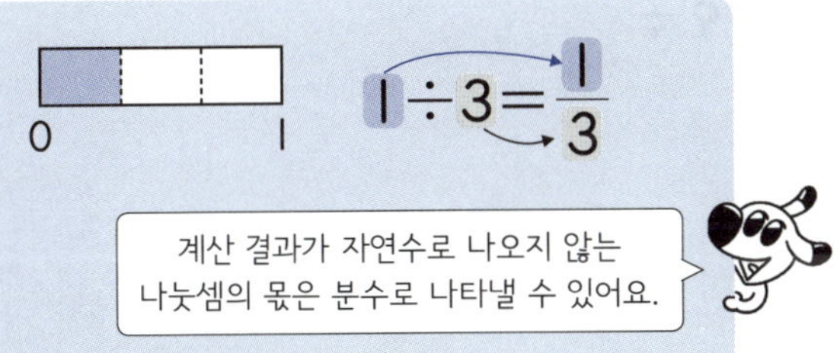

1 $1 \div 6 = \dfrac{\square}{\square}$

2 $1 \div 8 =$

3 $2 \div 5 =$

$\dfrac{1}{5}$이 2개

4 $3 \div 10 =$

5 $4 \div 7 =$

6 $2 \div 4 = \dfrac{\square}{4} = \dfrac{\square}{2}$

7 $3 \div 9 =$

8 $4 \div 6 =$

9 $5 \div 15 =$

10 $6 \div 10 =$

11 $7 \div 14 =$

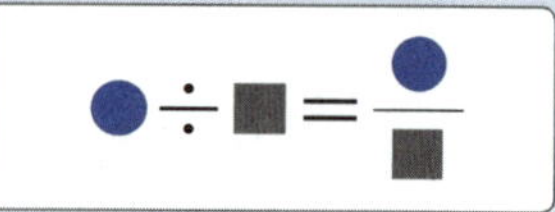

$$\bullet \div \blacksquare = \frac{\bullet}{\blacksquare}$$

❖ 나눗셈의 몫을 기약분수로 나타내세요.

① $1 \div 5 =$

② $2 \div 7 =$

③ $3 \div 11 =$

④ $4 \div 8 =$

⑤ $5 \div 6 =$

⑥ $6 \div 15 =$

⑦ $7 \div 9 =$

⑧ $8 \div 20 =$

⑨ $9 \div 12 =$

⑩ $10 \div 14 =$

⑪ $11 \div 13 =$

⑫ $12 \div 18 =$

02 나눗셈의 몫이 가분수이면 대분수로 나타내자

✿ 나눗셈의 몫을 대분수로 나타내세요.

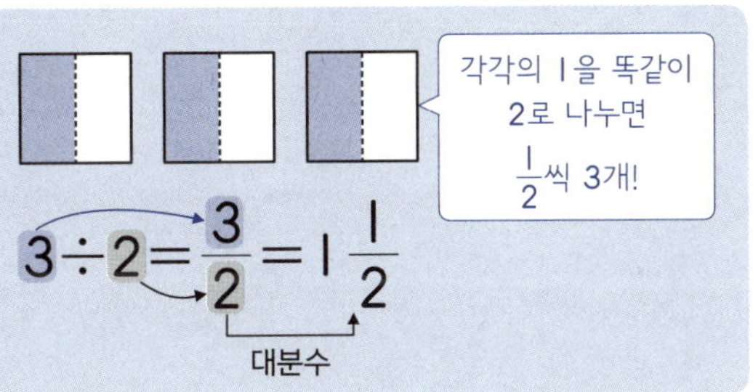

① $4 \div 3 = \dfrac{4}{3} = \boxed{}\dfrac{\boxed{}}{3}$

② $5 \div 2 = \dfrac{\boxed{}}{2} = \boxed{}$

③ $5 \div 3 =$

④ $7 \div 6 =$

⑤ $9 \div 4 =$

⑥ $12 \div 7 =$

⑦ $13 \div 9 =$

⑧ $17 \div 10 =$

⑨ $20 \div 11 =$

⑩ $25 \div 12 =$

⑪ $28 \div 13 =$

※ 나눗셈의 몫을 대분수로 나타내세요.

> 나눗셈의 몫과 나머지를 이용해 풀어 봐요.

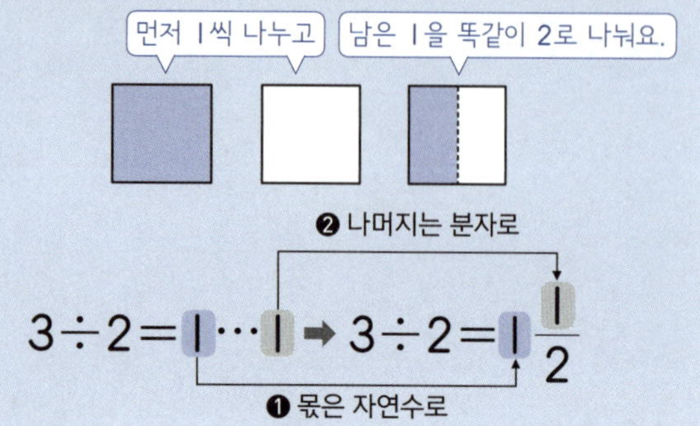

$$3 \div 2 = 1 \cdots 1 \Rightarrow 3 \div 2 = 1\frac{1}{2}$$

❶ $7 \div 2 = \boxed{}\dfrac{\boxed{}}{2}$

❷ $9 \div 7 =$

❸ $10 \div 3 =$

❹ $11 \div 9 =$

❺ $12 \div 5 =$

❻ $13 \div 8 =$

❼ $17 \div 4 =$

❽ $19 \div 7 =$

❾ $21 \div 4 =$

❿ $23 \div 6 =$

⓫ $29 \div 12 =$

⓬ $34 \div 11 =$

03 분자가 자연수의 배수인 (분수)÷(자연수)

❀ 계산하세요.

* 분자가 자연수의 배수인 경우

$$\frac{2}{3} \div 2 = \frac{2 \div 2}{3} = \frac{1}{3}$$

분모는 그대로 쓰고, 분자는 자연수로 나눠요.

① $\dfrac{3}{5} \div 3 = \dfrac{\square \div \square}{5} = \dfrac{\square}{5}$

② $\dfrac{5}{6} \div 5 =$

③ $\dfrac{6}{7} \div 3 =$

④ $\dfrac{7}{8} \div 7 =$

⑤ $\dfrac{4}{9} \div 2 =$

⑥ $\dfrac{9}{10} \div 3 =$

⑦ $\dfrac{6}{11} \div 2 =$

⑧ $\dfrac{12}{13} \div 4 =$

⑨ $\dfrac{14}{15} \div 2 =$

⑩ $\dfrac{15}{17} \div 3 =$

⑪ $\dfrac{16}{19} \div 2 =$

계산하세요.

* 분자가 자연수의 배수인 경우

$$\frac{\bullet}{\blacksquare} \div \blacktriangle = \frac{\bullet \div \blacktriangle}{\blacksquare}$$

1. $\dfrac{3}{4} \div 3 = \dfrac{\boxed{} \div \boxed{}}{4} = \dfrac{\boxed{}}{4}$

2. $\dfrac{4}{7} \div 2 = \dfrac{\boxed{}}{7}$ 과정을 한 단계 줄여 볼까요?

3. $\dfrac{4}{7} \div 4 =$

4. $\dfrac{8}{11} \div 2 =$

5. $\dfrac{12}{13} \div 6 =$

6. $\dfrac{9}{14} \div 3 =$

7. $\dfrac{8}{15} \div 8 =$

8. $\dfrac{15}{16} \div 5 =$

9. $\dfrac{16}{17} \div 2 =$

10. $\dfrac{14}{19} \div 7 =$

11. $\dfrac{20}{21} \div 4 =$

12. $\dfrac{22}{23} \div 11 =$

04 분자가 자연수의 배수인 (가분수)÷(자연수)

❀ 계산하세요.

1 $\dfrac{4}{3} \div 2 = \dfrac{4 \div \boxed{}}{3} = \dfrac{\boxed{}}{3}$

가분수에서도 분자가 나누는 자연수의
배수니까 분자를 자연수로 나눠요.
이때 분모는 그대로!

2 $\dfrac{9}{4} \div 3 = \dfrac{\boxed{}}{4}$

3 $\dfrac{12}{5} \div 4 =$

4 $\dfrac{25}{6} \div 5 =$

5 $\dfrac{16}{7} \div 8 =$

6 $\dfrac{15}{8} \div 3 =$

7 $\dfrac{14}{9} \div 7 =$

8 $\dfrac{21}{10} \div 3 =$

9 $\dfrac{16}{11} \div 4 =$

10 $\dfrac{18}{13} \div 9 =$

11 $\dfrac{27}{14} \div 3 =$

12 $\dfrac{22}{15} \div 11 =$

✂ 계산하세요.

> 계산 결과가 가분수이면
> 대분수로 나타내어 보세요.

1 $\dfrac{15}{2} \div 5 = \dfrac{15 \div \square}{2} = \dfrac{\square}{2} = \boxed{}$ 대분수

7 $\dfrac{45}{8} \div 5 =$

2 $\dfrac{28}{3} \div 7 =$

8 $\dfrac{28}{9} \div 2 =$

3 $\dfrac{27}{4} \div 3 =$

9 $\dfrac{33}{10} \div 3 =$

4 $\dfrac{24}{5} \div 4 =$

10 $\dfrac{26}{11} \div 2 =$

5 $\dfrac{35}{6} \div 5 =$

11 $\dfrac{56}{13} \div 4 =$

6 $\dfrac{30}{7} \div 3 =$

12 $\dfrac{51}{14} \div 3 =$

05 분자가 자연수의 배수가 아닌 (분수)÷(자연수)

❊ 분자가 자연수의 배수인 크기가 같은 분수로 만들어 계산하세요.

* 분자가 자연수의 배수가 아닌 경우

크기가 같은 분수 중에서 분자가 자연수의 배수인 수로 만들어요.

분자를 자연수로 나눠요.

$$\frac{1}{3} \div 2 = \frac{1 \times 2}{3 \times 2} \div 2 = \frac{2}{6} \div 2 = \frac{2 \div 2}{6} = \frac{1}{6}$$

분모와 분자에 각각 0이 아닌 같은 수를 곱하면 크기가 같은 분수가 돼요.

① $\dfrac{2}{5} \div 3 = \dfrac{2 \times 3}{5 \times 3} \div 3 = \dfrac{\square}{15} \div 3 = \dfrac{\square \div 3}{15} = \dfrac{\square}{15}$

② $\dfrac{5}{6} \div 4 = \dfrac{5 \times \boxed{4}}{6 \times \square} \div 4 = \dfrac{\square}{24} \div 4 = \dfrac{\square \div \square}{24} = \dfrac{\square}{24}$

자연수 4를 분자와 분모에 각각 곱하면 분자가 4의 배수인 가장 간단한 분수가 돼요.

③ $\dfrac{4}{7} \div 5 =$

④ $\dfrac{3}{8} \div 7 =$

⑤ $\dfrac{5}{9} \div 8 =$

✿ 분자가 자연수의 배수인 크기가 같은 분수로 만들어 계산하세요.

1. $\dfrac{3}{4} \div 2 = \dfrac{3 \times \boxed{2}}{4 \times \boxed{}} \div 2 = \dfrac{\boxed{}}{8} \div 2 = \dfrac{\boxed{} \div \boxed{}}{8} = \dfrac{\boxed{}}{8}$

분자가 2의 배수인 가장 간단한 분수로 만들어 보세요.

2. $\dfrac{4}{5} \div 3 =$

3. $\dfrac{5}{7} \div 4 =$

4. $\dfrac{7}{8} \div 3 =$

5. $\dfrac{4}{9} \div 5 =$

6. $\dfrac{3}{10} \div 7 =$

7. $\dfrac{5}{11} \div 2 =$

8. $\dfrac{8}{13} \div 3 =$

앗! 실수

9. $\dfrac{1}{6} \div 6 =$

조심! 분모를 자연수로 나누지 않도록 주의해요.

10. $\dfrac{3}{10} \div 5 =$

11. $\dfrac{11}{12} \div 3 =$

06 분자가 자연수의 배수가 아닌 (분수)÷(자연수) 한 번 더!

✿ 분자가 자연수의 배수인 크기가 같은 분수로 만들어 계산하세요.

① $\dfrac{2}{3} \div 5 = \dfrac{10 \div 5}{15} = \dfrac{\square}{15}$

크기가 같은 분수 중에서
분자가 자연수의 배수인 수로 만들어요.
➡ $\dfrac{2}{3} = \dfrac{10}{15}$

② $\dfrac{3}{5} \div 4 = \dfrac{\boxed{} \div 4}{20} = \dfrac{\square}{20}$

③ $\dfrac{5}{7} \div 3 =$

④ $\dfrac{3}{8} \div 2 =$

⑤ $\dfrac{8}{9} \div 3 =$

⑥ $\dfrac{7}{10} \div 5 =$

⑦ $\dfrac{6}{11} \div 5 =$

⑧ $\dfrac{5}{12} \div 4 =$

⑨ $\dfrac{9}{13} \div 5 =$

⑩ $\dfrac{3}{14} \div 2 =$

⑪ $\dfrac{13}{15} \div 3 =$

⑫ $\dfrac{11}{16} \div 2 =$

✿ 분자가 자연수의 배수인 크기가 같은 분수로 만들어 계산하세요.

① $\dfrac{3}{7} \div 5 = \dfrac{\boxed{} \div 5}{35} = \dfrac{\boxed{}}{35}$

② $\dfrac{5}{8} \div 2 =$

③ $\dfrac{7}{9} \div 6 =$

④ $\dfrac{9}{10} \div 4 =$

⑤ $\dfrac{4}{11} \div 7 =$

⑥ $\dfrac{5}{12} \div 2 =$

⑦ $\dfrac{7}{13} \div 3 =$

⑧ $\dfrac{9}{14} \div 2 =$

⑨ $\dfrac{11}{15} \div 4 =$

⑩ $\dfrac{5}{16} \div 3 =$

⑪ $\dfrac{15}{17} \div 2 =$

⑫ $\dfrac{13}{18} \div 5 =$

07 분수의 나눗셈을 분수의 곱셈으로 풀어 보자

✻ 나눗셈을 곱셈으로 바꾸어 계산하세요.

* $\div$(자연수)를 $\times \dfrac{1}{(자연수)}$로 나타내어 계산하기

$$\frac{1}{2} \div 3 = \frac{1}{2} \times \frac{1}{3} = \frac{1}{6}$$

$\div 3$과 $\times \dfrac{1}{3}$은 둘 다 '3등분한 것 중의 하나' 라는 뜻이에요.

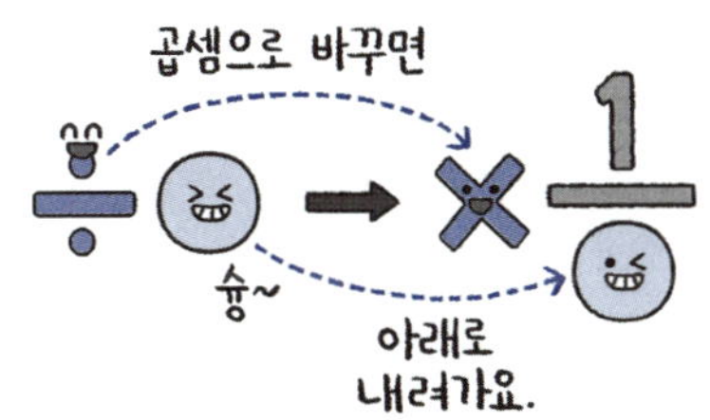

① $\dfrac{2}{3} \div 7 = \dfrac{2}{3} \times \dfrac{1}{\square} = \dfrac{2}{\square}$

⑥ $\dfrac{5}{8} \div 6 =$

② $\dfrac{3}{4} \div 2 =$

⑦ $\dfrac{2}{9} \div 5 =$

③ $\dfrac{4}{5} \div 5 =$

⑧ $\dfrac{3}{10} \div 2 =$

④ $\dfrac{5}{6} \div 3 =$

⑨ $\dfrac{7}{11} \div 5 =$

⑤ $\dfrac{4}{7} \div 7 =$

⑩ $\dfrac{7}{12} \div 4 =$

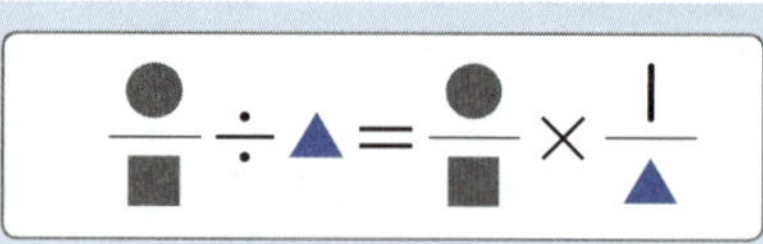

$$\frac{\bullet}{\blacksquare} \div \blacktriangle = \frac{\bullet}{\blacksquare} \times \frac{1}{\blacktriangle}$$

✂ 나눗셈을 곱셈으로 바꾸어 계산하세요.

① $\dfrac{4}{5} \div 3 = \dfrac{4}{5} \times \dfrac{1}{\square} = \dfrac{4}{\square}$

÷(자연수) ➡ ×$\dfrac{1}{(자연수)}$

② $\dfrac{1}{6} \div 4 =$

③ $\dfrac{3}{7} \div 2 =$

④ $\dfrac{3}{8} \div 7 =$

⑤ $\dfrac{8}{9} \div 5 =$

⑥ $\dfrac{7}{10} \div 6 =$

⑦ $\dfrac{2}{11} \div 7 =$

⑧ $\dfrac{7}{12} \div 5 =$

⑨ $\dfrac{9}{13} \div 4 =$

⑩ $\dfrac{11}{14} \div 3 =$

⑪ $\dfrac{8}{15} \div 5 =$

⑫ $\dfrac{15}{16} \div 4 =$

08 (가분수)÷(자연수)도 분수의 곱셈으로 풀어 보자

✂ 나눗셈을 곱셈으로 바꾸어 계산하세요.

1 $\dfrac{3}{2} \div 2 = \dfrac{3}{2} \times \dfrac{1}{2} = \dfrac{3}{\square}$

÷(자연수) ➡ × $\dfrac{1}{(자연수)}$

2 $\dfrac{5}{3} \div 4 = \dfrac{5}{3} \times \dfrac{1}{\square} = \dfrac{5}{\square}$

3 $\dfrac{9}{4} \div 5 =$

4 $\dfrac{8}{5} \div 3 =$

5 $\dfrac{11}{6} \div 2 =$

6 $\dfrac{13}{7} \div 6 =$

7 $\dfrac{23}{8} \div 3 =$

8 $\dfrac{20}{9} \div 7 =$

9 $\dfrac{21}{10} \div 4 =$

10 $\dfrac{27}{11} \div 5 =$

11 $\dfrac{19}{12} \div 8 =$

12 $\dfrac{25}{14} \div 6 =$

❖ 나눗셈을 곱셈으로 바꾸어 계산해요.

1 $\dfrac{4}{3} \div 5 =$

2 $\dfrac{5}{3} \div 7 =$

3 $\dfrac{7}{4} \div 2 =$

4 $\dfrac{9}{5} \div 8 =$

5 $\dfrac{11}{6} \div 9 =$

6 $\dfrac{8}{7} \div 6 =$

7 $\dfrac{9}{7} \div 14 =$

8 $\dfrac{11}{10} \div 12 =$

9 $\dfrac{14}{11} \div 15 =$

10 $\dfrac{13}{12} \div 3 =$

11 $\dfrac{16}{13} \div 3 =$

12 $\dfrac{25}{13} \div 9 =$

09 분수의 곱셈으로 나타낸 다음 약분이 되면 먼저 약분!

집중 시간 3분

나눗셈을 곱셈으로 바꾸어 계산하고, 기약분수로 나타내세요.

$$\frac{2}{3}\div 4=\frac{\overset{1}{\cancel{2}}}{3}\times\frac{1}{\underset{2}{\cancel{4}}}=\frac{1}{6}$$

나눗셈을 곱셈으로 바꾼 다음 약분이 되면 약분해 계산해요.

❶ $\frac{3}{4}\div 9=\frac{3}{4}\times\frac{1}{\square}=\frac{1}{\square}$

❷ $\frac{4}{5}\div 6=$

❸ $\frac{2}{7}\div 8=$

❹ $\frac{3}{8}\div 6=$

❺ $\frac{4}{9}\div 10=$

❻ $\frac{9}{10}\div 12=$

❼ $\frac{4}{11}\div 8=$

❽ $\frac{5}{12}\div 15=$

❾ $\frac{6}{13}\div 8=$

❿ $\frac{9}{14}\div 3=$

⓫ $\frac{4}{15}\div 12=$

09

집중 시간 3분

나눗셈을 곱셈으로 바꾸어 계산하고, 기약분수로 나타내세요.

① $\frac{3}{4} \div 6 = \frac{3}{4} \times \frac{1}{\square} = \frac{1}{\square}$

② $\frac{4}{5} \div 8 =$

③ $\frac{5}{6} \div 15 =$

④ $\frac{2}{7} \div 4 =$

⑤ $\frac{5}{8} \div 10 =$

⑥ $\frac{2}{9} \div 8 =$

⑦ $\frac{3}{10} \div 9 =$

⑧ $\frac{4}{11} \div 6 =$

앗! 실수

⑨ $\frac{7}{12} \div 14 =$

⑩ $\frac{8}{15} \div 12 =$

⑪ $\frac{15}{16} \div 12 =$

* 약분은 곱셈에서만 가능해요.

$\frac{\cancel{7}}{\cancel{12}_{6}} \div \cancel{14}^{7}$ (✕)

$\frac{7}{12} \div 14 = \frac{\cancel{7}^{1}}{12} \times \frac{1}{\cancel{14}_{2}}$

반드시 곱셈으로 바꾼 다음 약분해요.

10 대분수는 반드시 가분수로 바꾼 다음 계산하자

🔀 계산하세요.

보기
❶ 대분수를 가분수로 바꿔요.

$$2\frac{1}{2} \div 3 = \frac{5}{2} \times \frac{1}{3} = \frac{5}{6}$$

❷ ÷(자연수) ➡ ×$\dfrac{1}{(자연수)}$

1 $1\dfrac{2}{3} \div 2 = \dfrac{\square}{3} \times \dfrac{1}{\square} = \dfrac{\square}{\square}$

2 $1\dfrac{3}{4} \div 9 =$

3 $2\dfrac{1}{5} \div 4 =$

4 $1\dfrac{1}{6} \div 5 =$

5 $2\dfrac{3}{7} \div 6 =$

6 $1\dfrac{5}{8} \div 4 =$

7 $2\dfrac{4}{9} \div 7 =$

8 $1\dfrac{7}{10} \div 2 =$

9 $2\dfrac{3}{11} \div 8 =$

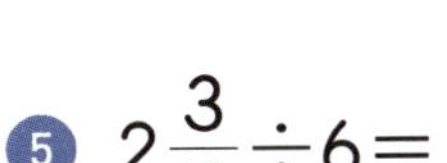

$$2\frac{3}{13} \div 3 = 2\frac{\cancel{3}}{13} \times \frac{1}{\cancel{3}}$$

대분수에서는 약분할 수 없어요.

$$2\frac{3}{13} \div 3 = \frac{29}{13} \times \frac{1}{3}$$

가분수로 바꾼 다음 계산해요!

10

집중 시간 3분

※ 계산하세요.

① $2\frac{1}{3} \div 4 = \frac{\square}{3} \times \frac{1}{\square} = \square$

반드시 대분수를 가분수로 바꾼 다음 계산해요.

② $5\frac{1}{4} \div 8 =$

③ $1\frac{4}{5} \div 5 =$

④ $2\frac{5}{6} \div 3 =$

⑤ $3\frac{1}{7} \div 5 =$

⑥ $2\frac{1}{8} \div 6 =$

⑦ $3\frac{1}{10} \div 4 =$

⑧ $1\frac{7}{11} \div 5 =$

⑨ $2\frac{1}{12} \div 3 =$

앗! 실수

⑩ $1\frac{7}{9} \div 7 =$

주의! 대분수를 먼저 가분수로 바꾼 다음 계산해야 돼요.

⑪ $1\frac{12}{13} \div 3 =$

⑫ $1\frac{4}{15} \div 2 =$

 11 약분이 되는 (대분수)÷(자연수)

✂ 계산하여 기약분수로 나타내세요.

> 대분수를 가분수로 바꾸고, 분수의 나눗셈을 분수의 곱셈으로 나타낸 다음 약분이 되면 약분해요.

① $4\dfrac{1}{2} \div 6 = \dfrac{\overset{3}{\cancel{9}}}{2} \times \dfrac{1}{\underset{2}{\cancel{6}}} = \dfrac{\square}{4}$

> 곱셈을 하기 전에 약분을 먼저 하면 수가 간단해져서 계산이 훨씬 쉬워요.

② $2\dfrac{2}{3} \div 4 = \dfrac{\square}{3} \times \dfrac{1}{\square} = \dfrac{\square}{3}$

③ $2\dfrac{1}{4} \div 3 =$

④ $3\dfrac{3}{5} \div 8 =$

⑤ $4\dfrac{1}{6} \div 5 =$

⑥ $2\dfrac{4}{7} \div 9 =$

⑦ $1\dfrac{7}{8} \div 3 =$

⑧ $3\dfrac{1}{9} \div 7 =$

⑨ $2\dfrac{1}{10} \div 9 =$

⑩ $1\dfrac{9}{11} \div 4 =$

⑪ $2\dfrac{1}{12} \div 5 =$

⑫ $1\dfrac{5}{13} \div 6 =$

�֍ 계산하여 기약분수로 나타내세요.

① $7\dfrac{1}{2} \div 5 = \dfrac{\boxed{}}{2} \times \dfrac{1}{\boxed{}} = \dfrac{\boxed{}}{2} = \boxed{}$ 대분수

⑦ $5\dfrac{5}{9} \div 5 =$

② $6\dfrac{2}{3} \div 4 =$

⑧ $3\dfrac{9}{10} \div 3 =$

③ $3\dfrac{1}{5} \div 2 =$

⑨ $5\dfrac{9}{11} \div 4 =$

④ $8\dfrac{1}{6} \div 7 =$

⑩ $3\dfrac{1}{13} \div 2 =$

⑤ $2\dfrac{6}{7} \div 2 =$

⑪ $4\dfrac{4}{15} \div 4 =$

⑥ $5\dfrac{5}{8} \div 5 =$

* 주의! 대분수는 꼭 가분수로 바꿔 계산해요.

$$4\dfrac{4}{15} \div 4 = 4\,\cancel{\dfrac{4}{15} \times \dfrac{1}{4}} = 4\dfrac{1}{15}$$

대분수를 가분수로 바꾸지 않고 계산하면 잘못된 계산 결과가 나와요!

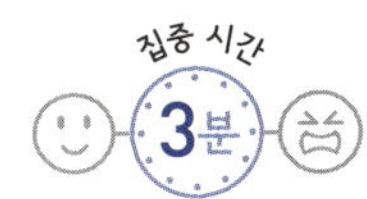

12 실수하기 쉬운 (대분수)÷(자연수) 연습 한 번 더!

집중 시간 3분

계산하여 기약분수 또는 대분수로 나타내세요.

대분수가 있으면 가분수로 바꾸는 게 먼저예요.

① $2\frac{1}{2}\div 8=$

② $4\frac{2}{3}\div 9=$

③ $2\frac{3}{4}\div 5=$

④ $1\frac{2}{5}\div 3=$

⑤ $1\frac{1}{6}\div 7=$

⑥ $3\frac{3}{7}\div 8=$

⑦ $4\frac{1}{2}\div 3=$

⑧ $5\frac{1}{3}\div 4=$

⑨ $6\frac{1}{4}\div 5=$

⑩ $3\frac{3}{5}\div 2=$

⑪ $5\frac{5}{6}\div 5=$

⑫ $4\frac{6}{7}\div 2=$

❆ 계산하여 기약분수 또는 대분수로 나타내세요.

1. $3\dfrac{1}{8} \div 10 =$

2. $3\dfrac{3}{8} \div 3 =$

3. $1\dfrac{7}{9} \div 8 =$

4. $1\dfrac{3}{10} \div 13 =$

5. $3\dfrac{2}{11} \div 7 =$

6. $4\dfrac{1}{12} \div 14 =$

7. $2\dfrac{1}{13} \div 9 =$

8. $2\dfrac{5}{14} \div 11 =$

9. $1\dfrac{13}{15} \div 7 =$

10. $2\dfrac{3}{16} \div 5 =$

앗! 실수

11. $2\dfrac{6}{11} \div 2 =$

12. $3\dfrac{3}{13} \div 3 =$

집중 시간 3분

13 분수의 나눗셈 완벽하게 끝내기

여기까지 오다니 대단해요!
여러 가지 분수의 나눗셈을 모아
풀면서 완벽하게 마무리해 봐요~

계산하여 기약분수로 나타내세요.

① $7 \div 12 =$

⑦ $\frac{14}{13} \div 3 =$

② $8 \div 20 =$

⑧ $\frac{16}{5} \div 8 =$

③ $15 \div 7 =$

⑨ $\frac{25}{12} \div 15 =$

④ $\frac{3}{11} \div 4 =$

⑩ $3\frac{3}{8} \div 5 =$

⑤ $\frac{6}{13} \div 3 =$

⑪ $8\frac{3}{4} \div 14 =$

⑥ $\frac{7}{8} \div 14 =$

⑫ $1\frac{5}{11} \div 20 =$

✂ 빈칸에 알맞은 기약분수를 써넣으세요.

1

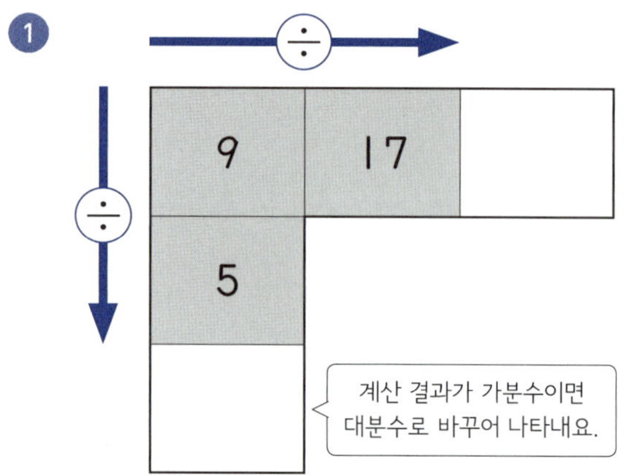

4

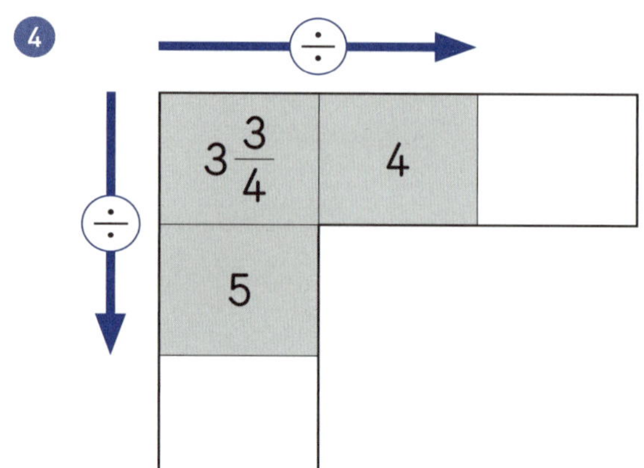

2

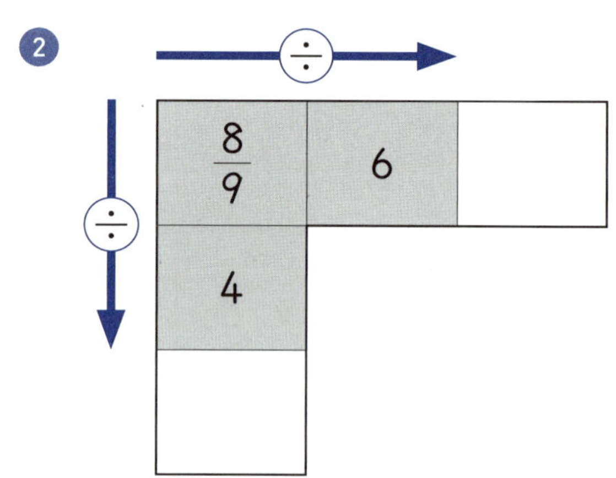

5

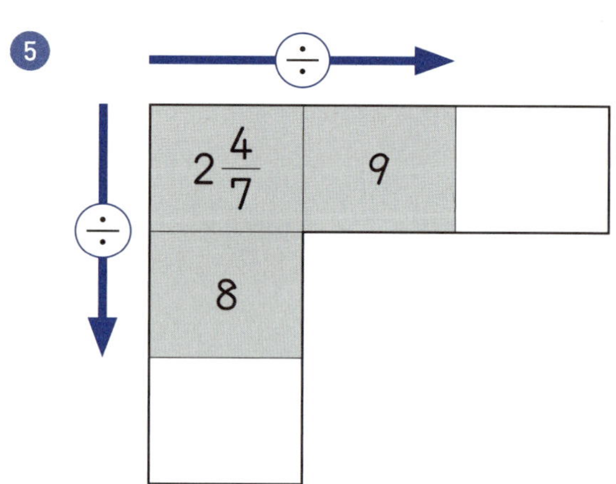

3

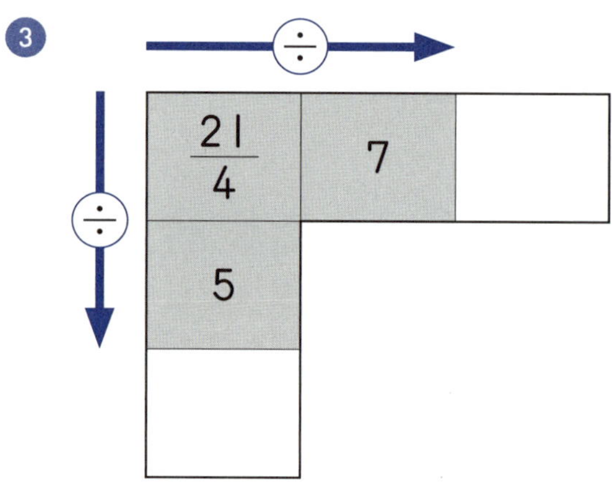

14 생활 속 연산 – 분수의 나눗셈

❖ 그림을 보고 □ 안에 알맞은 기약분수를 써넣으세요.

1

팬케이크 4개를 구웠습니다. 친구 6명이 똑같이 나누어 먹으면 한 사람이 □ 개씩 먹을 수 있습니다.

2

서영이가 감기에 걸려서 감기약 $\dfrac{80}{3}$ mL를 4일 동안 똑같이 나누어 먹으려고 합니다.

서영이는 하루에 □ mL씩 먹어야 합니다.

3

다정이는 색 테이프 $5\dfrac{4}{7}$ m를 3등분하여 선물 상자 3개를 포장하였습니다. 선물 상자 한 개를 포장하는 데 사용한 색 테이프는 □ m입니다.

4

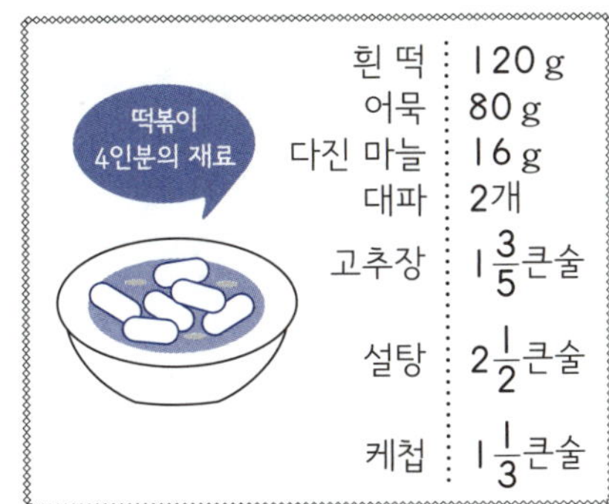

떡볶이 1인분을 만드는 데 필요한 재료의 양을 구하면 흰 떡은 30 g, 어묵은 20 g, 다진 마늘은 4 g, 대파는 □ 개, 고추장은 □ 큰술, 설탕은 □ 큰술, 케첩은 □ 큰술입니다.

집중 시간 3분

※ 친구들이 사다리 타기 게임을 하고 있습니다. 주어진 나눗셈의 몫을 사다리를 타고 내려가서 도착한 곳에 기약분수로 써넣으세요.

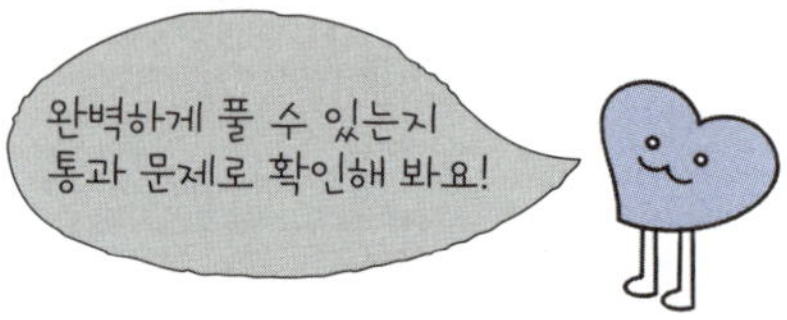

분수의 나눗셈 | 39

✂ □ 안에 알맞은 분수를 써넣으세요.

① $8 \div 11 = $ □

② $5 \div 7 = $ □

대분수
③ $3 \div 2 = $ □

대분수
④ $5 \div 3 = $ □

⑤ $\dfrac{3}{8} \div 4 = $ □

⑥ $\dfrac{1}{9} \div 7 = $ □

기약분수
⑦ $\dfrac{5}{12} \div 15 = $ □

기약분수
⑧ $2\dfrac{3}{4} \div 11 = $ □

기약분수
⑨ $2\dfrac{1}{7} \div 5 = $ □

기약분수
⑩ $5\dfrac{5}{12} \div 20 = $ □

대분수
⑪ $4\dfrac{4}{9} \div 4 = $ □

대분수
⑫ $7\dfrac{1}{3} \div 6 = $ □

⑬ 길이가 6 cm인 색 테이프를 8등분 하려고 합니다. 한 도막의 길이는 □ cm입니다.

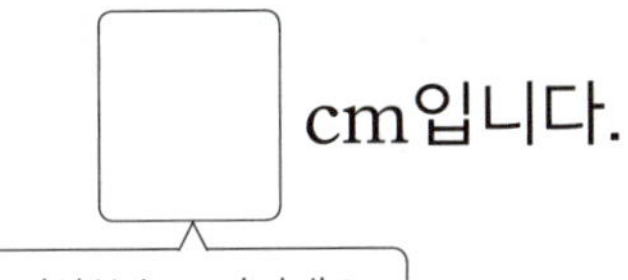
기약분수로 나타내요.

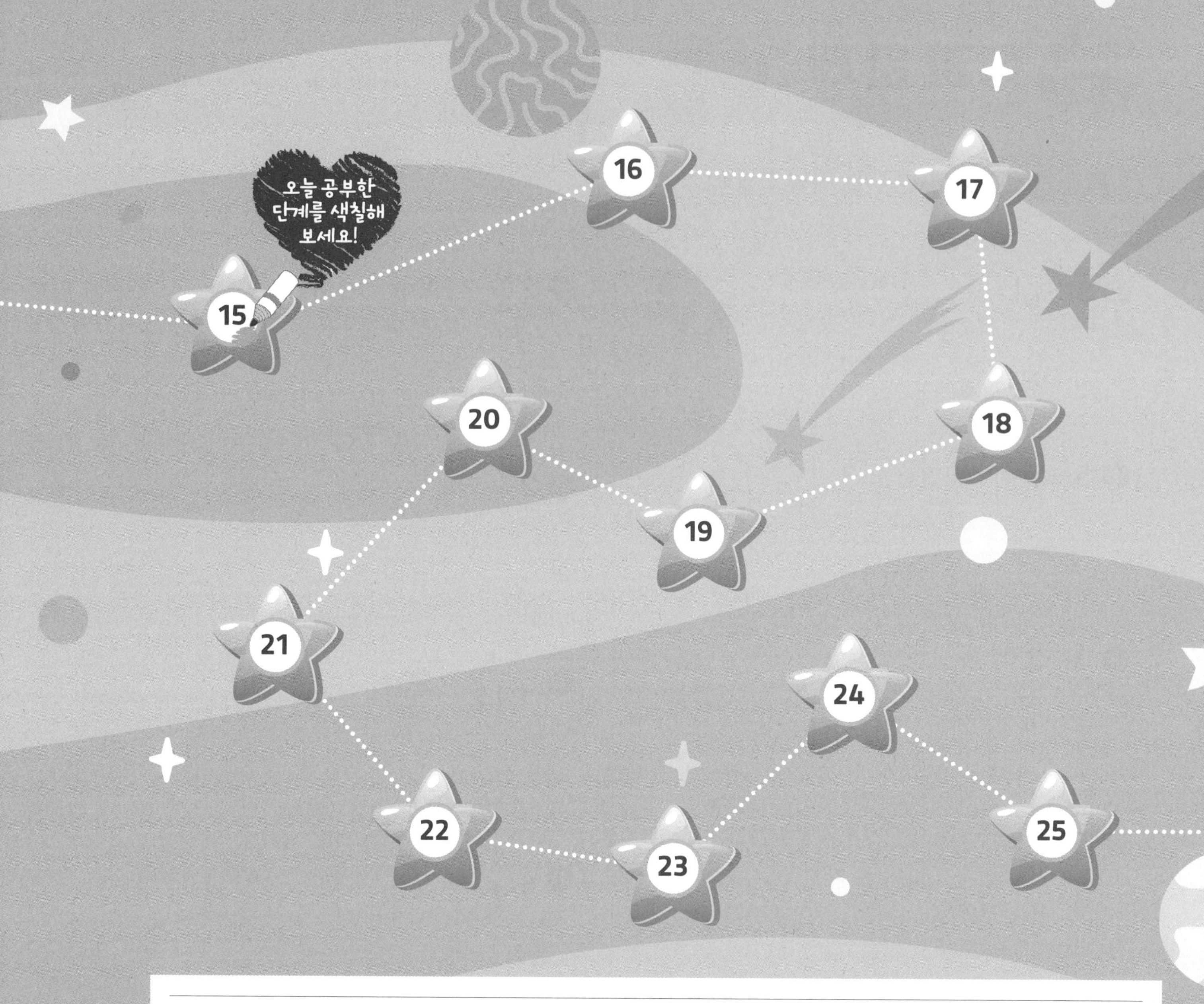

16
17
15
20
18
19
21
24
22
23
25
오늘 공부한 단계를 색칠해 보세요!

소수의 나눗셈

✪ 각 자리에서 나누어떨어지지 않는 (소수)÷(자연수)

방법 1 세로로 계산하기

방법 2 분수의 나눗셈으로 계산하기

$$19.2 \div 4 = \frac{192}{10} \div 4$$

$$= \frac{192 \div 4}{10}$$

$$= \frac{48}{10} = 4.8$$

분모가 10인 분수로
나타낼 수 있어요.

✪ 몫이 1보다 작은 (소수)÷(자연수)

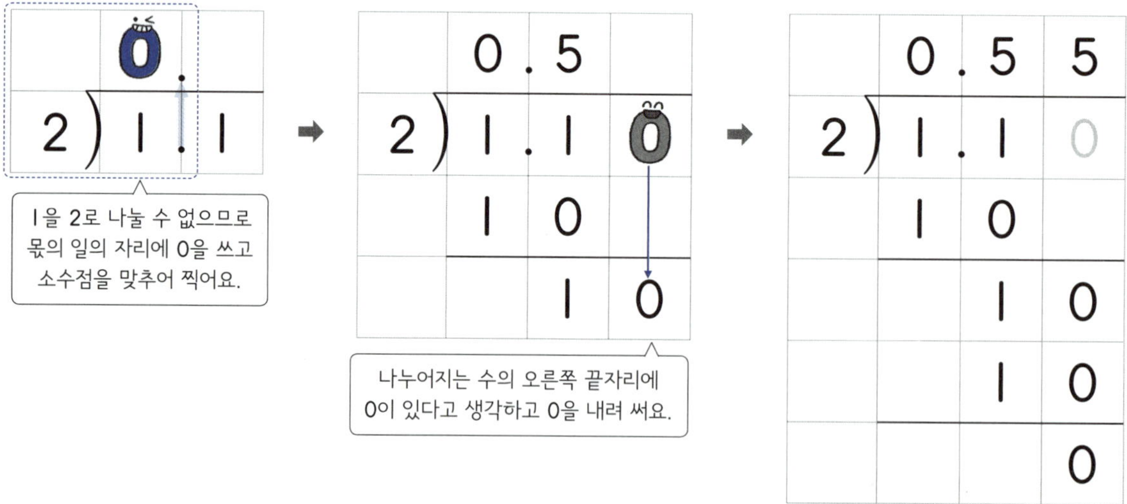

 **15** # 자연수의 나눗셈을 이용하여 소수의 나눗셈을 하자

✂ 자연수의 나눗셈을 이용하여 소수의 나눗셈을 하세요.

➡ 나누는 수는 그대로이고 나누어지는 수가 $\frac{1}{10}$배, $\frac{1}{100}$배가 되면 몫도 $\frac{1}{10}$배, $\frac{1}{100}$배가 되므로

몫의 소수점은 왼쪽으로 한 칸, 두 칸 이동합니다.

1 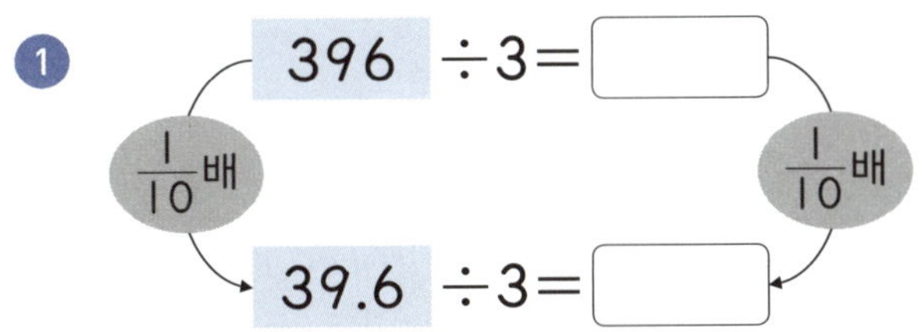

4 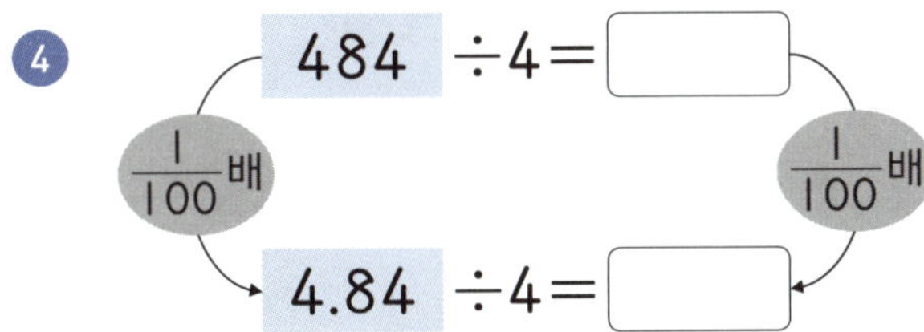

2 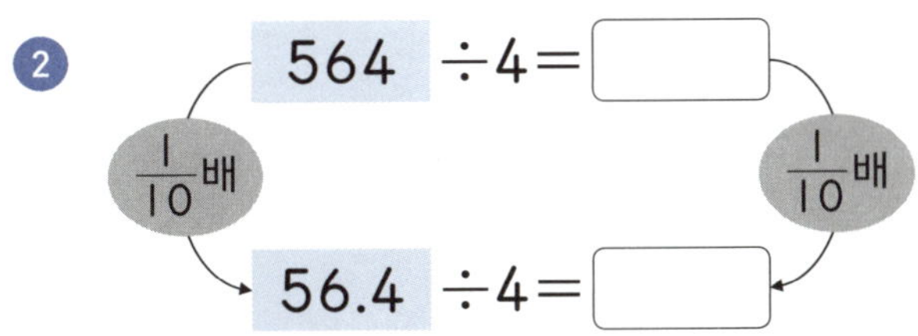

5 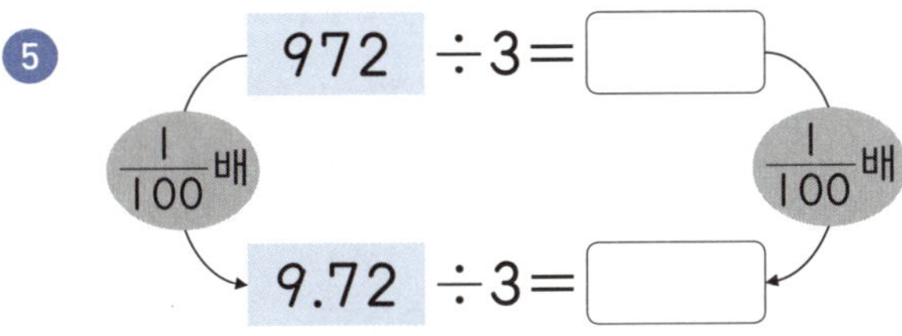

3 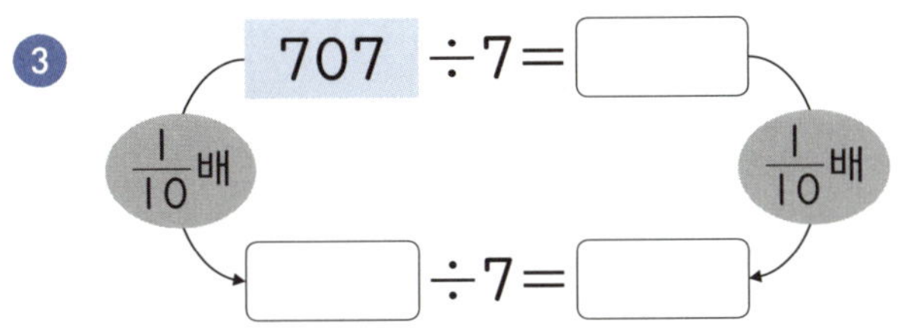

6 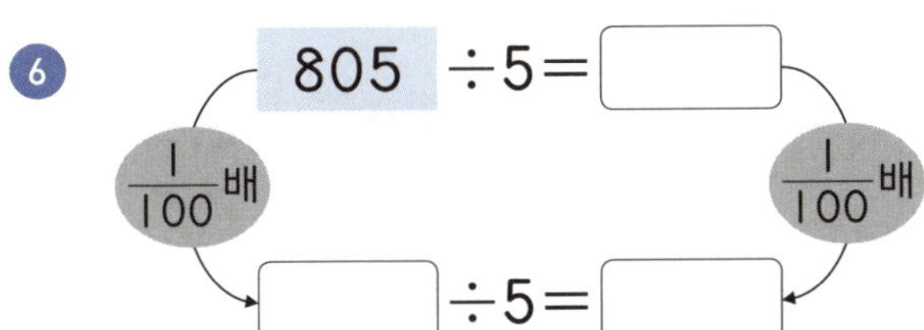

✂ 자연수의 나눗셈을 이용하여 소수의 나눗셈을 하세요.

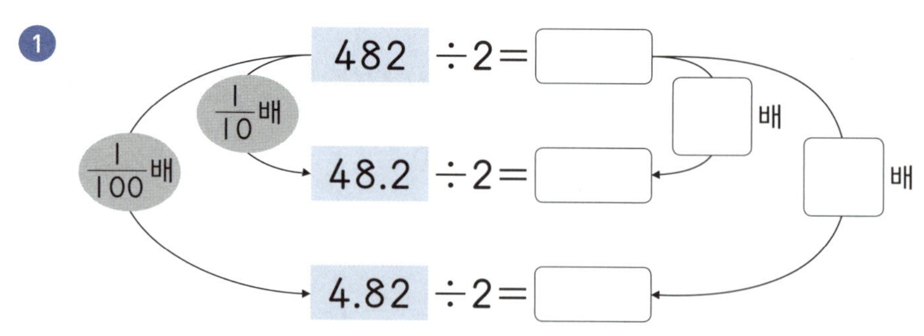

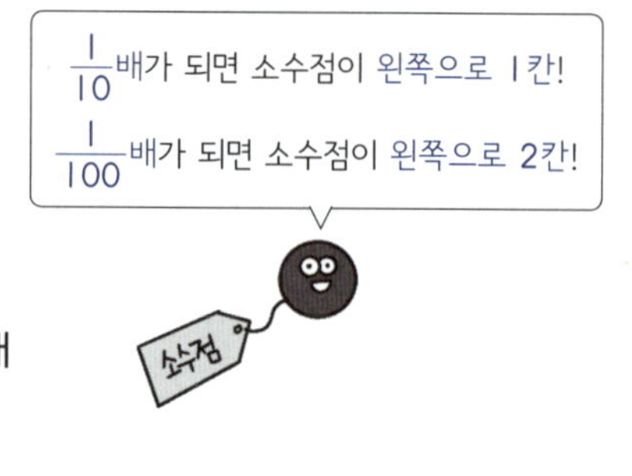

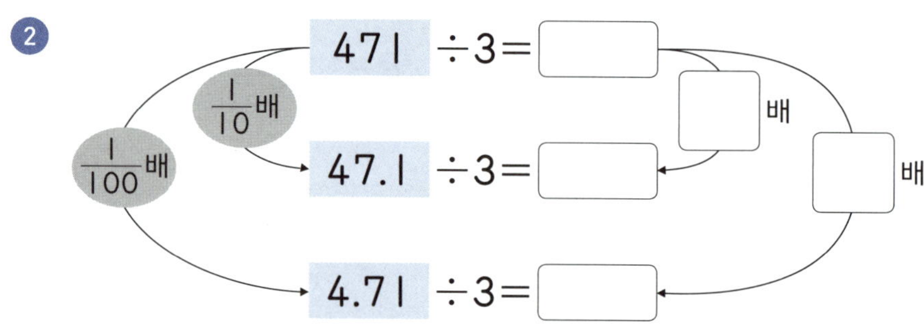

앗! 실수

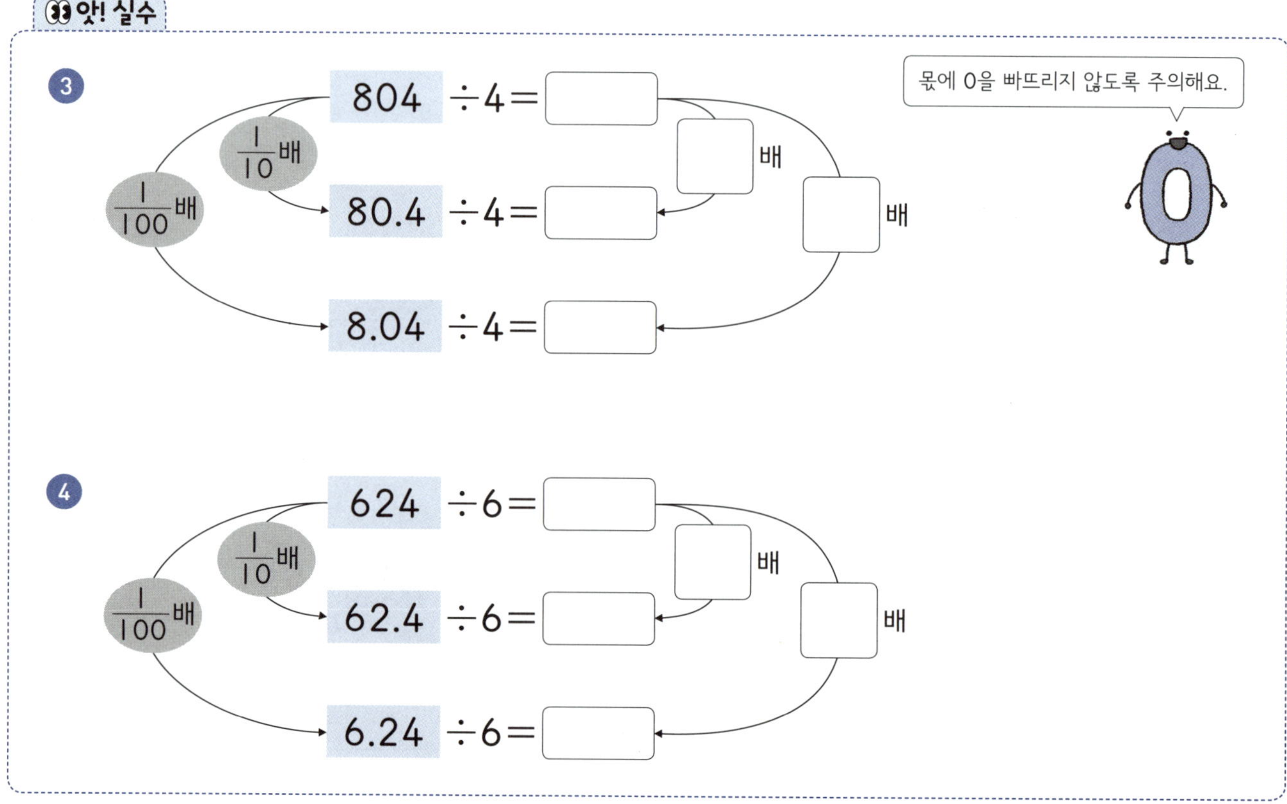

16 자연수의 나눗셈을 이용하여 소수의 나눗셈 한 번 더!

✻ 자연수의 나눗셈을 이용하여 소수의 나눗셈을 하세요.

1

$286 \div 2 = 143$

$28.6 \div 2 = 14.3$ $\frac{1}{10}$배

$2.86 \div 2 = 1.43$ $\frac{1}{100}$배

$395 \div 5 = 79$

$39.5 \div 5 = 7.9$

$3.95 \div 5 = 0.79$

2

$693 \div 3 = \boxed{}$

$69.3 \div 3 = \boxed{}$

$6.93 \div 3 = \boxed{}$

5

$756 \div 7 = \boxed{}$

$75.6 \div 7 = \boxed{}$

$7.56 \div 7 = \boxed{}$

3

$848 \div 4 = \boxed{}$

$84.8 \div 4 = \boxed{}$

$8.48 \div 4 = \boxed{}$

6

$978 \div 6 = \boxed{}$

$97.8 \div 6 = \boxed{}$

$9.78 \div 6 = \boxed{}$

4

$909 \div 9 = \boxed{}$

$90.9 \div 9 = \boxed{}$

$9.09 \div 9 = \boxed{}$

7

$376 \div 4 = \boxed{}$

$37.6 \div 4 = \boxed{}$

$3.76 \div 4 = \boxed{}$

자연수의 나눗셈을 이용하여 소수의 나눗셈을 하세요.

1 $135 \div 3 = 45$

➡ $13.5 \div 3 = \boxed{4.5}$

2 $417 \div 3 = 139$

➡ $4.17 \div 3 = \boxed{}$

3 $676 \div 4 = 169$

➡ $67.6 \div 4 = \boxed{}$

4 $592 \div 8 = 74$

➡ $59.2 \div 8 = \boxed{}$

5 $783 \div 9 = 87$

➡ $7.83 \div 9 = \boxed{}$

6 $836 \div 11 = 76$

➡ $83.6 \div 11 = \boxed{}$

7 $476 \div 7 = 68$

➡ $4.76 \div 7 = \boxed{}$

8 $816 \div 6 = 136$

➡ $81.6 \div 6 = \boxed{}$

앗! 실수

9 $560 \div 4 = 140$

➡ $5.6 \div 4 = \boxed{}$

10 $990 \div 6 = 165$

➡ $9.9 \div 6 = \boxed{}$

17 소수의 나눗셈은 분수의 나눗셈으로도 풀 수 있어

집중 시간 3분

분수의 나눗셈으로 나타내어 계산하세요. (계산 결과는 소수로 나타내야 해요.)

* 소수의 나눗셈 – 분수의 나눗셈으로 나타내어 계산하기

· $8.6 \div 2 = \frac{86}{10} \div 2 = \frac{86 \div 2}{10} = \frac{43}{10} = 4.3$

분모가 10인 분수로 바꿔요.

➡ 소수를 분모가 10인 분수로 바꾸어 나눈 다음 다시 소수로 나타내요.

86÷5는 나누어떨어지지 않아요.

· $8.6 \div 5 = \frac{86}{10} \div 5 = \frac{860}{100} \div 5 = \frac{860 \div 5}{100} = \frac{172}{100} = 1.72$

분모가 100인 분수로 다시 바꿔요.

➡ 분모가 10인 분수의 분자가 자연수로 나누어떨어지지 않으면 분모가 100인 분수로 다시 바꿔요.

1. $29.4 \div 6 = \frac{294}{10} \div 6 = \frac{\square \div 6}{10} = \frac{\square}{10} = \square$

소수 한 자리 수는 분모가 10인 분수로 바꿔요.

2. $32.4 \div 2 = \frac{\square}{10} \div 2 = \frac{\square \div 2}{10} = \frac{\square}{10} = \square$

3. $7.48 \div 4 = \frac{748}{100} \div 4 = \frac{\square \div 4}{100} = \frac{\square}{100} = \square$

소수 두 자리 수는 분모가 100인 분수로 바꿔요.

4. $19.8 \div 4 = \frac{198}{10} \div 4 = \frac{\square}{100} \div 4 = \frac{\square \div 4}{100} = \frac{\square}{100} = \square$

※ 분수의 나눗셈으로 나타내어 계산하세요.

* 소수를 분수로 바꾸어 계산하기
  소수 한 자리 수 → 분모가 10인 분수로!
  소수 두 자리 수 → 분모가 100인 분수로!

① $38.7 \div 3 = \dfrac{\boxed{}}{10} \div 3 = \dfrac{\boxed{} \div 3}{10} = \dfrac{\boxed{}}{10} = \boxed{}$

② $4.56 \div 6 = \dfrac{\boxed{}}{100} \div 6 = \dfrac{\boxed{} \div 6}{100} = \dfrac{\boxed{}}{100} = \boxed{}$

③ $30.4 \div 5 = \dfrac{304}{10} \div 5 = \dfrac{\boxed{}}{100} \div 5 = \dfrac{\boxed{} \div 5}{100} = \dfrac{\boxed{}}{100} = \boxed{}$

④ $5.84 \div 8 =$

⑤ $13.02 \div 7 =$

⑥ $24.54 \div 6 =$

⑦ $45.2 \div 5 =$

18 몫이 1보다 큰 (소수)÷(자연수)

집중 시간 3분

계산하세요.

		3	8
7)	2	6 .	6
	2	1	
		5	6
		5	6
			0

7×3, 7×8

		3 .	8
7)	2	6 .	6
	2	1	
		5	6
		5	6
			0

소수점 콕!

➡ 자연수의 나눗셈처럼 계산하고,
몫의 소수점은 나누어지는 수의 소수점을 올려 찍어요.

① 2)35.8

② 3)44.1

③ 3)73.8

④ 4)91.6

⑤ 2)73.6

⑥ 5)63.5

⑦ 6)81.6

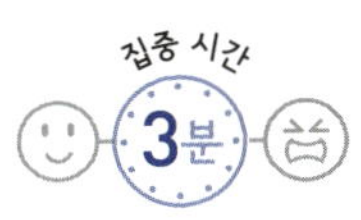

✂ 계산하세요.

①

```
      1.68
  2)3.36
    2      ←2×1
    ─
    13
    12     ←2×6
    ─
     16
     16    ←2×8
     ─
      0
```

④

```
  5)6.25
```

⑦

```
  3)7.92
```

②

```
  3)4.77
```

⑤

```
  2)7.58
```

⑧

```
  7)8.68
```

③

```
  4)6.72
```

⑥

```
  6)8.04
```

⑨

```
  8)9.28
```

19 자연수의 나눗셈처럼 계산한 다음 몫의 소수점 콕!

집중 시간 4분

❀ 계산하세요.

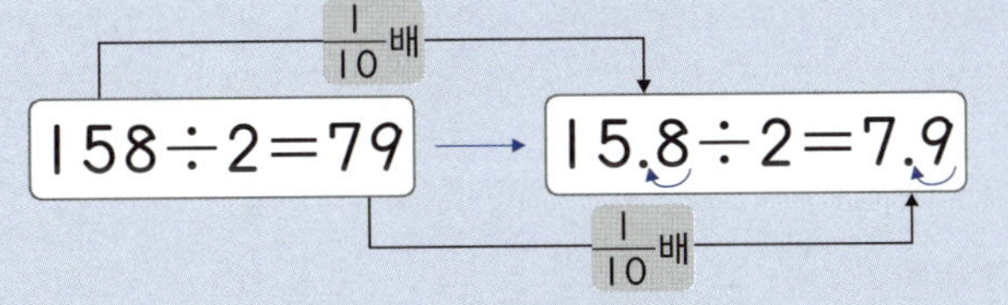
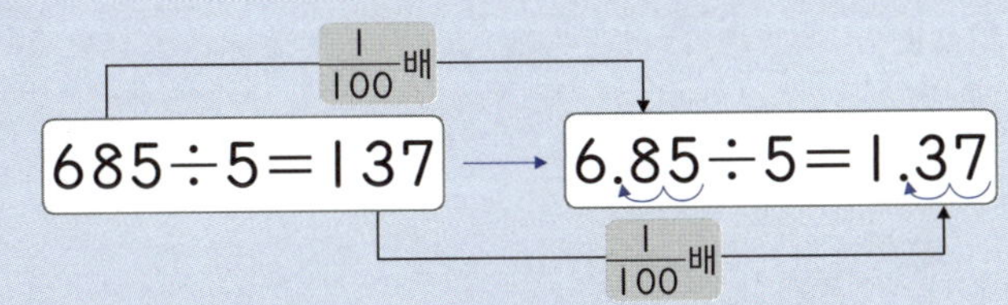

* 소수의 나눗셈 — 자연수의 나눗셈을 이용하여 계산하기

➡ 자연수의 나눗셈처럼 계산한 다음 나누어지는 수의 소수점 위치에 맞추어 몫의 소수점을 찍어요.

1 $29.4 \div 3 =$

2 $95.2 \div 4 =$

3 $79.2 \div 2 =$

4 $82.2 \div 3 =$

5 $64.5 \div 5 =$

6 $8.88 \div 6 =$

7 $3.96 \div 2 =$

8 $8.61 \div 7 =$

9 $7.92 \div 6 =$

10 $75.78 \div 9 =$

19

집중 시간 4분

✳ 계산하세요.

① $5.28 \div 3 = 1.76$

② $7.72 \div 2 =$

③ $79.2 \div 6 =$

④ $91.5 \div 5 =$

⑤ $7.65 \div 5 =$

⑥ $98.4 \div 8 =$

⑦ $8.85 \div 5 =$

⑧ $60.2 \div 7 =$

⑨ $87.3 \div 9 =$

⑩ $43.75 \div 7 =$

⑪ $73.44 \div 9 =$

∗ 몫을 바르게 구했는지 확인하는 방법

나눗셈식 $6.42 \div 3 = 2.14$

확인 $3 \times 2.14 = 6.42$

(나누는 수) × (몫) = (나누어지는 수)

20 몫을 정확한 자리에 쓰고 소수점을 찍는 게 중요해

✂ 계산하세요.

① 9) 1 0.8

④ 2) 7 7.4

⑦ 6) 9 8.4

② 2) 3 9.2

⑤ 4) 6 3.6

⑧ 7) 5 8.1

③ 3) 5 0.4

⑥ 5) 6 7.5

⑨ 8) 9 3.6

✖ 계산하세요.

①
$$2 \overline{)\,5.7\,2}$$

④
$$5 \overline{)\,7.0\,5}$$

⑦
$$7 \overline{)\,9.6\,6}$$

②
$$3 \overline{)\,9.8\,4}$$

⑤
$$6 \overline{)\,8.3\,4}$$

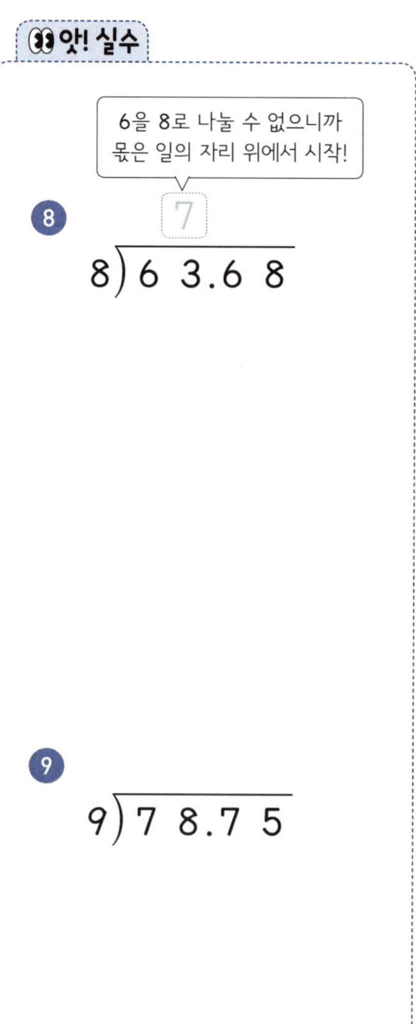

③
$$4 \overline{)\,7.5\,6}$$

⑥
$$4 \overline{)\,5\,3.1\,2}$$

21 몫이 1보다 작은 (소수)÷(자연수)

집중 시간 3분

계산하세요.

		2	.7
2)	0	.5	4

몫의 소수점은 나누어지는 수의 소수점을 올려 찍어야 해요.

바르게 계산하면 →

	0.		
2)	0	.5	4

0을 2로 나눌 수 없으므로 일의 자리에 0을 쓰고, 소수점을 맞추어 찍어요.

➡

	0	.2	7
2)	0	.5	4
		4	
		1	4
		1	4
			0

2×2

2×7

① 3)0.87 (0.)

② 2)1.16

③ 4)3.36

④ 2)1.92

⑤ 4)1.44

⑥ 5)2.25

⑦ 7)4.34

⑧ 8)4.72

⑨ 9)5.22

✿ 계산하세요.

1 2) 0 . 6 8

2 3) 1 . 0 5

3 4) 1 . 6 8

4 5) 1 . 8 5

5 4) 2 . 7 6

6 6) 3 . 1 8

7 5) 3 . 0 5

8 7) 2 . 0 3

9 6) 4 . 6 8

10 7) 5 . 1 8

11 8) 6 . 6 4

22 몫이 1보다 작으면 몫의 일의 자리에 0을 꼭 쓰자

집중 시간 3분

계산하세요.

1. $\begin{array}{r} 0. \\ 2\overline{)0.76} \end{array}$

2. $3\overline{)2.28}$

3. $2\overline{)1.72}$

4. $4\overline{)2.96}$

5. $3\overline{)2.58}$

6. $5\overline{)1.45}$

7. $6\overline{)2.22}$

8. $9\overline{)1.44}$

9. $7\overline{)1.26}$

10. $6\overline{)4.32}$

11. $8\overline{)5.04}$

12. $7\overline{)6.44}$

✽ 계산하세요.

* 소수의 나눗셈 계산하기

방법 1 자연수의 나눗셈을 이용하여 계산하기

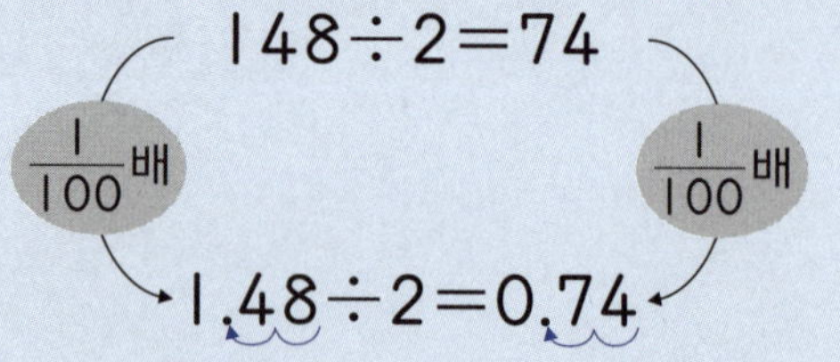

$$148 \div 2 = 74$$

$\frac{1}{100}$배 $\frac{1}{100}$배

$$1.48 \div 2 = 0.74$$

방법 2 분수의 나눗셈으로 나타내어 계산하기

$$1.48 \div 2 = \frac{148}{100} \div 2 = \frac{148 \div 2}{100}$$

$$= \frac{74}{100} = 0.74$$

① $1.62 \div 3 =$

② $3.35 \div 5 =$

③ $5.52 \div 6 =$

④ $2.52 \div 7 =$

⑤ $7.52 \div 8 =$

⑥ $3.72 \div 4 =$

⑦ $4.15 \div 5 =$

⑧ $3.54 \div 6 =$

⑨ $5.95 \div 7 =$

⑩ $6.75 \div 9 =$

23 소수점 아래 0을 내려 계산하는 (소수)÷(자연수)

✂ 계산하세요.

---

* 나누어떨어지지 않는 (소수)÷(자연수)

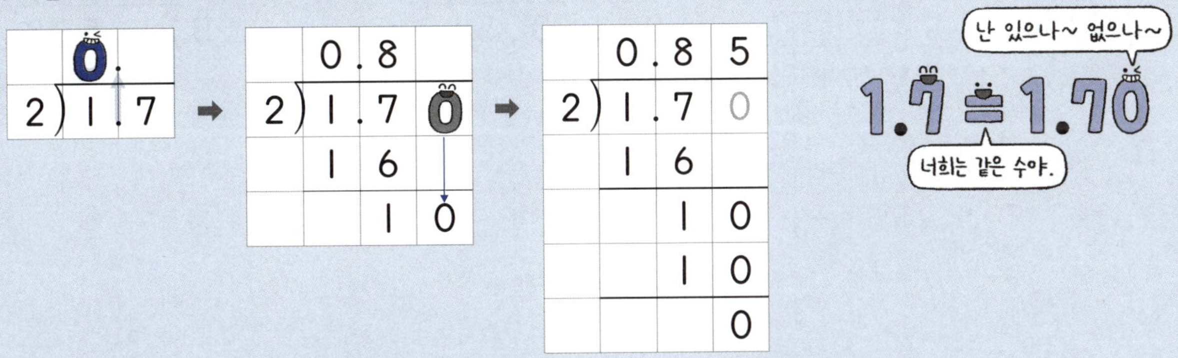

➡ 나누어지는 수의 오른쪽 끝자리에 0이 있다고 생각하고 0을 내려 계산해요.

---

① 4)3.4

③ 5)7.4

⑤ 6)8.1

② 5)3.8

④ 6)7.5

⑥ 8)9.2

※ 계산하세요.

5.7=5.70
~~57=570~~

소수점 오른쪽 끝자리에는 0을 붙여도 수의 크기가 바뀌지 않아요.
자연수의 끝에 0을 붙이면 안돼요!

① 2)5.7 0 (5.7=5.70)

② 5)8.6

③ 8)7.6

④ 2)10.5

⑤ 4)13.4

⑥ 2)11.9

⑦ 5)15.8

⑧ 6)14.7

⑨ 8)15.6

24 나누어떨어지지 않으면 소수점 아래 0을 내려!

집중 시간 3분

계산하세요.

나누어떨어질 때까지 소수점 아래 0을 내려 계산해 보세요.

1. $5\overline{)0.6}$

2. $2\overline{)6.3}$

3. $4\overline{)7.8}$

4. $4\overline{)12.6}$

5. $5\overline{)14.2}$

6. $6\overline{)11.1}$

7. $5\overline{)18.8}$

8. $6\overline{)13.5}$

9. $8\overline{)22.8}$

❊ 계산하세요.

---

* 나누어떨어지지 않는 가로셈 꿀팁!

① 87÷2는
나누어떨어지지 않아요.

$$8.7 \div 2 =$$

➡

② 8.7의 오른쪽 끝에 0을 쓰고,
870÷2를 계산해 봐요.

$$8.70 \div 2 = 435$$

➡

③ 8.70의 소수점과 같은
위치에 소수점을 찍어요.

$$8.7 \div 2 = 4.35$$

---

1 $9.8 \div 4 =$

2 $4.7 \div 5 =$

3 $8.6 \div 4 =$

4 $3.6 \div 8 =$

5 $9.2 \div 5 =$

6 $16.5 \div 2 =$

7 $10.8 \div 8 =$

8 $14.6 \div 5 =$

9 $18.9 \div 6 =$

소수점 아래 0을 내려 계산하는
(소수)÷(자연수)는 몫의 소수점 위치를
실수하기 쉬우니 주의해요!

10 $21.2 \div 8 =$

25 몫의 소수 첫째 자리에 0이 있는 (소수)÷(자연수)

❀ 계산하세요.

[보기]

```
    1. 0              1. 0 9
  2)2. 1 8    ➡    2)2. 1 8
    2                2
       1번 2번         1 8
      1 8              1 8
                         0
```

1을 나눌 수 없으므로 몫에 0을 써요.

몫의 소수 첫째 자리에 0을 빠뜨리지 않게 조심!

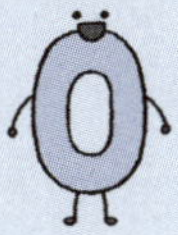

①
```
5)5. 2 5
```

②
```
3)6. 2 4
```

③
```
4)8. 2 8
```

④
```
6)6. 5 4
```

⑤
```
2)8. 1 2
```

⑥
```
7)7. 2 8
```

⑦
```
4)4. 2 0
```

⑧
```
5)5. 3
```

⑨
```
8)8. 4
```

⑩
```
4)8. 2
```

계산하세요.

1 2)12.16

2 3)15.18

3 4)16.36

4 5)35.45

5 3)24.15

6 6)30.18

7 7)49.63

8 9)18.63

9 8)72.48

10 9)45.72

앗! 실수

11 5)25.2

12 6)36.3

26 수를 연속으로 두 번 내릴 때에는 몫에 0을 꼭 쓰자

❁ 계산하세요.

① 3) 6.2 7

② 6) 1 2.4 8

③ 4) 2 4.1 2

④ 5) 1 0.3

⑤ 2) 1 8.1

⑥ 4) 3 2.2 4

⑦ 8) 4 0.5 6

⑧ 9) 7 2.3 6

⑨ 7) 6 3.3 5

⑩ 5) 4 5.1

앗! 실수

⑪ 8) 0.4

⑫ 9) 5 4.0 9

✂ 계산하세요.

① $4.06 \div 2 =$

② $9.21 \div 3 =$

③ $10.15 \div 5 =$

④ $20.32 \div 4 =$

⑤ $36.54 \div 6 =$

⑥ $63.54 \div 9 =$

⑦ $21.07 \div 7 =$

⑧ $0.2 \div 5 =$

⑨ $8.4 \div 8 =$

⑩ $36.2 \div 4 =$

⑪ $42.3 \div 6 =$

27 자연수의 나눗셈의 몫을 소수로 나타내어 보자

✂ 나눗셈의 몫을 소수로 나타내세요.

①
$$2\overline{)5.0}$$

⑤
$$4\overline{)18}$$

⑨
$$15\overline{)24}$$

②
$$4\overline{)3.00}$$

⑥
$$8\overline{)12}$$

⑩
$$16\overline{)40}$$

③
$$2\overline{)7}$$

⑦
$$5\overline{)4}$$

⑪
$$20\overline{)9}$$

④
$$6\overline{)9}$$

⑧
$$12\overline{)18}$$

⑫
$$25\overline{)6}$$

✂ 나눗셈의 몫을 소수로 나타내세요.

①

$4) \overline{1\ 0}$

④

10은 10.0과 같아요.

$8) \overline{1\ 8}$

⑦

$2\ 0) \overline{3\ 5}$

②

$5) \overline{1\ 4}$

⑤

$1\ 2) \overline{1\ 5}$

⑧

$1\ 6) \overline{4\ 4}$

③

$4) \overline{7}$

⑥

$2\ 4) \overline{1\ 8}$

⑨

$2\ 5) \overline{2\ 8}$

28 자연수 뒤에 소수점이 있다고 생각하고 몫의 소수점 콕!

집중 시간 3분

나눗셈의 몫을 소수로 나타내세요.

❶ $5\overline{)3.0}$

❹ $4\overline{)31}$

❼ $8\overline{)26}$

❷ $4\overline{)17}$

❺ $12\overline{)27}$

❽ $25\overline{)13}$

❸ $5\overline{)18}$

❻ $25\overline{)8}$

❾ $50\overline{)38}$

✄ 나눗셈의 몫을 소수로 나타내세요.

① $11 \div 2 =$

② $9 \div 4 =$

③ $23 \div 5 =$

④ $14 \div 8 =$

⑤ $25 \div 4 =$

⑥ $36 \div 15 =$

⑦ $33 \div 12 =$

⑧ $19 \div 25 =$

⑨ $28 \div 16 =$

⑩ $37 \div 25 =$

⑪ $21 \div 24 =$

29 0을 내려 계산하는 소수의 나눗셈 한 번 더!

✂ 계산하세요.

1

$2 \overline{)\ 0.5}$

2

$4 \overline{)\ 6.6}$

3

$5 \overline{)\ 1\ 6.2}$

4

$6 \overline{)\ 2\ 3.1}$

5

$12 \overline{)\ 7\ 6.2}$

6

$15 \overline{)\ 6\ 9}$

7

$24 \overline{)\ 7\ 3.2}$

8

$25 \overline{)\ 6\ 8}$

9

$8 \overline{)\ 5\ 6.4}$

✕✕ 계산하세요.

①

$$5\overline{)3\ 1.2}$$

②

$$4\overline{)3\ 3.4}$$

③

$$8\overline{)5\ 9.6}$$

④

$$15\overline{)5\ 8.8}$$

⑤

$$24\overline{)7\ 8}$$

⑥

$$12\overline{)8\ 4.6}$$

⑦

$$25\overline{)2\ 1}$$

앗! 실수

> 몫의 소수 둘째 자리에서도
> 나누어떨어지지 않아 0을
> 세 번이나 내려 계산하는 문제예요.

⑧

$$8\overline{)5}$$

⑨

$$16\overline{)1\ 8}$$

30 몫을 어림해서 소수점의 위치 찾기

집중 시간 3분

🍀 어림셈하여 몫의 소수점 위치를 찾아 소수점을 찍으세요.
가까운 값, 반올림, 올림, 버림 등의 방법을 이용하여 몫을 어림하는 방법이에요.

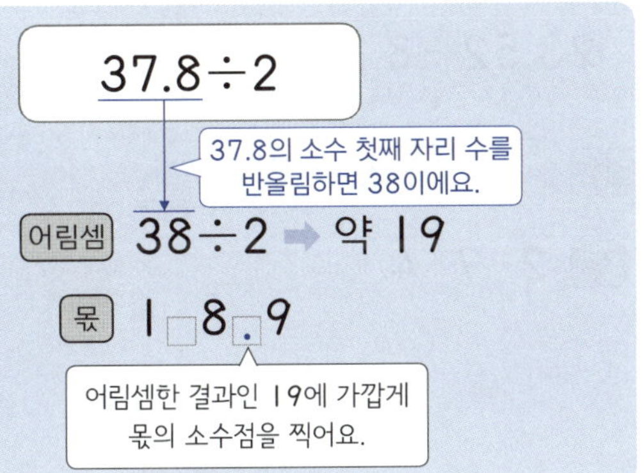

4 $83.3 \div 7$

어림셈 [ ] $\div 7 \Rightarrow$ 약 [ ]

몫 1 □ 1 □ 9

1 $65.1 \div 3$

어림셈 [ ] $\div 3 \Rightarrow$ 약 [ ]

몫 2 □ 1 □ 7

5 $11.88 \div 6$

어림셈 [ ] $\div 6 \Rightarrow$ 약 [ ]

몫 1 □ 9 □ 8

2 $59.6 \div 4$

어림셈 [ ] $\div 4 \Rightarrow$ 약 [ ]

몫 1 □ 4 □ 9

6 $27.27 \div 9$

어림셈 [ ] $\div 9 \Rightarrow$ 약 [ ]

몫 3 □ 0 □ 3

3 $89.5 \div 5$

어림셈 [ ] $\div 5 \Rightarrow$ 약 [ ]

몫 1 □ 7 □ 9

7 $39.36 \div 8$

어림셈 [ ] $\div 8 \Rightarrow$ 약 [ ]

몫 4 □ 9 □ 2

✂ 어림셈하여 몫의 소수점 위치를 찾아 소수점을 찍으세요.

1 11.36÷4

어림셈 ☐ ÷4 ➡ 약 ☐

몫 2☐8☐4

2 14.91÷3

어림셈 ☐ ÷3 ➡ 약 ☐

몫 4☐9☐7

3 30.25÷5

어림셈 ☐ ÷5 ➡ 약 ☐

몫 6☐0☐5

4 17.64÷6

어림셈 ☐ ÷6 ➡ 약 ☐

몫 2☐9☐4

5 23.52÷8

어림셈 ☐ ÷8 ➡ 약 ☐

몫 2☐9☐4

6 53.82÷9

어림셈 ☐ ÷9 ➡ 약 ☐

몫 5☐9☐8

7 156.8÷8

어림셈 ☐ ÷8 ➡ 약 ☐

몫 1☐9☐6

8 807.3÷9

어림셈 ☐ ÷9 ➡ 약 ☐

몫 8☐9☐7

❋ 계산하세요.

1

$$3 \overline{) 1\ 4.1}$$

2

$$4 \overline{) 3.4\ 4}$$

3

$$2 \overline{) 2.7\ 6}$$

4

$$4 \overline{) 8.5\ 6}$$

5

$$5 \overline{) 3\ 1.5}$$

6

$$9 \overline{) 6.0\ 3}$$

7

$$7 \overline{) 4\ 2.2\ 1}$$

8

$$25 \overline{) 1\ 7}$$

9

$$12 \overline{) 5\ 7}$$

✂ 계산하세요.

1 $13.2 \div 4 =$

2 $35.1 \div 3 =$

3 $57.6 \div 2 =$

4 $18.4 \div 8 =$

5 $7.65 \div 5 =$

6 $10.22 \div 7 =$

7 $1.68 \div 3 =$

8 $8.6 \div 4 =$

9 $23.7 \div 6 =$

10 $42.28 \div 7 =$

11 $22 \div 8 =$

32 소수의 나눗셈 완벽하게 끝내기

❈ 계산하세요.

①
$$2\overline{)0.9\ 6}$$

④
$$7\overline{)6.2\ 3}$$

⑦
$$16\overline{)4\ 8.8}$$

②
$$4\overline{)5\ 5.2}$$

⑤
$$8\overline{)6\ 6.8}$$

⑧
$$12\overline{)5\ 4}$$

③
$$6\overline{)5\ 2.7\ 4}$$

⑥
$$9\overline{)2\ 7.3\ 6}$$

⑨
$$25\overline{)6\ 2}$$

❈ 빈칸에 알맞은 소수를 써넣으세요.

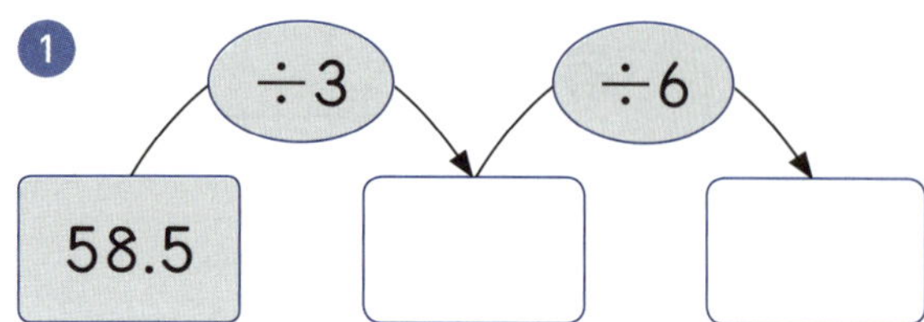

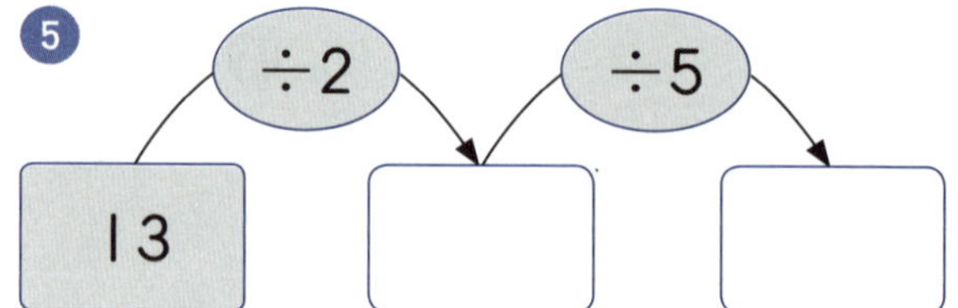

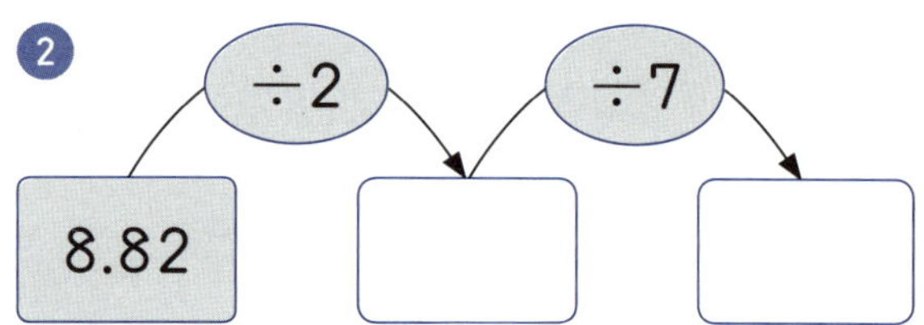

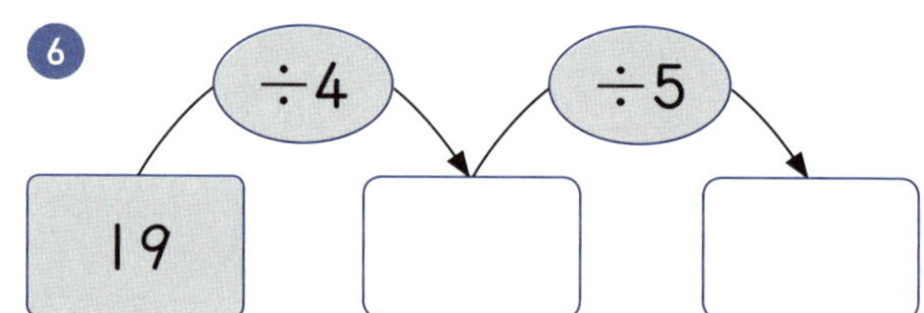

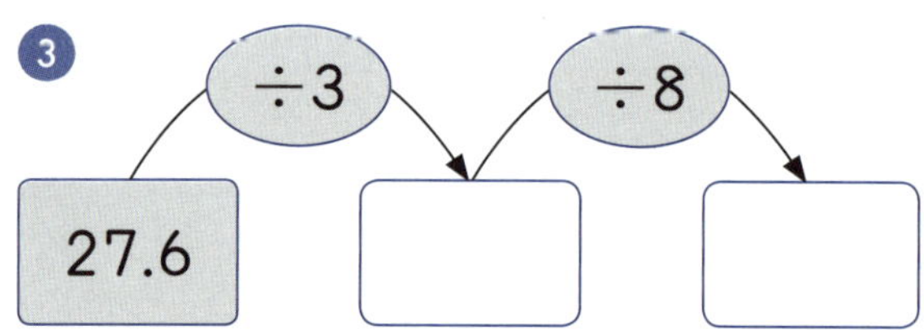

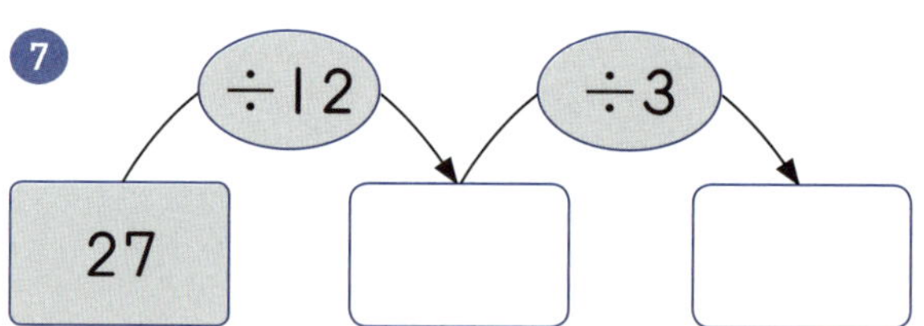

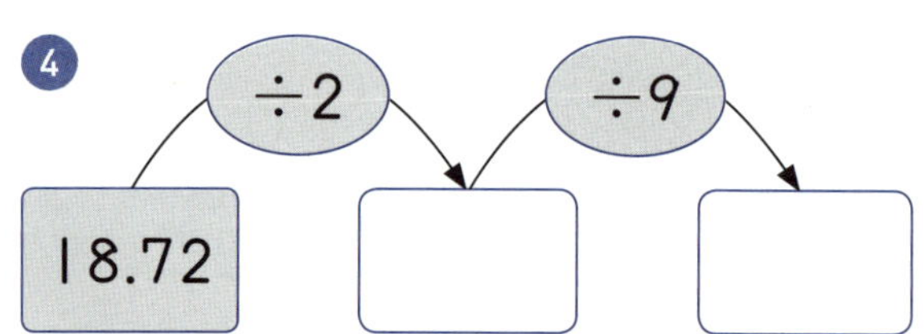

33 생활 속 연산 – 소수의 나눗셈

✂ 그림을 보고 ☐ 안에 알맞은 소수를 써넣으세요.

1

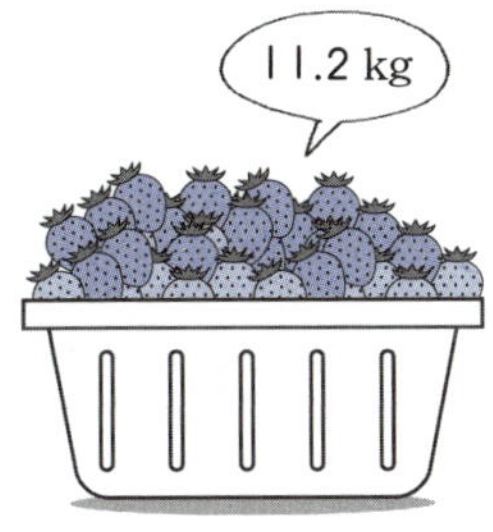

딸기 11.2 kg을 7명에게 똑같이 나누어 주려고 합니다.
한 사람이 받을 수 있는 딸기는 ☐ kg입니다.

2

키위 주스 5.6 L를 컵 16잔에 똑같이 나누어 담았습니다.
한 잔에 담은 키위 주스는 ☐ L입니다.

3

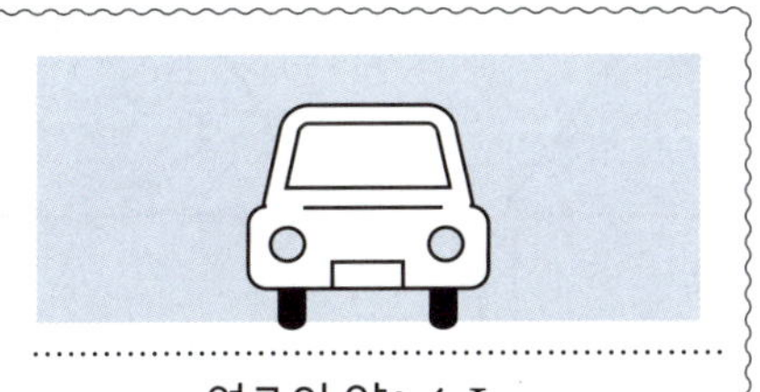

어느 자동차 회사에서 새로 출시된 자동차는 6 L의 연료로 142.8 km를 갈 수 있습니다. 이 자동차가 1 L의 연료로 갈 수 있는 거리는 ☐ km입니다.

4

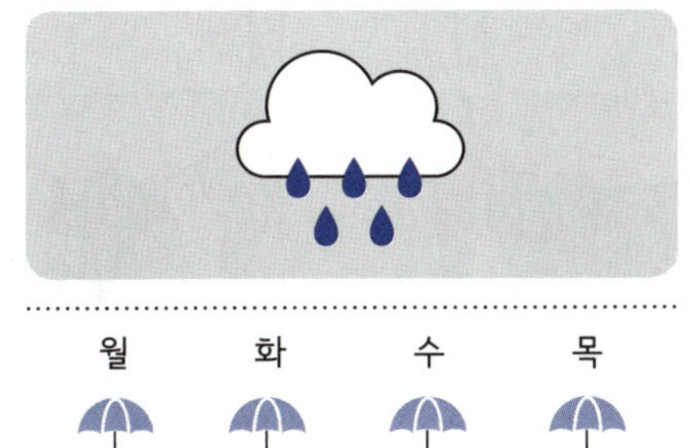

어느 도시에 4일 동안 85 mm의 비가 내렸습니다. 매일 같은 양의 비가 내렸다면 하룻동안 내린 비의 양은 ☐ mm입니다.

❀ 로켓에 적힌 나눗셈을 나누어떨어질 때까지 계산해 보세요. 몫의 소수 둘째 자리 숫자가 도착할 행성의 번호예요. 로켓이 도착할 행성을 찾아 선으로 이어 보세요.

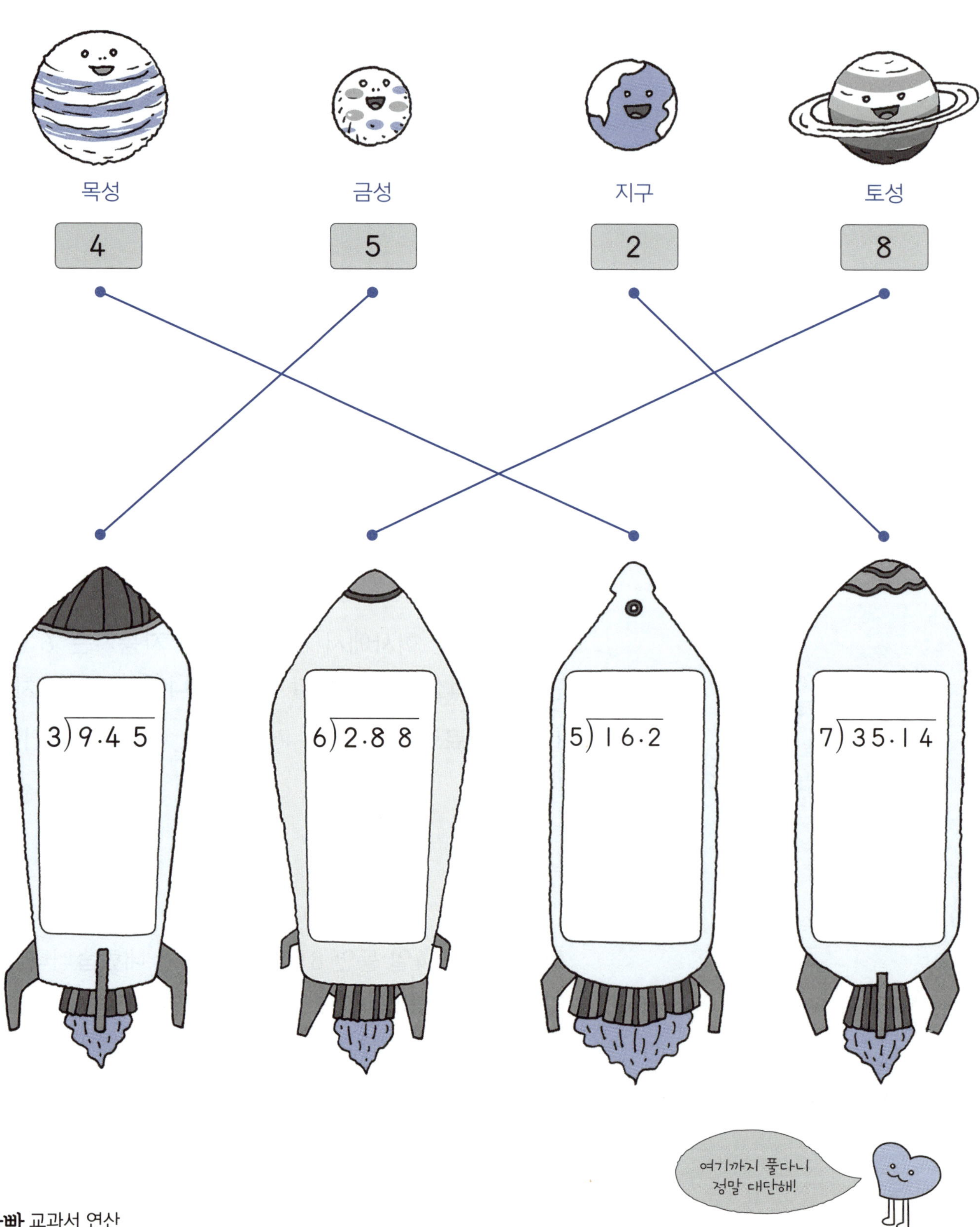

*틀린 문제는 꼭 다시 확인하고 넘어가요!

※ □ 안에 알맞은 수 또는 소수를 써넣으세요.

① $423 \div 3 = 141$

$42.3 \div 3 = \square$

$4.23 \div 3 = \square$

② $165 \div 11 = 15$

➡ $16.5 \div 11 = \square$

③ $32.6 \div 4 = \dfrac{\square}{10} \div 4$

$= \dfrac{\square}{100} \div 4$

$= \dfrac{\square \div 4}{100}$

$= \dfrac{\square}{100} = \square$

④ $5\overline{)7.4}$ (몫: □)

⑤ $8\overline{)9.2}$ (몫: □)

⑥ $5.2 \div 2 = \square$

⑦ $41.28 \div 3 = \square$

⑧ $7.38 \div 9 = \square$

⑨ $6.18 \div 3 = \square$

⑩ $41.8 \div 20 = \square$

⑪ $14.42 \div 14 = \square$

⑫ $96 \div 64 = \square$

⑬ 우유 2.4 L를 5명의 친구가 똑같이 나누어 마셨습니다. 한 사람이 마신 우유는 □ L입니다.

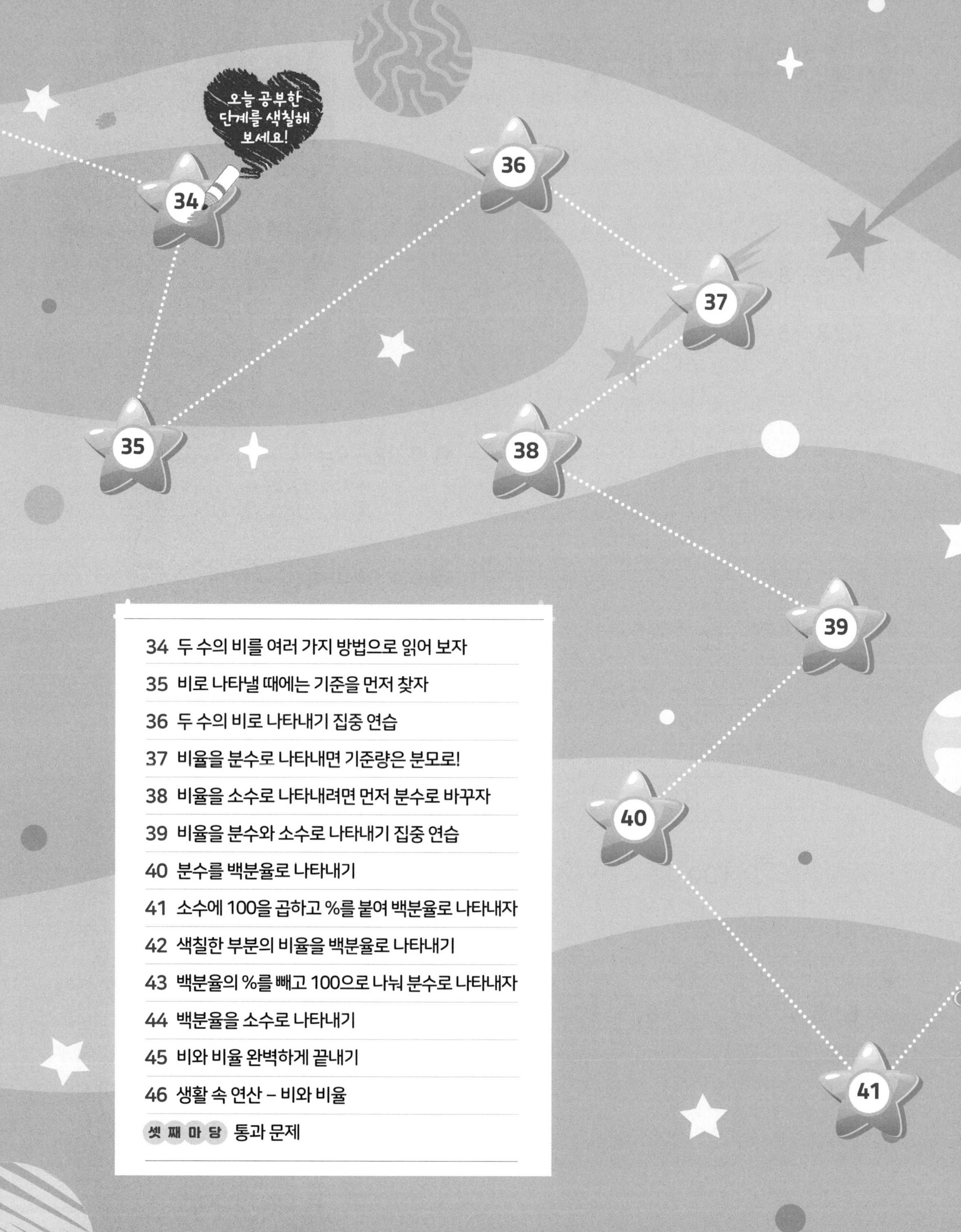

오늘 공부한
단계를 색칠해
보세요!

34
35
36
37
38
39
40
41

비와 비율

42
43
44
45
46

☆ **비**: 한 양을 기준으로 다른 양이 몇 배가 되는지 비교하기 위해 기호 : 을 써서 나타낸 것

• 사과 수와 딸기 수의 비 알아보기

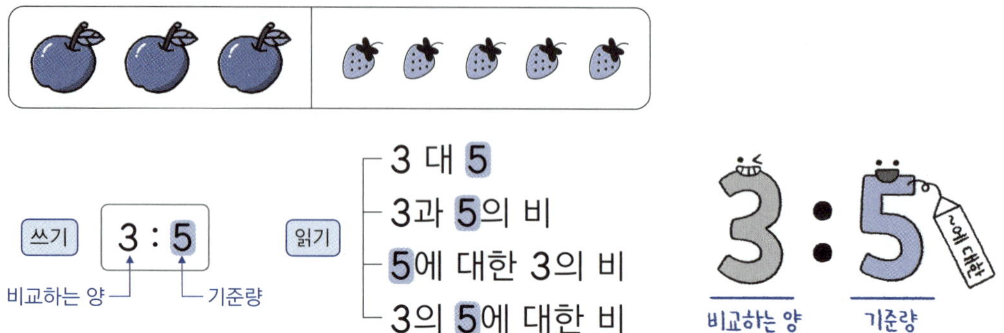

☆ **비율**: 기준량에 대한 비교하는 양의 크기

$$(\text{비율}) = (\text{비교하는 양}) \div (\text{기준량}) = \frac{(\text{비교하는 양})}{(\text{기준량})}$$

• 비 3 : 5를 분수와 소수로 나타내기

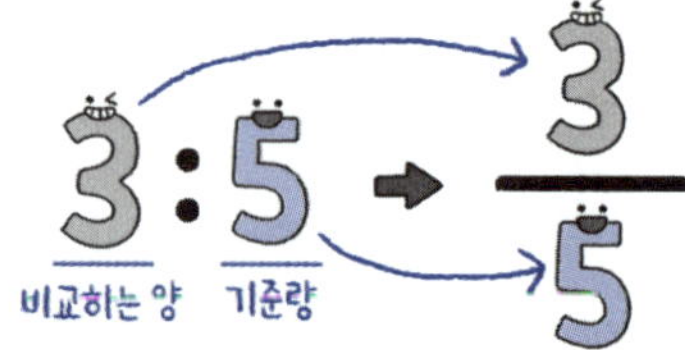

$3 : 5$ ➡ 분수 $\dfrac{3}{5}$ 소수 $\dfrac{3}{5} = \dfrac{6}{10} = 0.6$

☆ **백분율**: 기준량을 100으로 할 때의 비율로 기호 %를 사용하여 나타낸 것

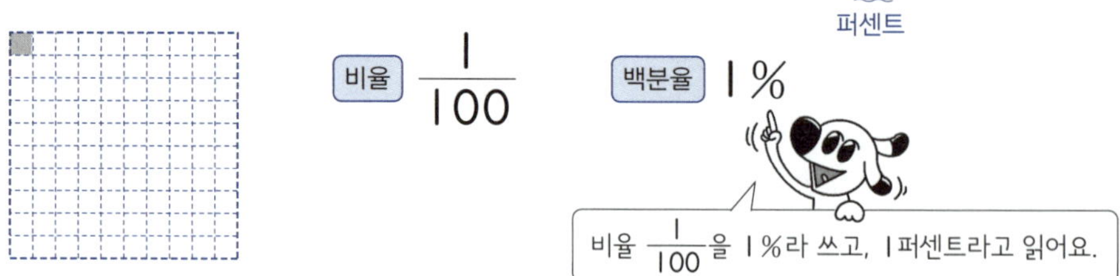

3에 대한 8의 비를 기호 :를 사용하여 비로 바르게 나타낸 것은 어느것일까요?
① 3 : 8   ② 8 : 3

34 두 수의 비를 여러 가지 방법으로 읽어 보자

집중 시간 3분

비를 4가지 방법으로 읽어 보세요.

① 1 : ④ (기준량)

- 1 대 4
- 1과 [4]의 비
- [ ]에 대한 1의 비
- 1의 [ ]에 대한 비

④ 8 : 5

- 8 대 5
- (8과)
- 5에 대한 8의 비
- (8의)

② 3 : ②

먼저 비에서 기준을 찾아 ○표 해 봐요.

- 3 대 [ ]
- [ ]와(과) [ ]의 비
- [ ]에 대한 3의 비
- 3의 [ ]에 대한 비

⑤ 16 : 9

- 16 대 9
- (16과)
- ( )
- ( )

③ 4 : 7

- [ ] 대 [ ]
- [ ]와(과) [ ]의 비
- [ ]에 대한 [ ]의 비
- [ ]의 [ ]에 대한 비

⑥ 12 : 15

- ( )
- ( )
- ( )
- ( )

✂ ☐ 안에 알맞은 수를 써넣으세요.

1 ❘ : 3

➡ ☐ 대 ☐

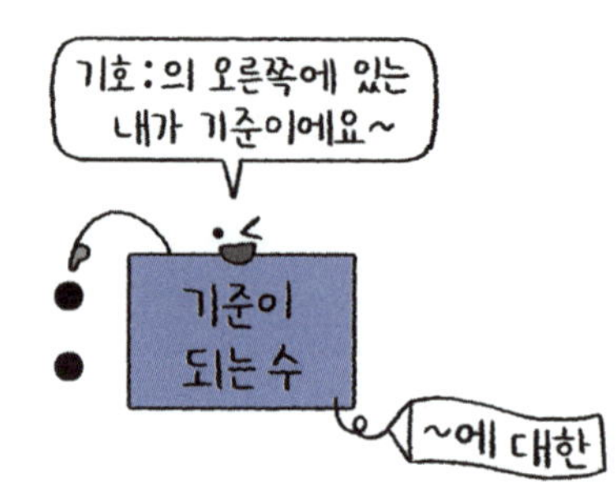

2 5 : ❘

➡ ☐ 와(과) ☐ 의 비

7 8 : ❘❘

➡ ☐ 에 대한 ☐ 의 비

3 2 : 7

➡ ☐ 에 대한 ☐ 의 비

8 ❘0 : 3

➡ ☐ 와(과) ☐ 의 비

4 3 : 4

➡ ☐ 의 ☐ 에 대한 비

9 ❘❘ : 6

➡ ☐ 에 대한 ☐ 의 비

5 4 : 9

➡ ☐ 대 ☐

10 ❘3 : ❘0

➡ ☐ 의 ☐ 에 대한 비

6 7 : 5

➡ ☐ 와(과) ☐ 의 비

11 ❘5 : 22

➡ ☐ 에 대한 ☐ 의 비

35 비로 나타낼 때에는 기준을 먼저 찾자

✂ 그림을 보고 ☐ 안에 알맞은 수를 써넣으세요.

▲ : ■

- ▲ 대 ■
- ▲와 ■의 비
- ■에 대한 ▲의 비
- ▲의 ■에 대한 비

1

감 수와 (사과 수)의 비 ➡ 4 : 3

사과 수와 (감 수)의 비 ➡ ☐ : ☐

(감 수)에 대한 사과 수의 비 ➡ ☐ : ☐

(사과 수)에 대한 감 수의 비 ➡ ☐ : ☐

2

멜론 수와 (배 수)의 비 ➡ ☐ : ☐

배 수와 멜론 수의 비 ➡ ☐ : ☐

배 수에 대한 멜론 수의 비 ➡ ☐ : ☐

배 수의 멜론 수에 대한 비 ➡ ☐ : ☐

앗! 실수

3

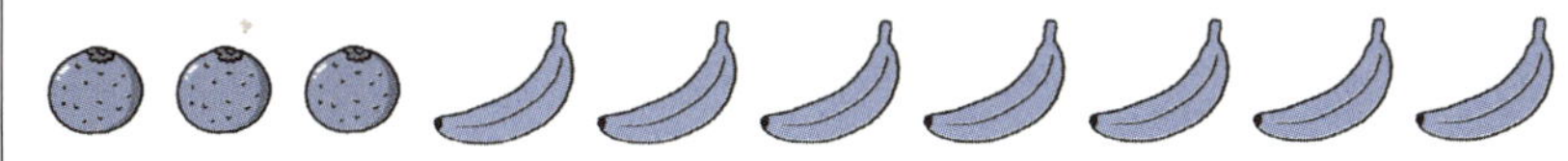

바나나 수에 대한 귤 수의 비 ➡ ☐ : ☐

귤 수에 대한 바나나 수의 비 ➡ ☐ : ☐

바나나 수의 귤 수에 대한 비 ➡ ☐ : ☐

귤 수의 바나나 수에 대한 비 ➡ ☐ : ☐

✂ 그림을 보고 ☐ 안에 알맞은 수를 써넣으세요.

1

사과 수와 멜론 수의 비

➡ ☐ : ☐

먼저 기준을 찾으면 빠르고 정확하게 비로 나타낼 수 있어요.

기준이 되는 수

2

사과 수의 멜론 수에 대한 비

➡ ☐ : ☐

3

사과 수에 대한 멜론 수의 비

➡ ☐ : ☐

4

멜론 수에 대한 사과 수의 비

➡ ☐ : ☐

5

딸기 수와 감 수의 비

➡ ☐ : ☐

6

딸기 수에 대한 감 수의 비

➡ ☐ : ☐

7

딸기 수의 감 수에 대한 비

➡ ☐ : ☐

8

감 수의 딸기 수에 대한 비

➡ ☐ : ☐

36 두 수의 비로 나타내기 집중 연습

집중 시간
3분

✿ ☐ 안에 알맞은 수를 써넣으세요.

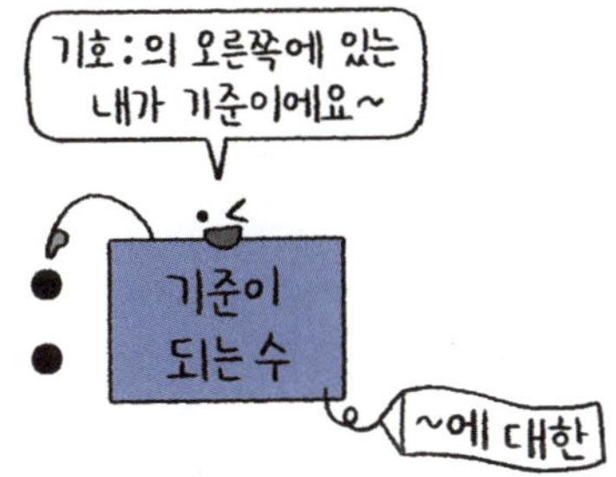

1 1 대 6

➡ ☐ : ☐

2 3과 5의 비

➡ ☐ : ☐

3 7에 대한 4의 비

➡ ☐ : ☐

4 5의 1에 대한 비

➡ ☐ : ☐

5 2 대 7

➡ ☐ : ☐

6 4와 9의 비

➡ ☐ : ☐

7 7의 6에 대한 비

➡ ☐ : ☐

8 13에 대한 10의 비

➡ ☐ : ☐

9 9와 14의 비

➡ ☐ : ☐

10 8에 대한 1의 비

➡ ☐ : ☐

11 10의 13에 대한 비

➡ ☐ : ☐

✂ ☐ 안에 알맞은 수를 써넣으세요.

1 4 대 1

➡ ☐ : ☐

2 2의 5에 대한 비

➡ ☐ : ☐

3 3과 7의 비

➡ ☐ : ☐

4 3에 대한 4의 비

➡ ☐ : ☐

5 5 대 8

➡ ☐ : ☐

6 6과 7의 비

➡ ☐ : ☐

7 3에 대한 8의 비

➡ ☐ : ☐

8 9와 4의 비

➡ ☐ : ☐

9 7의 10에 대한 비

➡ ☐ : ☐

10 25에 대한 11의 비

➡ ☐ : ☐

11 20의 13에 대한 비

➡ ☐ : ☐

12 16에 대한 21의 비

➡ ☐ : ☐

37 비율을 분수로 나타내면 기준량은 분모로!

기준량에 대한 비교하는 양의 크기

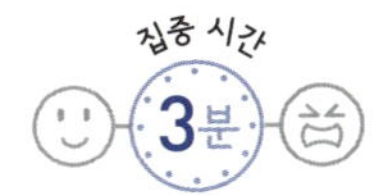

집중 시간 3분

비율을 분수로 나타내세요.

비: 2 : 3 → (2÷3의 몫) → 비율: $\frac{2}{3}$

(비율)=(비교하는 양)÷(기준량)

$=\frac{(비교하는 양)}{(기준량)}$

❶ 4 대 9 → $\frac{\square}{\square}$

기준이 되는 수를 찾아 ○표 하고 분모에 바로 써요.

❷ 6에 대한 5의 비 → $\frac{\square}{\square}$

❸ 4의 7에 대한 비 → $\frac{\square}{\square}$

❹ 1과 10의 비 → $\frac{\square}{\square}$

❺ 7의 12에 대한 비 → $\frac{\square}{\square}$

❻ 23에 대한 8의 비 → $\frac{\square}{\square}$

❼ 10과 11의 비 → $\frac{\square}{\square}$

❽ 12의 17에 대한 비 → $\frac{\square}{\square}$

❾ 25에 대한 16의 비 → $\frac{\square}{\square}$

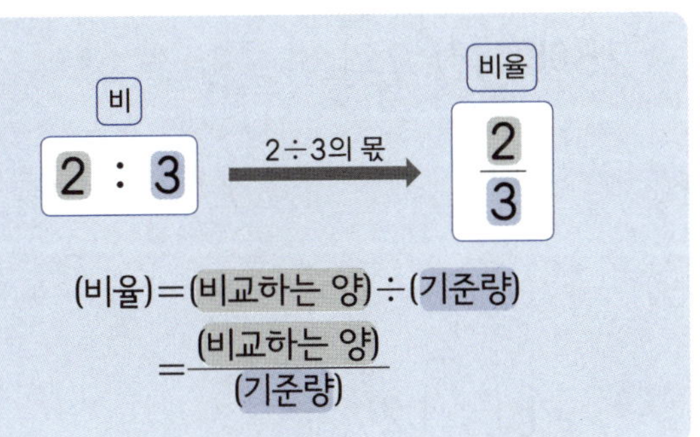

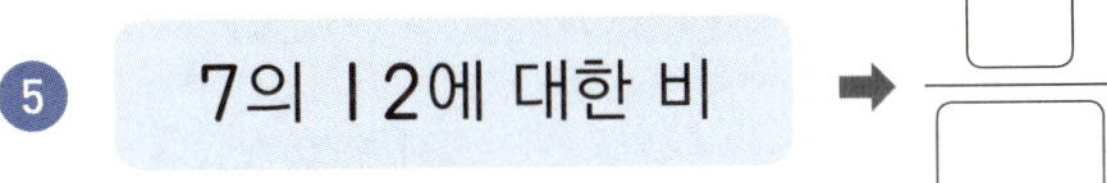

비율을 기약분수로 나타내세요.

1   2 대 3

➡ (   )

2   4의 5에 대한 비

➡ (   )

3   2 : 9

➡ (   )

4   8에 대한 7의 비

➡ (   )

5   5와 12의 비

➡ (   )

6   10의 15에 대한 비

➡ (   )

7   25에 대한 9의 비

➡ (   )

8   11 : 12

➡ (   )

9   13의 6에 대한 비

➡ (   )

10   11과 7의 비

➡ (   )

11   6 대 9

➡ (   )

12   18에 대한 14의 비

➡ (   )

 **38 비율을 소수로 나타내려면 먼저 분수로 바꾸자**

✂ 비율을 소수로 나타내세요.

---

* 비율을 소수로 나타내는 방법 — 분모가 10, 100, 1000인 분수 만들어 소수로 나타내기

1 : 2

→ $\dfrac{1}{2} = \dfrac{5}{10} = 0.5$

분모를 10으로 만들어요.

8 : 25

→ $\dfrac{8}{25} = \dfrac{32}{100} = 0.32$

분모를 100으로 만들어요.

---

1 3 대 8

→ $\dfrac{\Box}{\Box} = \dfrac{\Box}{1000} = \Box$

2 4와 5의 비

→ $\dfrac{\Box}{\Box} = \dfrac{\Box}{10} = \Box$

3 7의 10에 대한 비

→ $\dfrac{\Box}{\Box} = \Box$

4 5에 대한 12의 비

→ $\dfrac{\Box}{\Box} = \dfrac{\Box}{10} = \Box$

5 19와 10의 비

→ $\dfrac{\Box}{\Box} = \Box$

6 13 대 50

→ $\dfrac{\Box}{\Box} = \dfrac{\Box}{100} = \Box$

7 17의 20에 대한 비

→ $\dfrac{\Box}{\Box} = \dfrac{\Box}{100} = \Box$

8 25에 대한 21의 비

→ $\dfrac{\Box}{\Box} = \dfrac{\Box}{100} = \Box$

집중 시간 3분

※ 비율을 소수로 나타내세요.

1. 1 대 8

➡ (　　　　　　　　)

2. 3 : 5

➡ (　　　　　　　　)

3. 9의 10에 대한 비

➡ (　　　　　　　　)

4. 3과 20의 비

➡ (　　　　　　　　)

5. 25에 대한 8의 비

➡ (　　　　　　　　)

6. 50에 대한 11의 비

➡ (　　　　　　　　)

7. 13과 10의 비

➡ (　　　　　　　　)

8. 14의 25에 대한 비

➡ (　　　　　　　　)

9. 33 대 50

➡ (　　　　　　　　)

10. 12의 24에 대한 비

➡ (　　　　　　　　)

* 비율을 소수로 나타낼 때 꿀팁!

6의 12에 대한 비

➡ $\frac{\overset{1}{\cancel{6}}}{\underset{2}{\cancel{12}}}=\frac{1}{2}=\frac{5}{10}=0.5$

비율을 분수로 나타낸 다음 약분을 먼저 해봐요.
기약분수로 나타내면 소수로 바꾸기 더 쉬워져요.

39 비율을 분수와 소수로 나타내기 집중 연습

집중 시간 4분

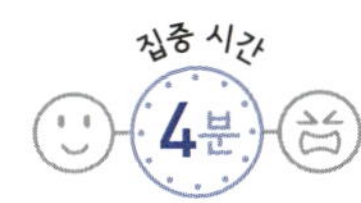

※ 비율을 기약분수와 소수로 나타내세요.

① 1 : 4

분수 (   )

소수 (   )

② 2 대 5

분수 (   )

소수 (   )

③ 10에 대한 3의 비

분수 (   )

소수 (   )

④ 7의 8에 대한 비

분수 (   )

소수 (   )

⑤ 6과 5의 비

분수 (   )

소수 (   )

⑥ 7의 25에 대한 비

분수 (   )

소수 (   )

⑦ 5에 대한 14의 비

분수 (   )

소수 (   )

⑧ 11과 20의 비

분수 (   )

소수 (   )

⑨ 12 대 15

분수 (   )

소수 (   )

⑩ 30에 대한 27의 비

분수 (   )

소수 (   )

39

✂️ 비율을 기약분수와 소수로 나타내세요.

1
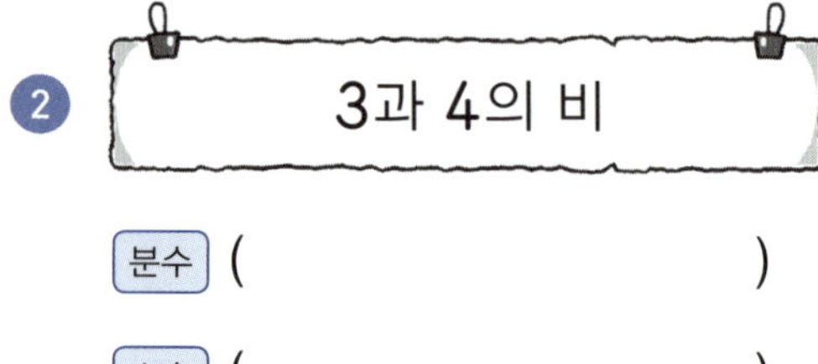

| 대 |0

분수 ( )

소수 ( )

2

3과 4의 비

분수 ( )

소수 ( )

3

7 : 20

분수 ( )

소수 ( )

4

6의 25에 대한 비

분수 ( )

소수 ( )

5

5에 대한 8의 비

분수 ( )

소수 ( )

6

9와 10의 비

분수 ( )

소수 ( )

7

14 대 25

분수 ( )

소수 ( )

8

31의 50에 대한 비

분수 ( )

소수 ( )

9

9의 5에 대한 비

분수 ( )

소수 ( )

10

45에 대한 18의 비

분수 ( )

소수 ( )

40 분수를 백분율로 나타내기

기준량을 100으로 할 때의 비율

비율을 백분율로 나타내세요.

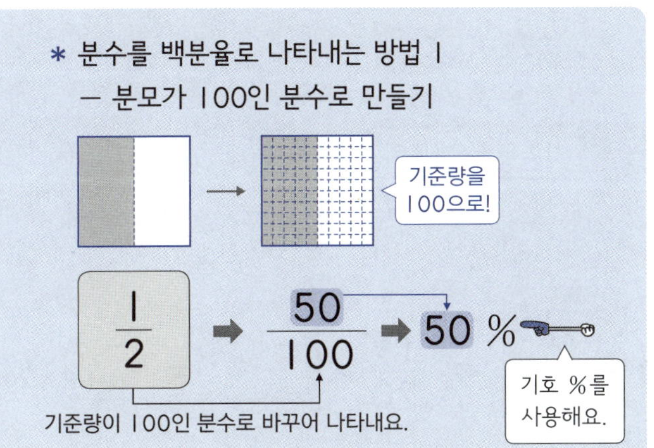

1. $\dfrac{3}{10}$ → $\dfrac{3\times10}{10\times10} = \dfrac{\square}{100}$ → $\square$ %

2. $\dfrac{3}{5}$ → $\dfrac{\square}{100}$ → $\square$ %

3. $\dfrac{1}{4}$ → $\dfrac{\square}{100}$ → $\square$ %

4. $\dfrac{7}{20}$ → $\dfrac{\square}{100}$ → $\square$ %

5. $\dfrac{39}{100}$ → $\square$ %

6. $\dfrac{9}{10}$ → $\dfrac{\square}{100}$ → $\square$ %

7. $\dfrac{3}{4}$ → $\dfrac{\square}{100}$ → $\square$ %

8. $\dfrac{17}{20}$ → $\dfrac{\square}{100}$ → $\square$ %

9. $\dfrac{12}{25}$ → $\dfrac{\square}{100}$ → $\square$ %

10. $\dfrac{23}{50}$ → $\dfrac{\square}{100}$ → $\square$ %

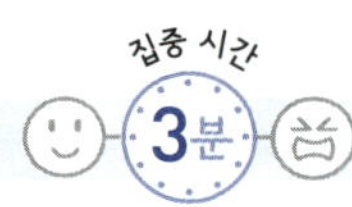

✂ 비율을 백분율로 나타내세요.

---

* 분수를 백분율로 나타내는 방법2 — 비율에 100 곱하기

$$\frac{4}{5} \Rightarrow \frac{4}{5} \times \overset{20}{100} = 80 \Rightarrow 80\,\%$$

기호 %를 사용해요.

---

1 $\dfrac{7}{10}$ ➡ $\dfrac{7}{10} \times 100 = \boxed{}$ (%)

6 $\dfrac{19}{20}$ ➡ $\dfrac{19}{20} \times \boxed{} = \boxed{}$ (%)

2 $\dfrac{11}{20}$ ➡ $\dfrac{11}{20} \times 100 = \boxed{}$ (%)

7 $\dfrac{39}{50}$ ➡ $\dfrac{39}{50} \times \boxed{} = \boxed{}$ (%)

3 $\dfrac{9}{25}$ ➡ $\dfrac{9}{25} \times 100 = \boxed{}$ (%)

8 $\dfrac{18}{25}$ ➡ $\dfrac{18}{25} \times \boxed{} = \boxed{}$ (%)

4 $\dfrac{13}{50}$ ➡ $\dfrac{13}{50} \times 100 = \boxed{}$ (%)

9 $\dfrac{8}{5}$ ➡ $\dfrac{8}{5} \times \boxed{} = \boxed{}$ (%)

5 $\dfrac{3}{2}$ ➡ $\dfrac{3}{2} \times 100 = \boxed{}$ (%)

10 $\dfrac{7}{4}$ ➡ $\dfrac{7}{4} \times \boxed{} = \boxed{}$ (%)

41 소수에 100을 곱하고 %를 붙여 백분율로 나타내자

✂ 비율을 백분율로 나타내세요.

* 소수를 백분율로 나타내는 방법

방법 1 $0.3=\dfrac{3}{10}=\dfrac{30}{100}$ ➡ 30 %

방법 2 $0.3 \times 100 = 30\,(\%)$
2칸 이동

1 0.01 ➡ $0.01 \times 100 = \boxed{}\,(\%)$

2 0.04 ➡ (%   )
백분율의 기호를 꼭 써요.

3 0.6 ➡ (   )

4 0.15 ➡ (   )

5 0.38 ➡ (   )

6 0.75 ➡ (   )

7 3.2 ➡ (   )

8 1.03 ➡ (   )

9 2.49 ➡ (   )

10 4.61 ➡ (   )

11 10.6 ➡ (   )

✂ 비율을 백분율로 나타내세요.

1 0.02 ➡ (%   )
기호를 꼭 써요~

2 0.05 ➡ (   )

3 0.09 ➡ (   )

4 0.25 ➡ (   )

5 0.43 ➡ (   )

6 0.91 ➡ (   )

7 1.36 ➡ (   )

8 2.08 ➡ (   )

9 3.75 ➡ (   )

10 21.3 ➡ (   )

앗! 실수

11 0.1 ➡ (   )
소수점을 1칸만 옮기는
실수를 하기 쉬워요.

12 0.5 ➡ (   )

42 색칠한 부분의 비율을 백분율로 나타내기

✂ 그림을 보고 전체에 대한 색칠한 부분의 비율을 백분율로 나타내세요.

* 전체에 대한 색칠한 부분의 비율을 백분율로 나타내기

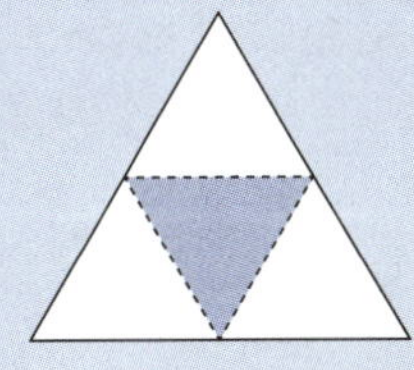

비율 $\dfrac{(색칠한\ 칸\ 수)}{(전체\ 칸\ 수)} = \dfrac{1}{4}$ 백분율 $\dfrac{1}{4} \times \overset{25}{100} = 25\,(\%)$

1 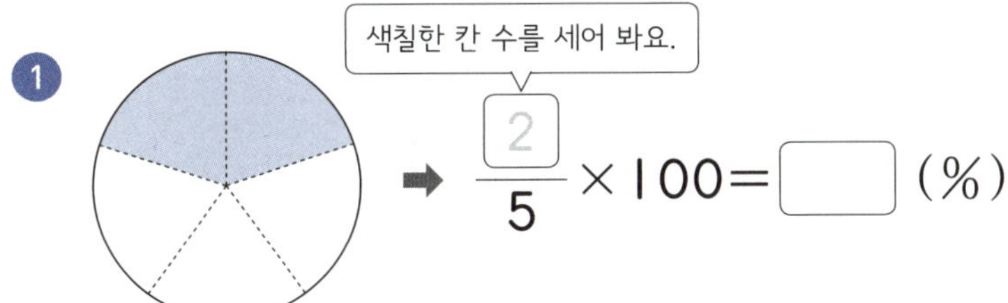

➡ $\dfrac{2}{5} \times 100 = \boxed{}\,(\%)$

5 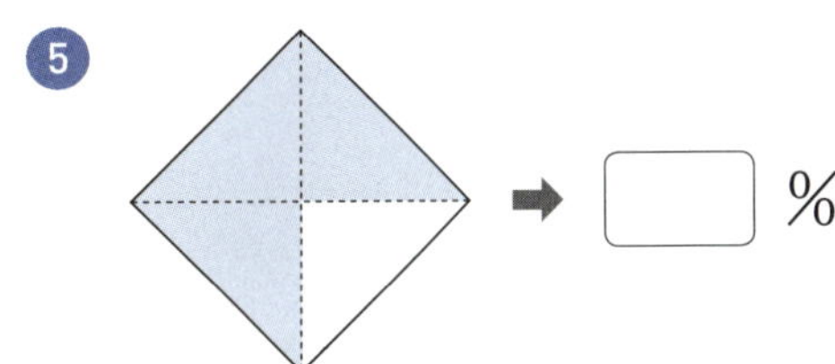
➡ $\boxed{}$ %

2 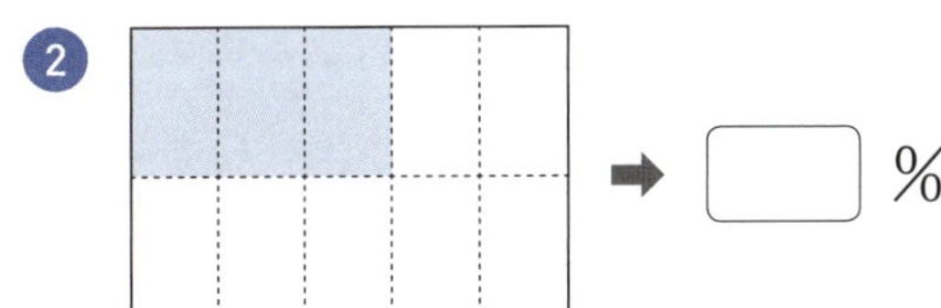
➡ $\boxed{}$ %

6 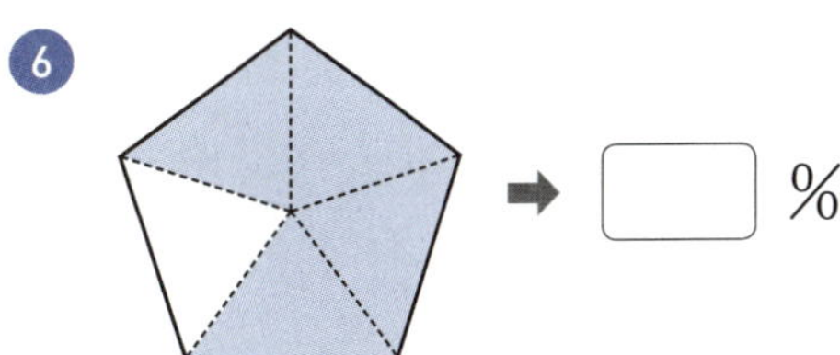
➡ $\boxed{}$ %

3 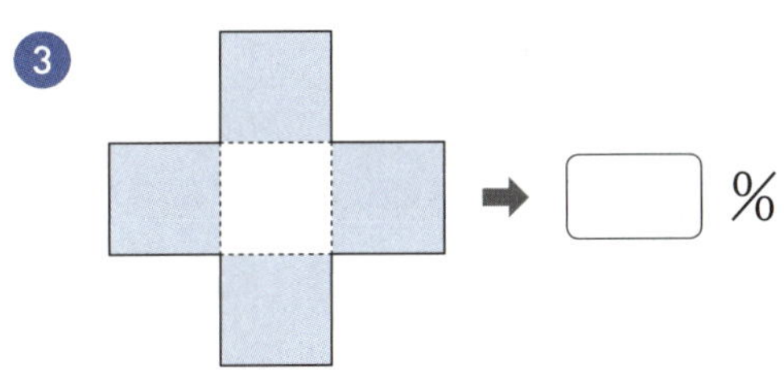
➡ $\boxed{}$ %

7 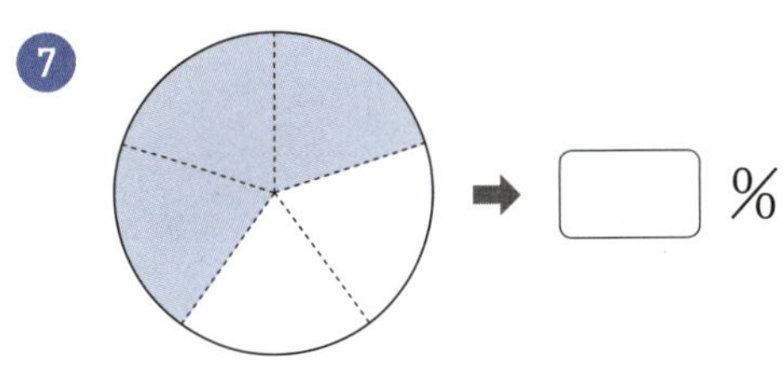
➡ $\boxed{}$ %

4 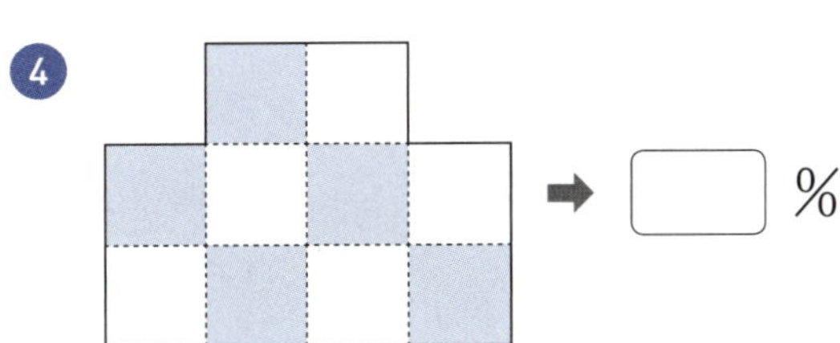
➡ $\boxed{}$ %

8 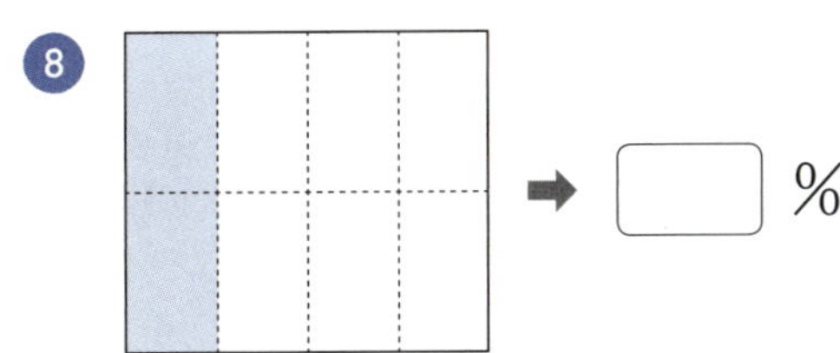
➡ $\boxed{}$ %

그림을 보고 전체에 대한 색칠한 부분의 비율을 백분율로 나타내세요.

1 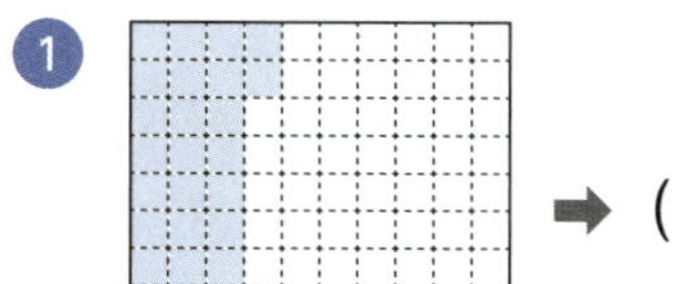 ➡ (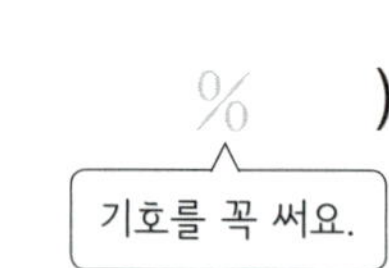 %)

6 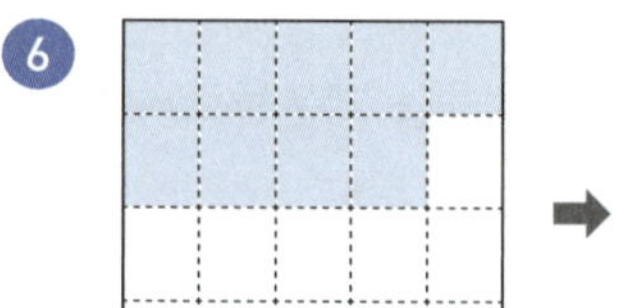 ➡ (   )

2 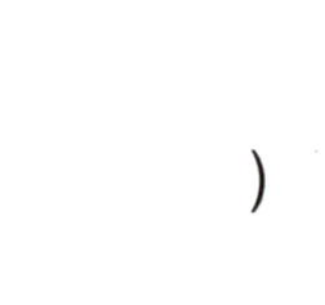 ➡ (   )

7 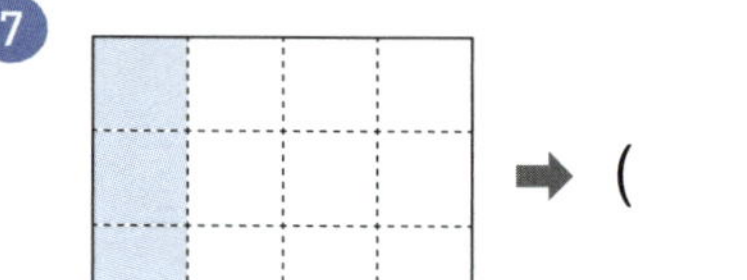 ➡ (   )

3 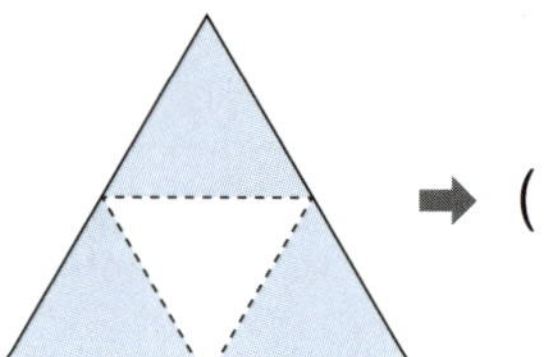 ➡ (   )

8 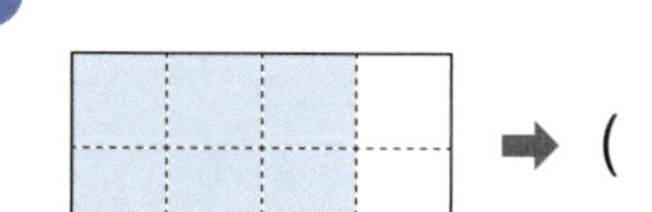 ➡ (   )

4 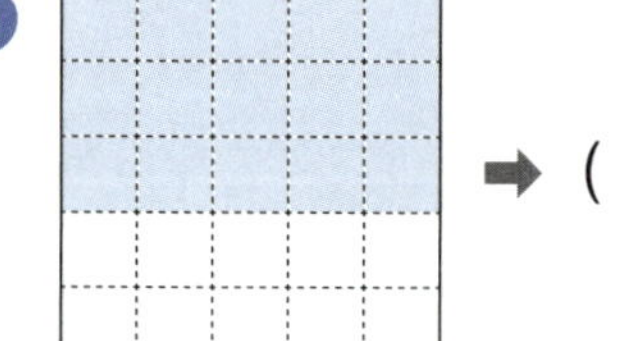 ➡ (   )

9 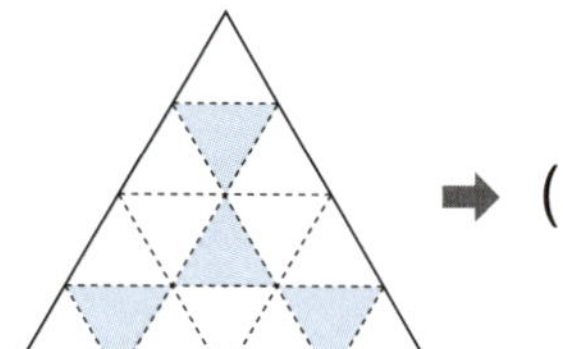 ➡ (   )

5 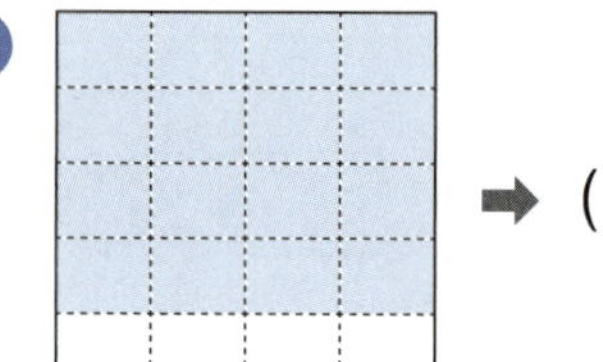 ➡ (   )

10 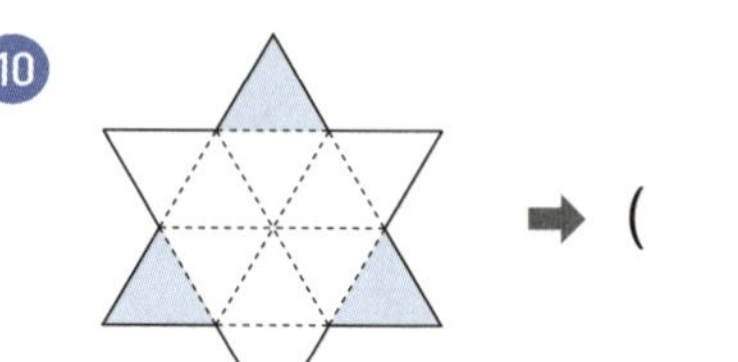 ➡ (   )

43. 백분율의 %를 빼고 100으로 나눠 분수로 나타내자

✂ 백분율을 분수로 나타내세요.

기준량을 100으로 할 때의 비율

1. 3 % ➡ $3 \div 100 = \dfrac{\square}{100}$

2. 27 % ➡ $\dfrac{\square}{100}$

3. 33 % ➡ (   )

4. 41 % ➡ (   )

5. 57 % ➡ (   )

6. 79 % ➡ (   )

7. 21 % ➡ (   )

8. 49 % ➡ (   )

9. 63 % ➡ (   )

10. 99 % ➡ (   )

11. 107 % ➡ (   )

12. 237 % ➡ (   )

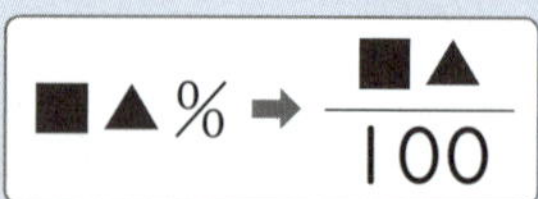

❈ 백분율을 기약분수로 나타내세요.

1 2 % ➡ (   )

2 10 % ➡ (   )

3 40 % ➡ (   )

4 70 % ➡ (   )

5 12 % ➡ (   )

6 52 % ➡ (   )

7 15 % ➡ (   )

8 28 % ➡ (   )

9 94 % ➡ (   )

10 116 % ➡ (   )

11 130 % ➡ (   )

12 250 % ➡ (   )

 **44 백분율을 소수로 나타내기**

❀ 백분율을 소수로 나타내세요.

* 100으로 나누면 소수점이 왼쪽으로 2칸 이동해요.

0.12 % ➡ (0.12)

1.05 % ➡ (1.05)

① 34 % ➡ ( )

② 53 % ➡ ( )

③ 65 % ➡ ( )

④ 48 % ➡ ( )

⑤ 75 % ➡ ( )

⑥ 91 % ➡ ( )

⑦ 153 % ➡ ( )

⑧ 147 % ➡ ( )

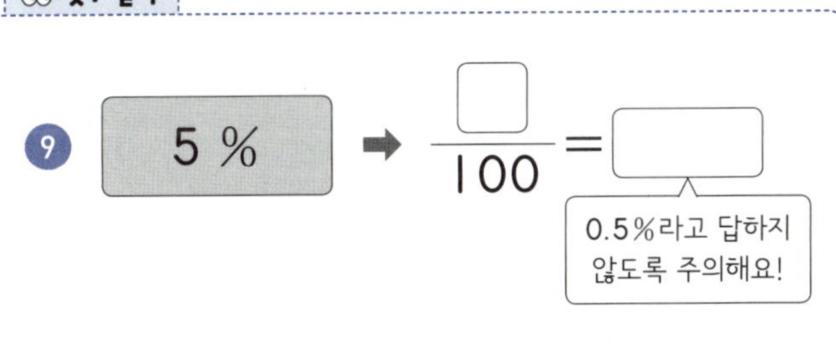

 **44**

$$■▲\% ➡ 0.■▲$$

❄ 백분율을 소수로 나타내세요.

1 4 % ➡ (   )

2 9 % ➡ (   )

3 13 % ➡ (   )

4 27 % ➡ (   )

5 50 % ➡ (   )

6 88 % ➡ (   )

7 45 % ➡ (   )

8 71 % ➡ (   )

9 93 % ➡ (   )

10 125 % ➡ (   )

11 160 % ➡ (   )

12 206 % ➡ (   )

45 비와 비율 완벽하게 끝내기

✂ 빈칸에 알맞은 기약분수와 소수를 써넣으세요.

	비	비율	
		기약분수	소수
①	4 : 5	$\frac{4}{5}$	
②	3 대 4		
③	3과 10의 비		
④	20에 대한 13의 비		
⑤	4의 5에 대한 비		
⑥	3과 5의 비		
⑦	17의 25에 대한 비		
⑧	10에 대한 3의 비		

비를 비율로 나타낼 때의 핵심은 기준이 되는 수를 먼저 찾는 거예요~

❀ 빈칸에 알맞은 기약분수, 소수, 백분율을 써넣으세요.

	비율		
	기약분수	소수	백분율
①	$\dfrac{27}{100}$		%
②	$\dfrac{7}{10}$		
③		0.06	
④		0.45	
⑤	$\dfrac{13}{50}$		
⑥		1.54	
⑦			31 %
⑧			230 %

 46 생활 속 연산 – 비와 비율

✂ 그림을 보고 ☐ 안에 알맞은 수를 써넣으세요.

1 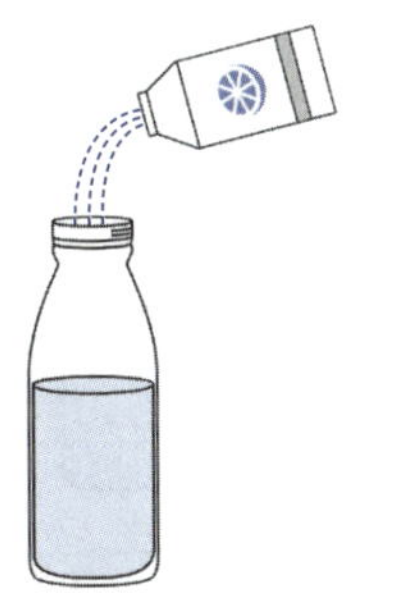

음식점에서 오늘 자장면 80그릇, 짬뽕 60그릇을 팔았습니다. 오늘 판매한 짬뽕 수의 자장면 수에 대한 비는 ☐ : ☐ 입니다.

2

다정이는 물에 오렌지 원액 120 mL를 넣어 오렌지 주스 600 mL를 만들었습니다. 오렌지 주스 양에 대한 오렌지 원액 양의 비율을 분수로 나타내면 $\dfrac{\boxed{}}{5}$, 소수로 나타내면 ☐ 입니다.

3 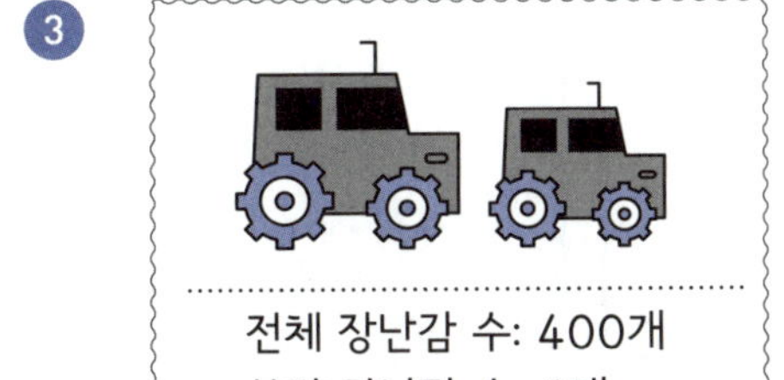

어느 공장에서 만든 전체 장난감 400개 중에서 8개가 불량품이었습니다. 전체 장난감 수에 대한 불량 장난감 수의 비율을 백분율로 나타내면 ☐ % 입니다.

4 

마트에서 한 개에 2000원인 사과를 할인하여 1500원에 판다고 합니다. 사과 한 개의 할인된 판매 가격은 원래 가격의 ☐ % 입니다.

태윤이네 야구부에서 타율 왕을 선발하려고 합니다. 친구들의 타율을 각각 구해 □ 안에 소수로 써넣고, 타율이 더 높은 친구를 ⬭ 안에 써넣어 타율 왕을 찾아 보세요.

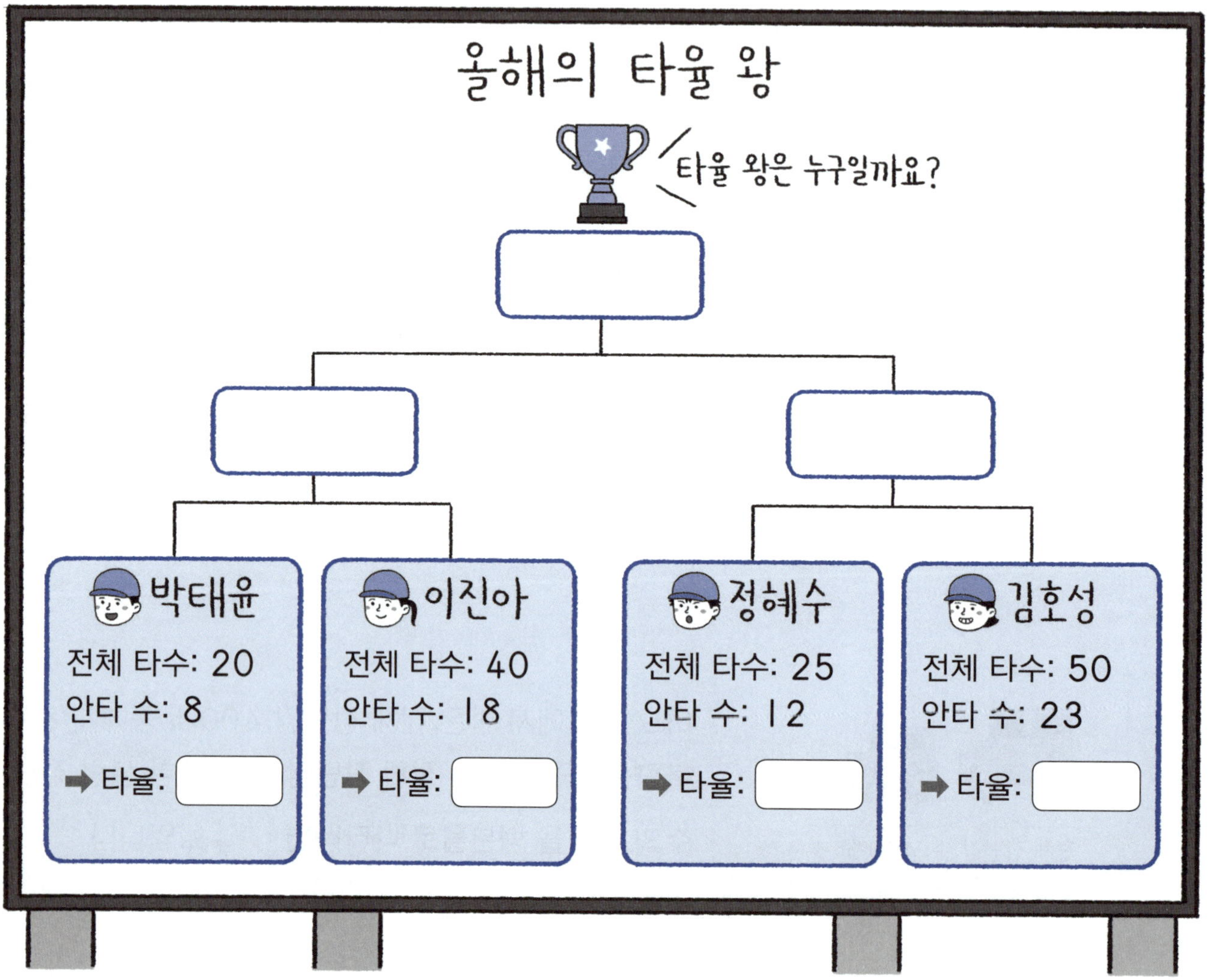

전체 타수에 대한 안타 수의 비율을 타율이라고 해요.

$$(타율) = \frac{(안타\ 수)}{(전체\ 타수)}$$

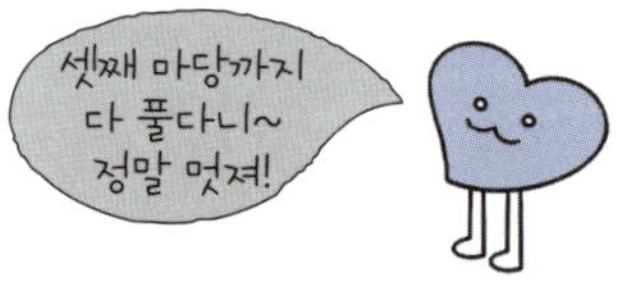

✂ ☐ 안에 알맞은 수 또는 기약분수, 소수를 써넣으세요.

1 2 : 3 ➡ ☐ 와(과) ☐ 의 비

2 5 : 2 ➡ ☐ 대 ☐

3 11 : 15 ➡ ☐ 에 대한 ☐ 의 비

4 8의 2에 대한 비

➡ ☐ : ☐

5 12와 17의 비

➡ ☐ : ☐

6 4 대 9 ➡ 비율 ☐ 기약분수

7 10에 대한 6의 비 ➡ 비율 ☐ 기약분수

8 4와 5의 비 ➡ 비율 ☐ 소수

9 비율 $\dfrac{7}{10}$ ➡ 백분율 ☐ %

10 비율 $\dfrac{13}{25}$ ➡ 백분율 ☐ %

11 비율 0.8 ➡ 백분율 ☐ %

12 비율 3.27 ➡ 백분율 ☐ %

13 백분율 40 % ➡ 비율 ☐ 기약분수

14 백분율 120 % ➡ 비율 ☐ 소수

15 민지네 반에는 남학생이 13명, 여학생이 16명입니다. 민지네 반 전체 학생 수에 대한 남학생 수의 비는 ☐ : ☐ 입니다.

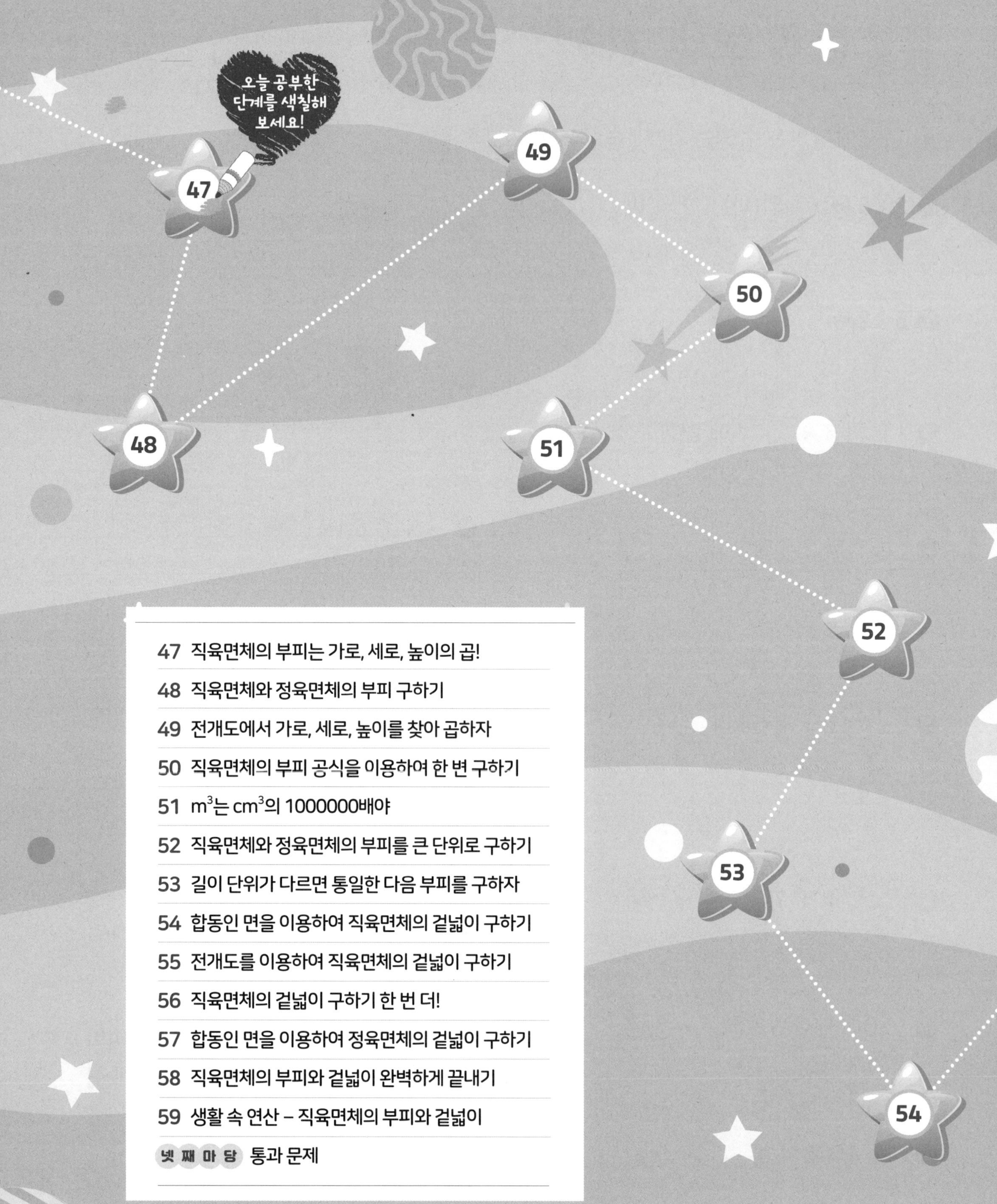

오늘 공부한
단계를 색칠해
보세요!

직육면체의 부피와 겉넓이

55
56
57
58
59

☆ 부피의 단위

- 1 cm^3: 한 모서리의 길이가 1 cm인 정육면체의 부피
  읽기 1 세제곱센티미터

- 1 m^3: 한 모서리의 길이가 1 m인 정육면체의 부피
  읽기 1 세제곱미터

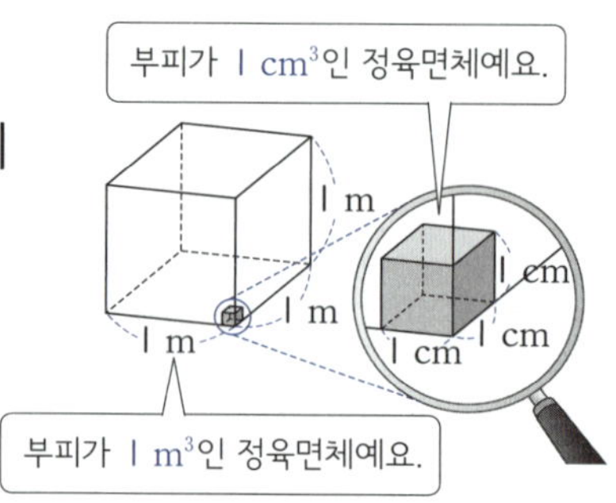

☆ 직육면체와 정육면체의 부피

공간에서 차지하는 크기

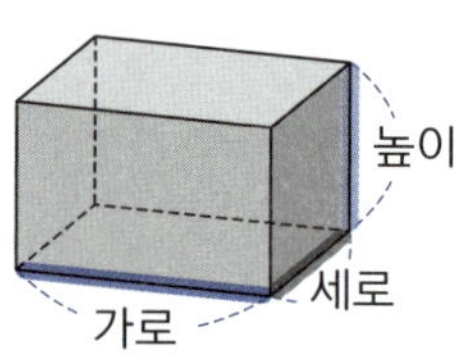

$$(\text{직육면체의 부피}) = (\text{가로}) \times (\text{세로}) \times (\text{높이})$$

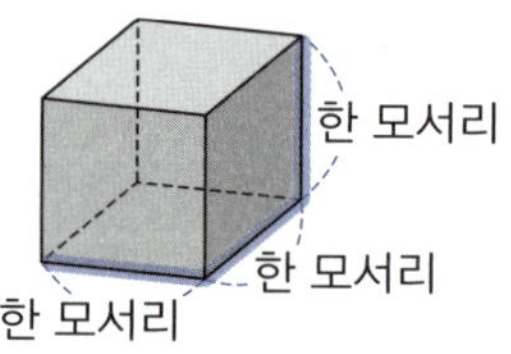

(정육면체의 부피)
$$= (\text{한 모서리의 길이}) \times (\text{한 모서리의 길이}) \times (\text{한 모서리의 길이})$$

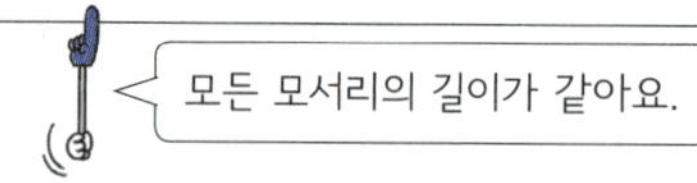
모든 모서리의 길이가 같아요.

☆ 직육면체와 정육면체의 겉넓이

물체의 겉면의 넓이의 합

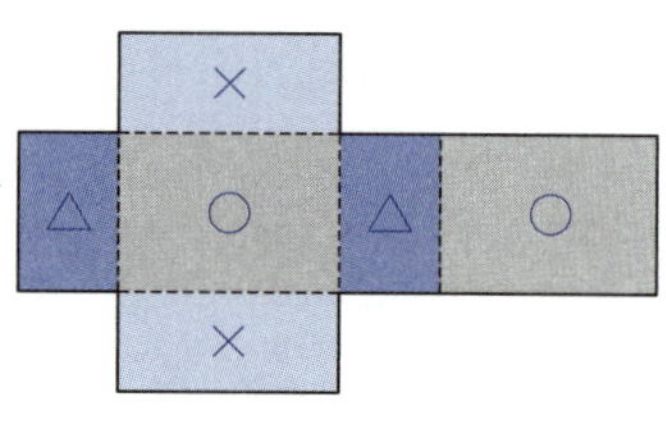

(직육면체의 겉넓이)
= (여섯 면의 넓이의 합)
= (합동인 세 면의 넓이의 합) × 2
  ($○ + △ + ×$)
= (한 밑면의 넓이) × 2 + (옆면의 넓이)

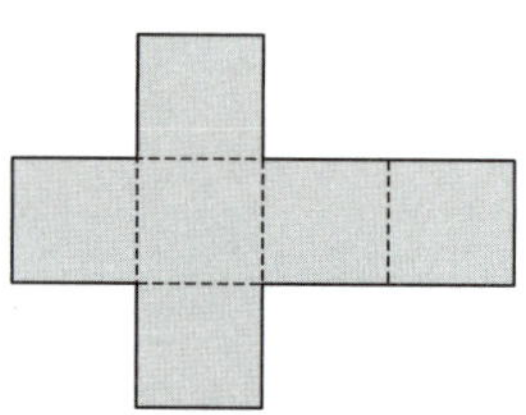

$$(\text{정육면체의 겉넓이}) = (\text{한 면의 넓이}) \times 6$$

직육면체의 부피는 가로, 세로, 높이의 곱!

직육면체의 부피는 몇 cm³인지 구하세요.
직사각형 6개로 둘러싸인 도형이에요.

부피를 나타내는 단위로
'세제곱센티미터'라고 읽어요.
cm³

* (직육면체의 부피)=(가로)×(세로)×(높이)

부피가 1 cm³인 쌓기나무

가로 5개, 세로 2개씩 총 3층
→ 쌓기나무 수: 30개

3 cm
5 cm
2 cm

$(부피)=5×2×3=30 (cm^3)$

1 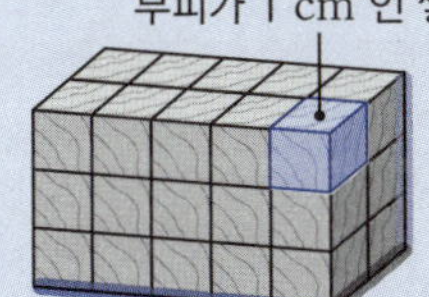

2 cm
5 cm
6 cm

$6 × \boxed{} × 2 = \boxed{} (cm^3)$

4 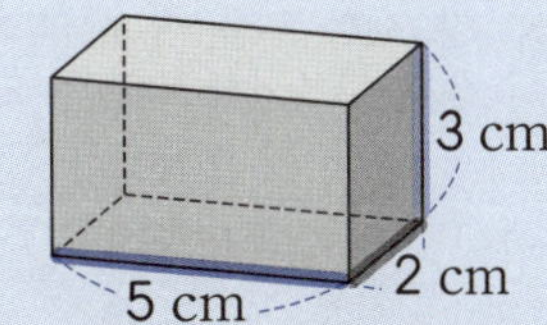

9 cm
5 cm
4 cm

$\boxed{} × \boxed{} × \boxed{} = \boxed{} (cm^3)$

가로　세로　높이

2 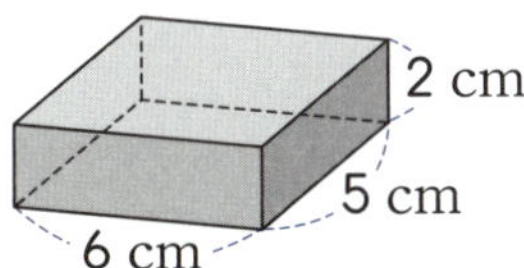

7 cm
4 cm
3 cm

$3 × \boxed{} × \boxed{} = \boxed{} (cm^3)$

5 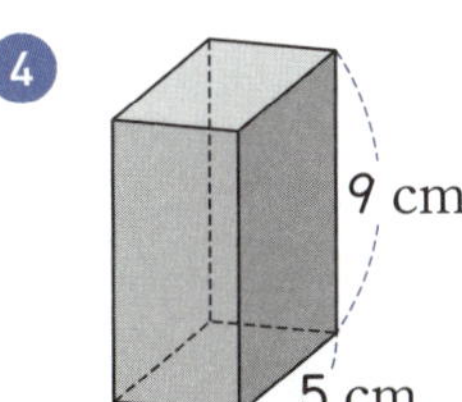

5 cm
8 cm
3 cm

$\boxed{} × \boxed{} × \boxed{} = \boxed{} (cm^3)$

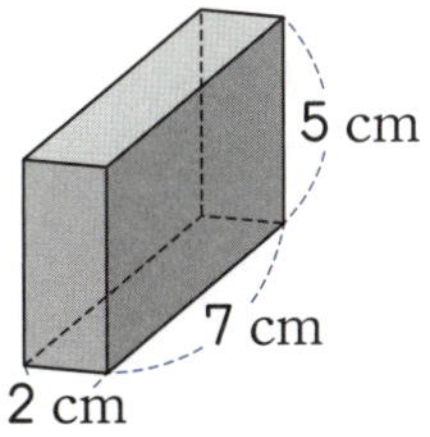

가로　세로　높이

3 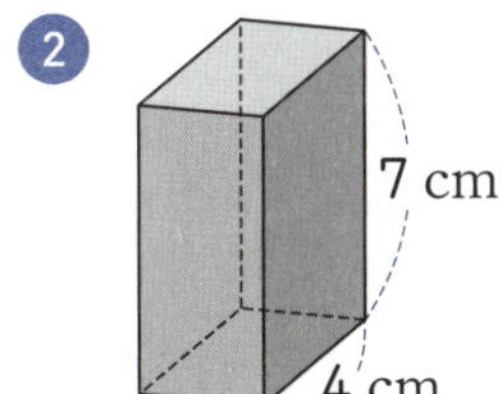

5 cm
7 cm
2 cm

$\boxed{} × \boxed{} × \boxed{} = \boxed{} (cm^3)$

가로　세로　높이

6 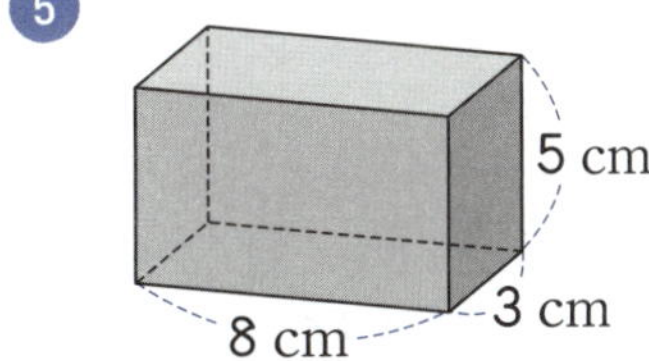

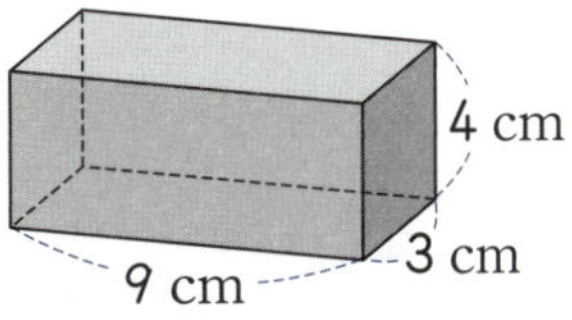

4 cm
3 cm
9 cm

$\boxed{} × \boxed{} × \boxed{} = \boxed{} (cm^3)$

가로　세로　높이

✳ 정육면체의 부피는 몇 cm³인지 구하세요.
정사각형 6개로 둘러싸인 도형이에요.

(정육면체의 부피)
=(한 모서리의 길이)×(한 모서리의 길이)×(한 모서리의 길이)

①
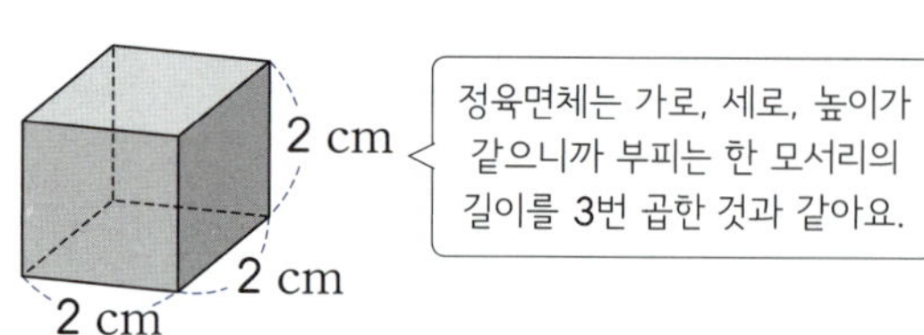

$2 \times 2 \times \boxed{2} = \boxed{}$ (cm³)

⑤
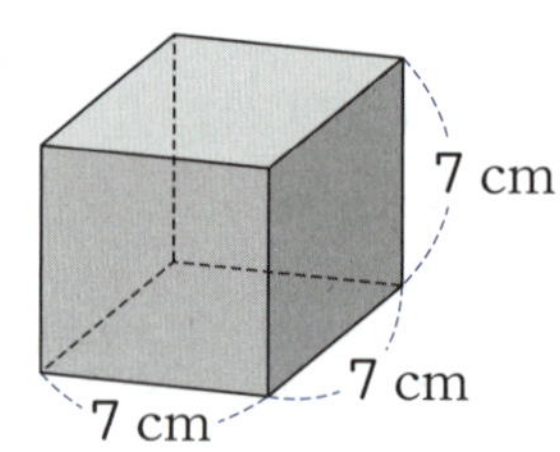

$\boxed{} \times \boxed{} \times \boxed{} = \boxed{}$ (cm³)

②
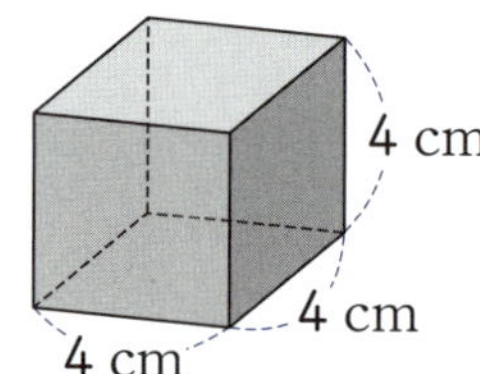

$4 \times \boxed{} \times \boxed{} = \boxed{}$ (cm³)

⑥
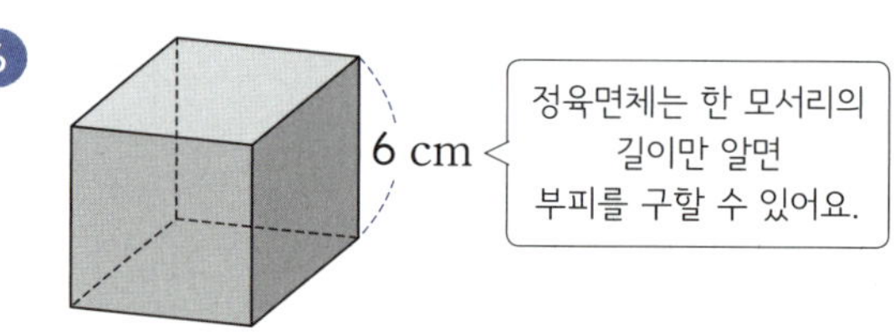

$\boxed{} \times \boxed{} \times \boxed{} = \boxed{}$ (cm³)

③
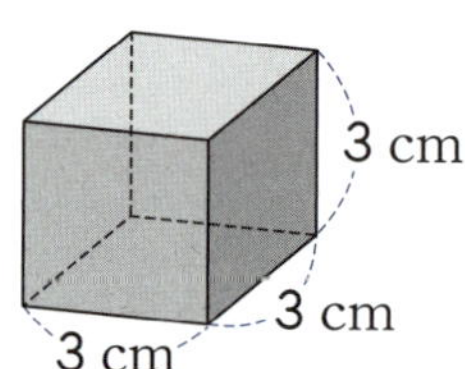

$\boxed{} \times \boxed{} \times \boxed{} = \boxed{}$ (cm³)

⑦
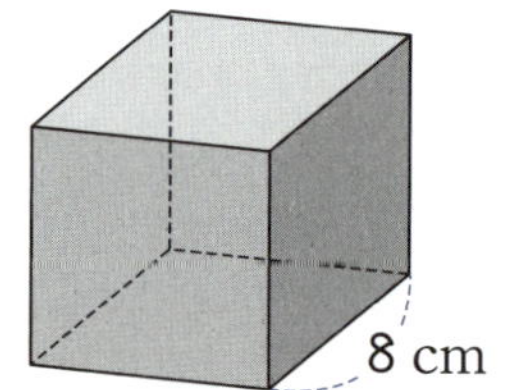

$\boxed{} \times \boxed{} \times \boxed{} = \boxed{}$ (cm³)

④
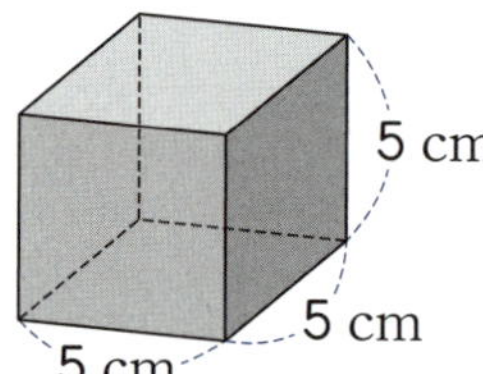

$\boxed{} \times \boxed{} \times \boxed{} = \boxed{}$ (cm³)

⑧
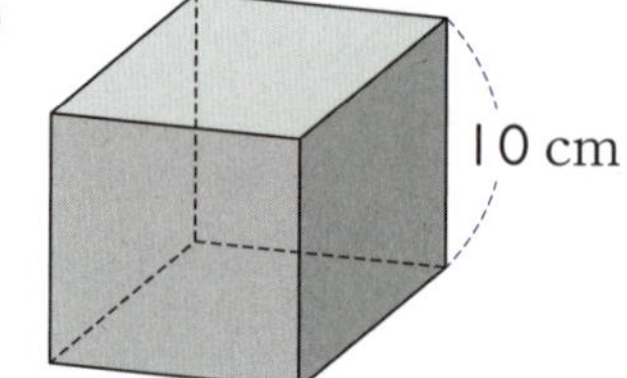

$\boxed{} \times \boxed{} \times \boxed{}$

$= \boxed{}$ (cm³)

48 직육면체와 정육면체의 부피 구하기

집중 시간 3분

직육면체와 정육면체의 부피는 몇 cm^3인지 구하세요.

1 직육면체의 부피는 가로, 세로, 높이의 곱!
줄임말로 '가세높'으로 외워 봐요~

(cm^3)

단위를 꼭 써요.

2 ( )

3 ( )

4 5×(짝수)=(몇십)으로 5를
먼저 곱하면 계산이 쉬워져요.

( )

5 ( )

6 ( )

7 ( )

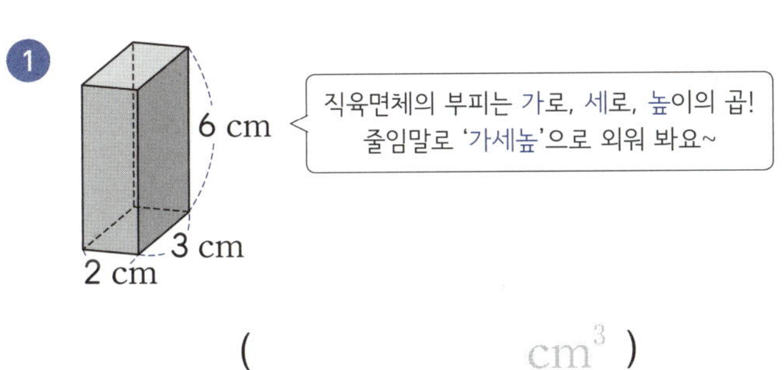

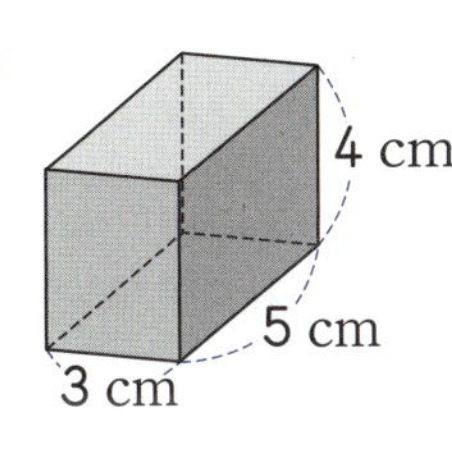

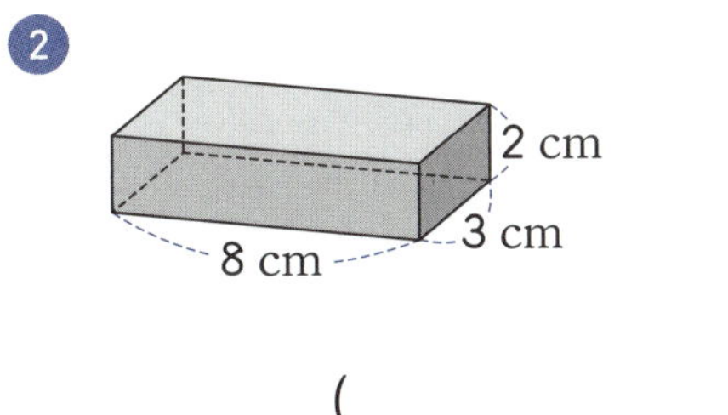

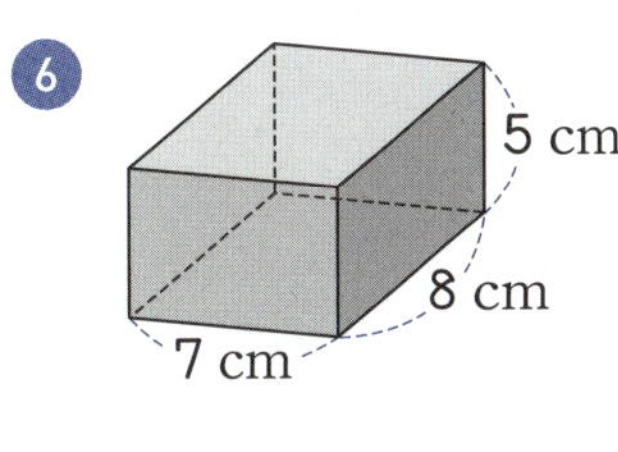

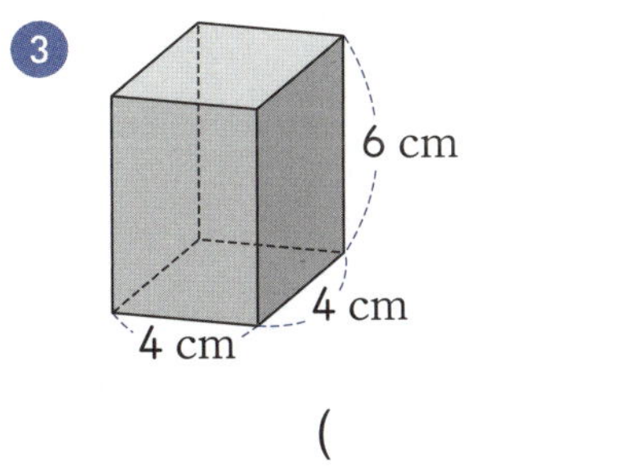

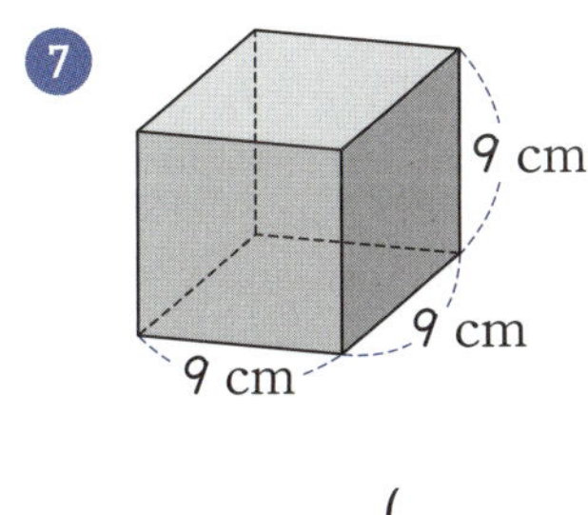

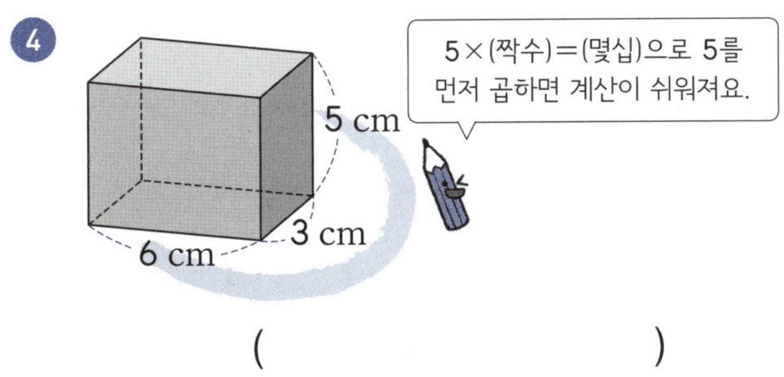

8 ( )

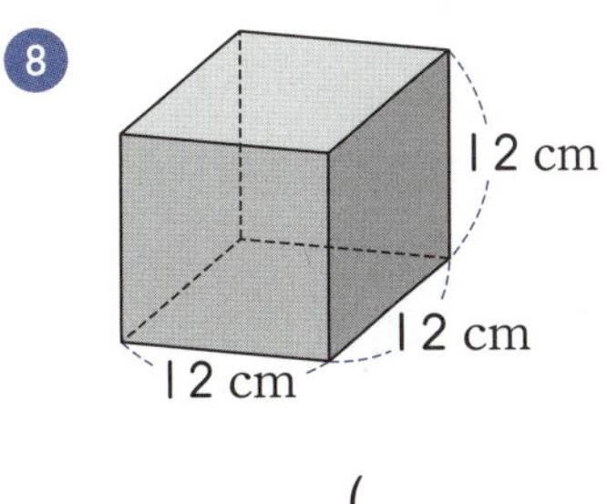

✂ 직육면체와 정육면체의 부피는 몇 cm³인지 구하세요.

1
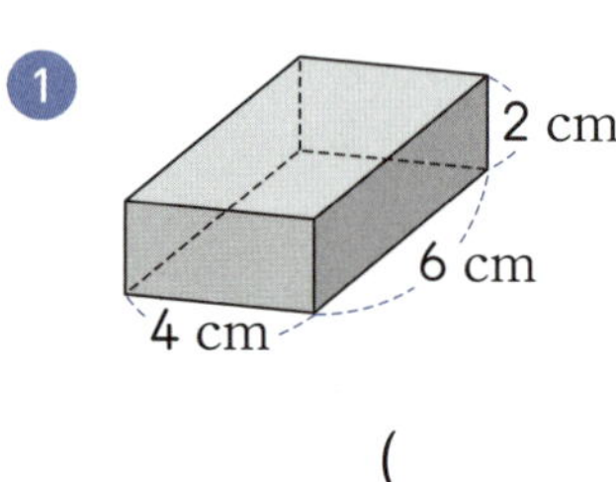
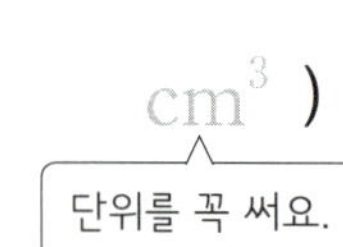

(　　　　cm³　)

5
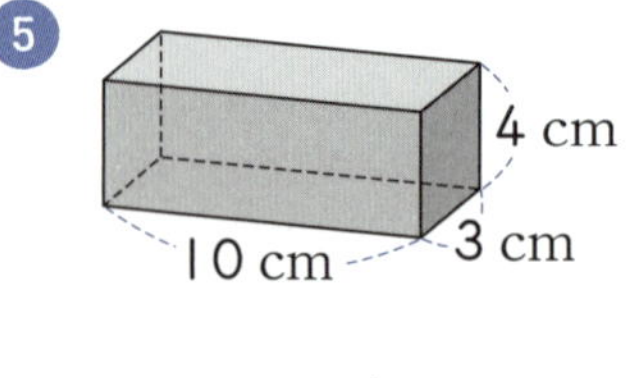

(　　　　　　)

2
 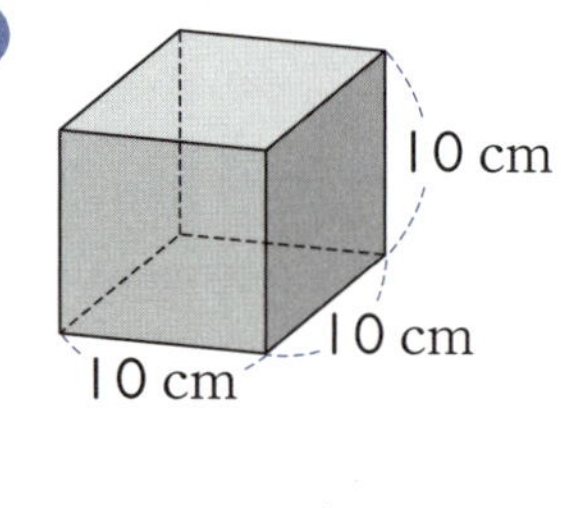

(　　　　　　)

6
 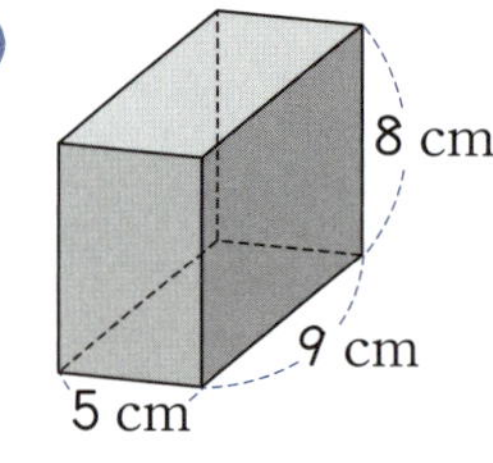

(　　　　　　)

3
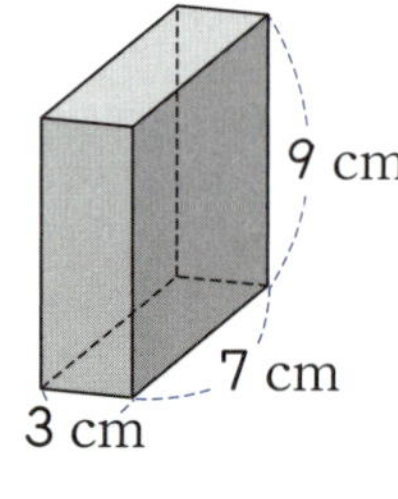

(　　　　　　)

7
 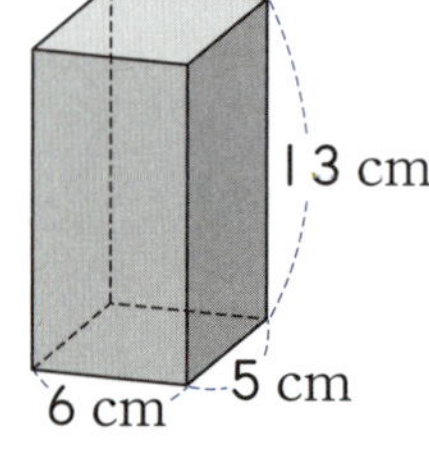

(　　　　　　)

4
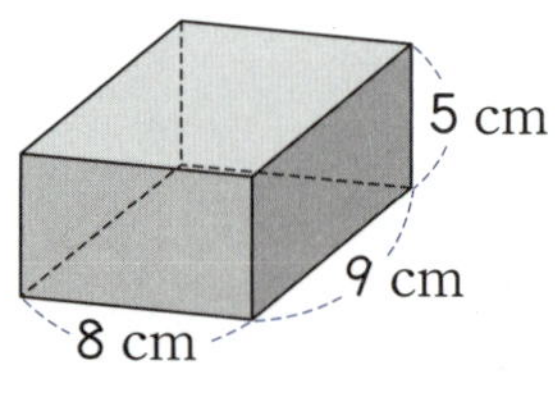

(　　　　　　)

8
 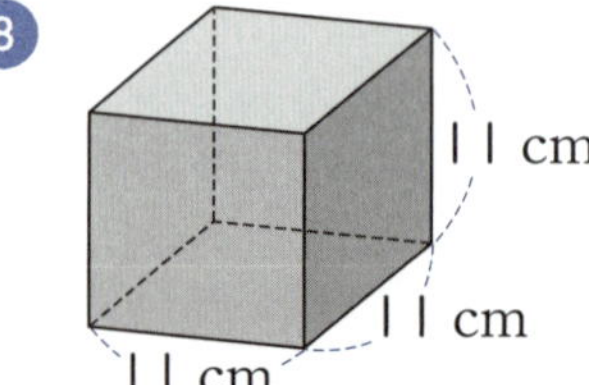

(　　　　　　)

49 전개도에서 가로, 세로, 높이를 찾아 곱하자

입체도형을 펼쳐서 평면에 나타낸 그림이에요.

✻ 전개도를 접어서 만든 직육면체의 부피는 몇 cm^3인지 구하세요.

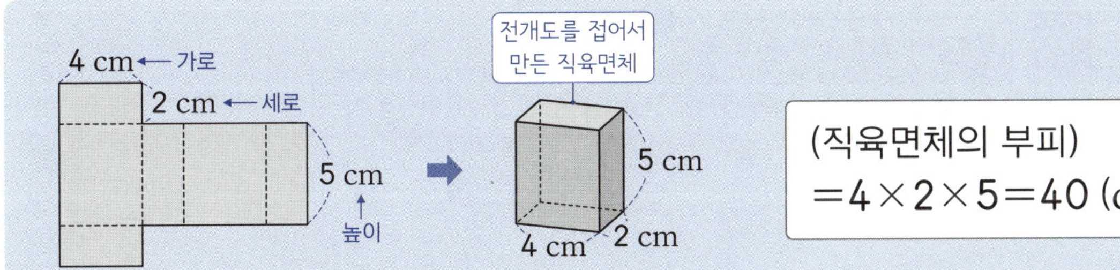

①

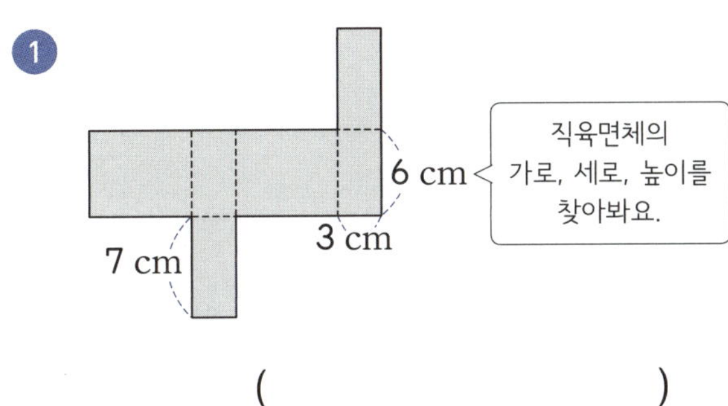

직육면체의 가로, 세로, 높이를 찾아봐요.

(   )

④

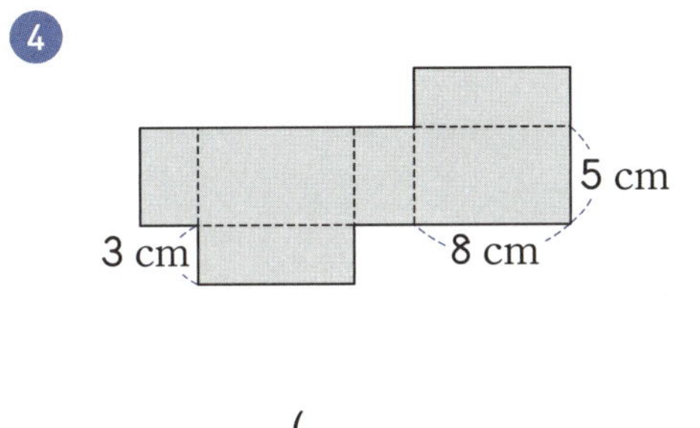

(   )

②

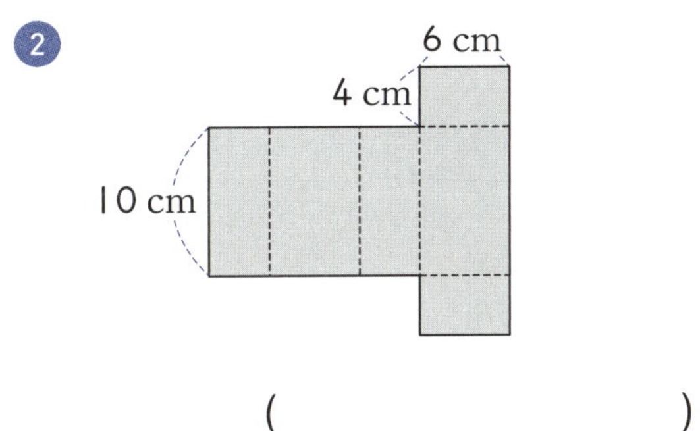

(   )

⑤

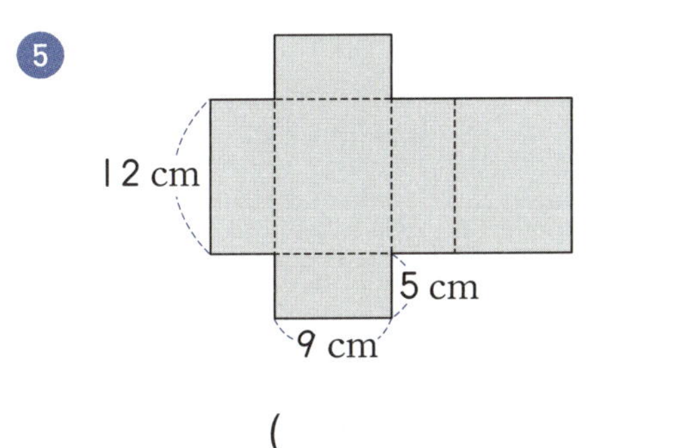

(   )

③

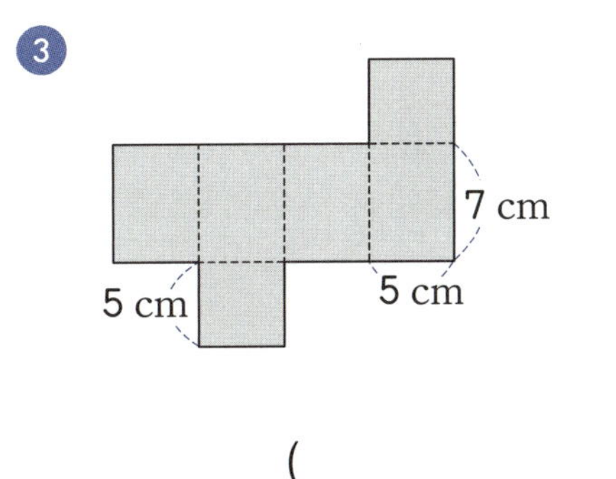

(   )

⑥

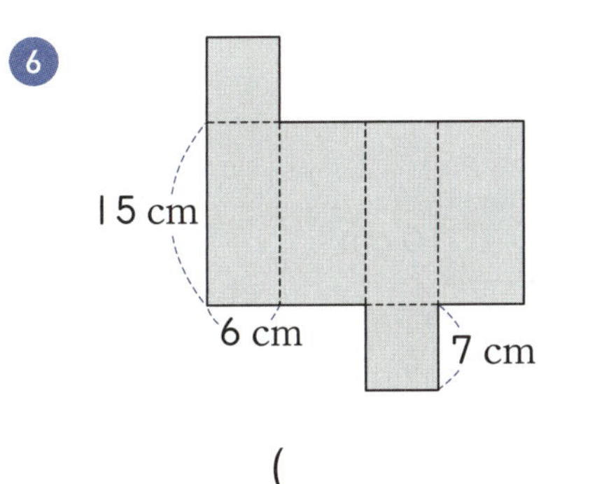

(   )

전개도를 접어서 만든 정육면체의 부피는 몇 cm^3인지 구하세요.

1

정육면체는 모든 모서리의 길이가 같으니까 한 변의 길이를 3번 곱해 부피를 구하면 돼요.

(cm^3)

2

( )

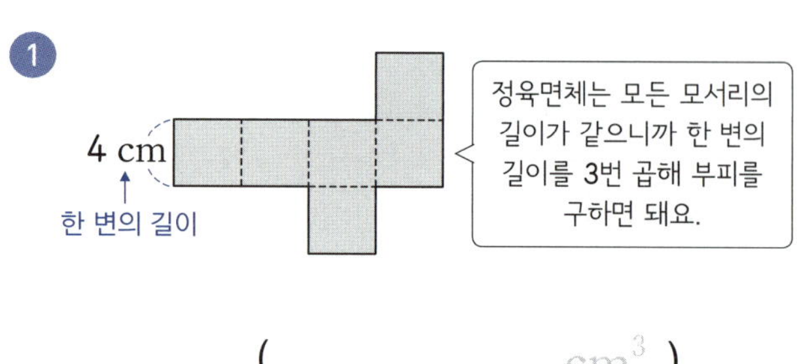

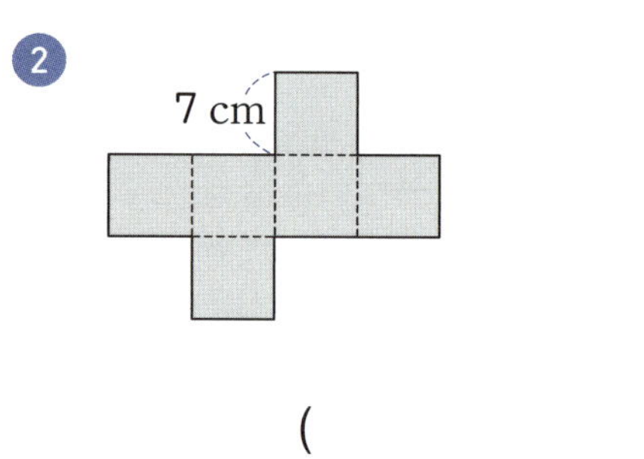

3

( )

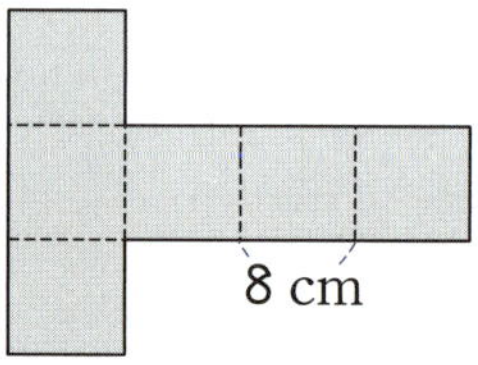

4

( )

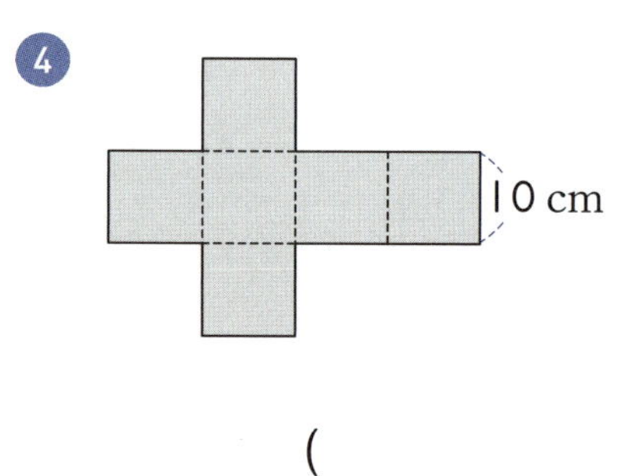

5

( )

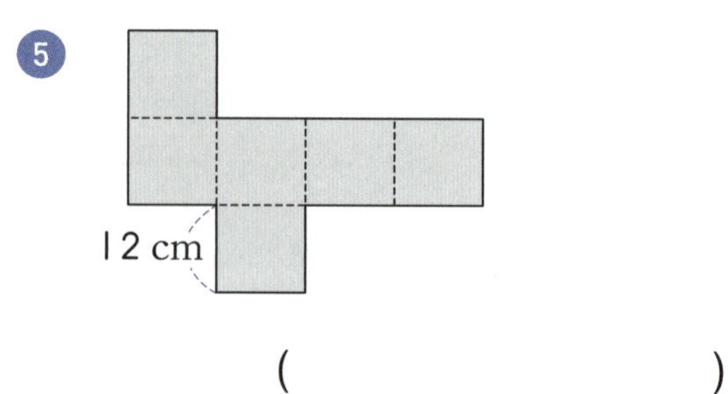

6

( )

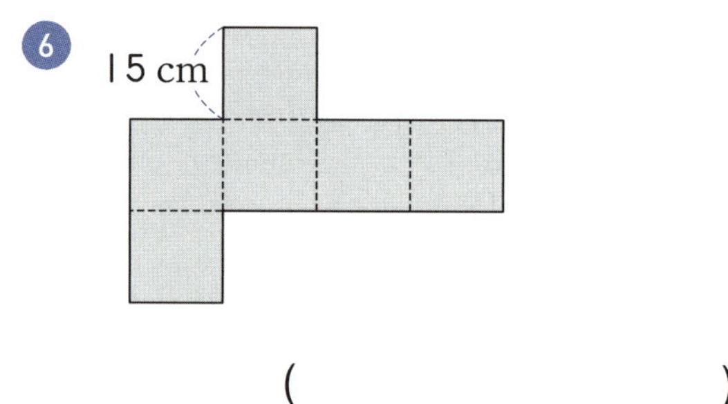

7

( )

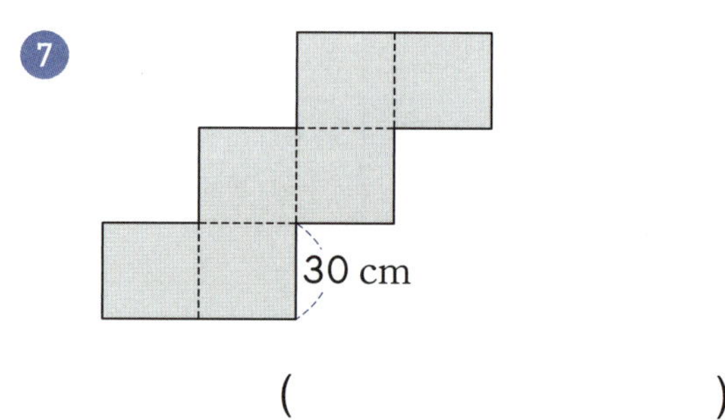

8

( )

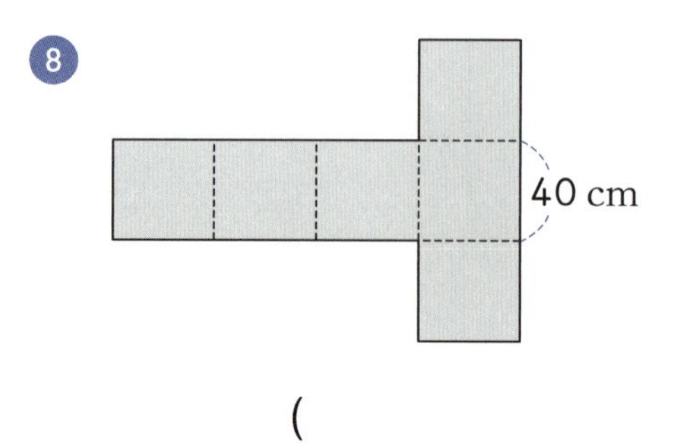

50 직육면체의 부피 공식을 이용하여 한 변 구하기

집중 시간 3분

✂ 직육면체의 부피가 다음과 같을 때 □ 안에 알맞은 수를 써넣으세요.

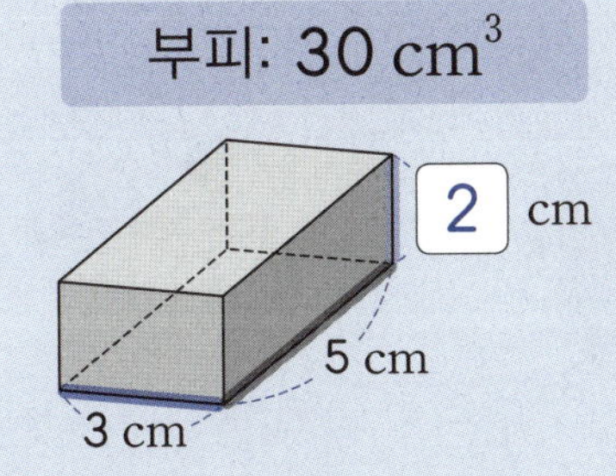

(직육면체의 부피) = (가로) × (세로) × (높이)

$30 = 3 \times 5 \times$ (높이), $30 = 15 \times$ (높이)

➡ (높이) $= 30 \div 15 = 2$ (cm)

(높이) = (직육면체의 부피) ÷ ((가로) × (세로))

---

1 부피: 48 cm³

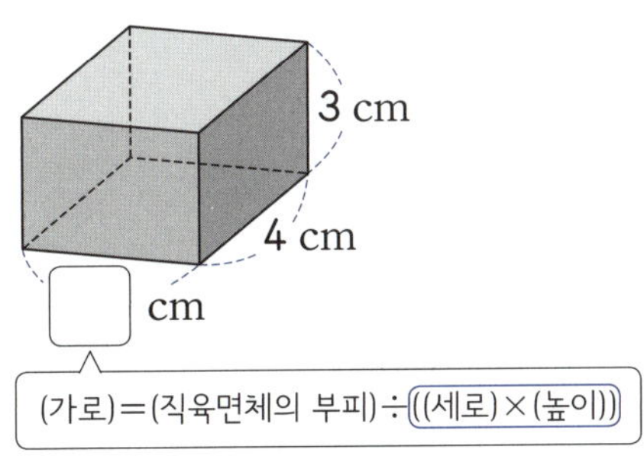

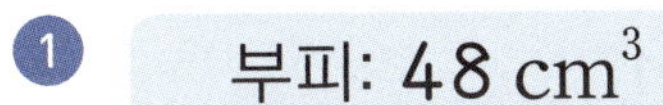

(가로) = (직육면체의 부피) ÷ ((세로) × (높이))

2 부피: 84 cm³

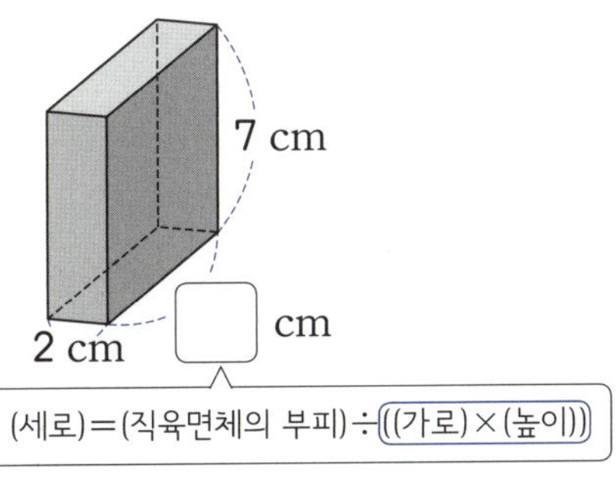

(세로) = (직육면체의 부피) ÷ ((가로) × (높이))

3 부피: 27 cm³

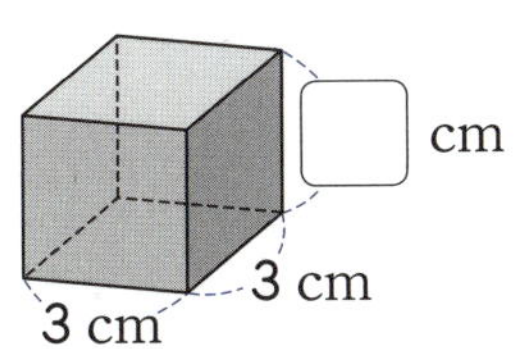

4 부피: 125 cm³

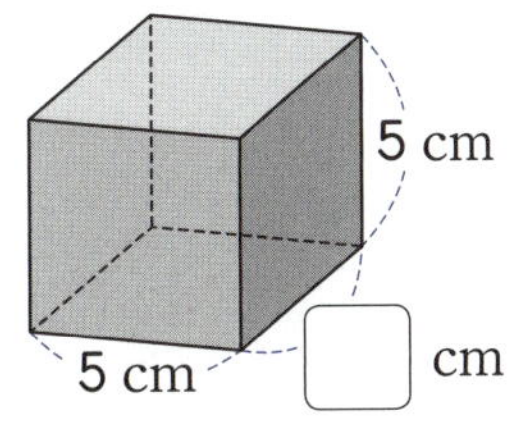

5 부피: 105 cm³

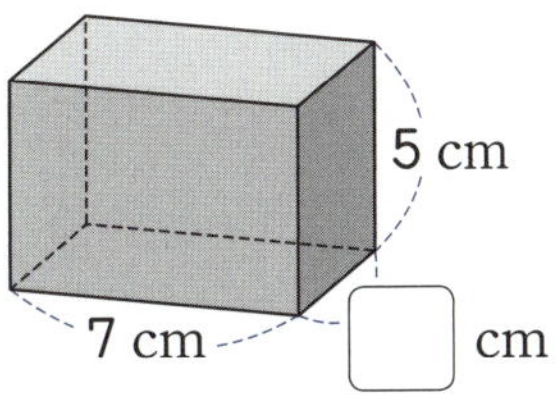

6 부피: 160 cm³

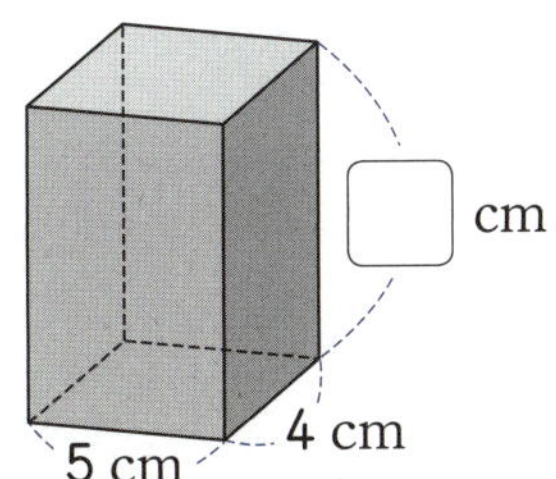

✂ 직육면체의 부피가 다음과 같을 때 ☐ 안에 알맞은 수를 써넣으세요.

1 부피: 90 cm³

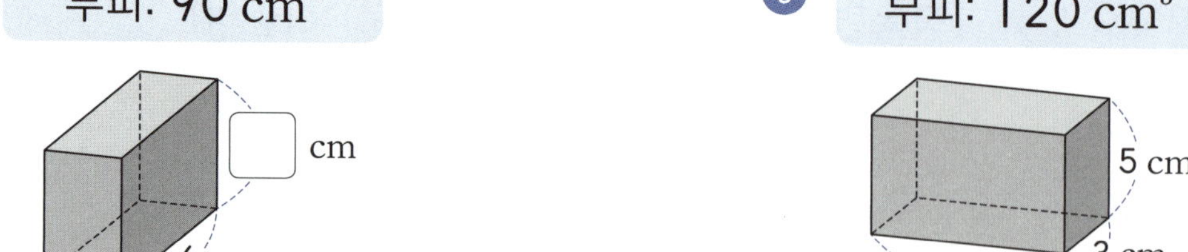

5 부피: 120 cm³

2 부피: 100 cm³

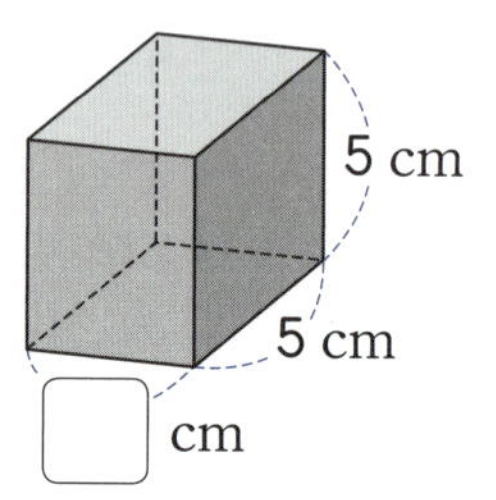

6 부피: 210 cm³

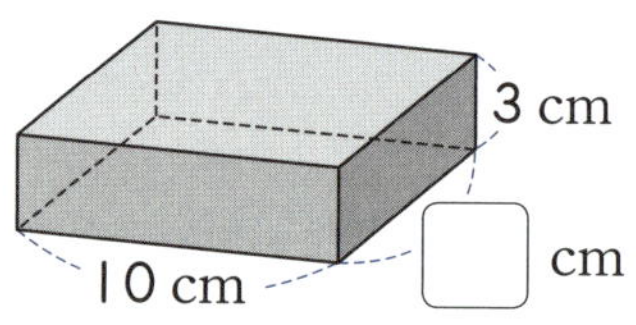

3 부피: 72 cm³

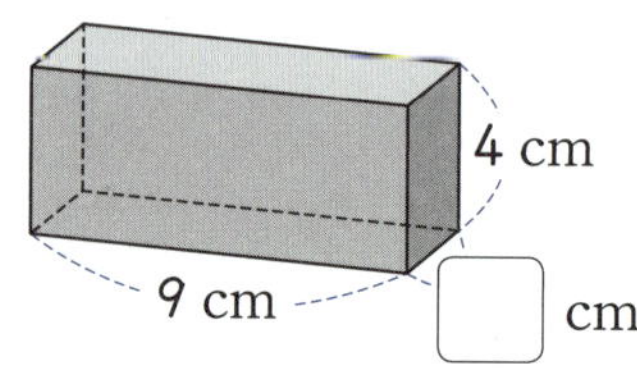

7 부피: 1331 cm³

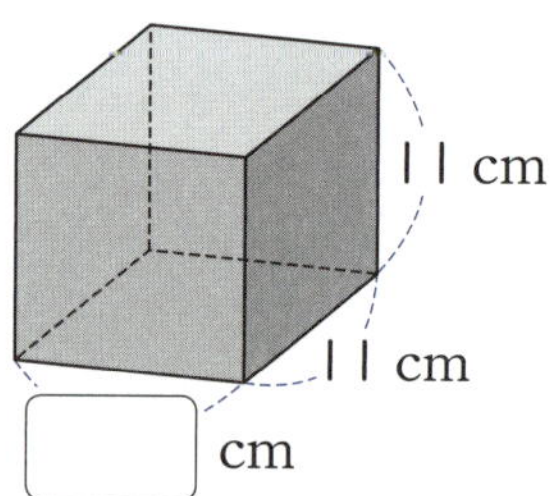

4 부피: 216 cm³

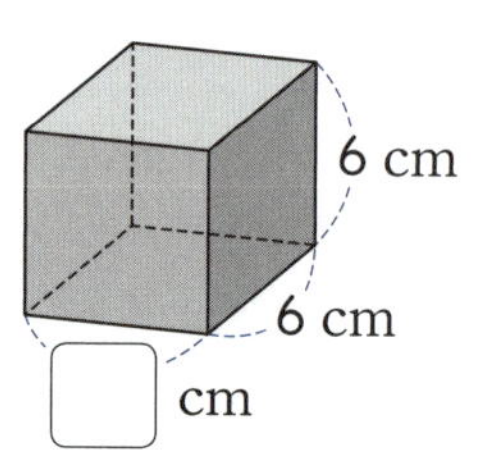

8 부피: 210 cm³

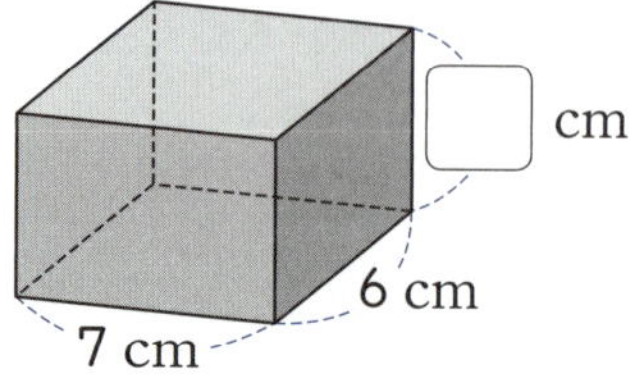

51 m³는 cm³의 1000000배야

1 1 m³ = [ ] cm³

* 1 m³와 1 cm³의 관계

$1\ m^3 = 1\ m \times 1\ m \times 1\ m$

$\quad\quad = 100\ cm \times 100\ cm \times 100\ cm$

$\quad\quad = 1000000\ cm^3$

0이 6개

$$1\ m^3 = 1000000\ cm^3$$

2 4 m³ = [ ] cm³

3 12 m³ = [ ] cm³

9 9000000 cm³ = [ ] m³

4 15 m³ = [ ] cm³

10 25000000 cm³ = [ ] m³

5 23 m³ = [ ] cm³

11 37000000 cm³ = [ ] m³

6 38 m³ = [ ] cm³

12 42000000 cm³ = [ ] m³

👀 앗! 실수

7 46 m³ = [ ] cm³

13 50 m³ = [ ] cm³

8 51 m³ = [ ] cm³

14 60000000 cm³ = [ ] m³

집중 시간 **3**분

✂ □ 안에 알맞은 수를 써넣으세요.

1 $7 \ m^3 =$ ☐ cm^3

7 뒤에 0을 6개 붙여요.

2 $29 \ m^3 =$ ☐ cm^3

3 $53 \ m^3 =$ ☐ cm^3

4 $80 \ m^3 =$ ☐ cm^3

5 $5000000 \ cm^3 =$ ☐ m^3

6 $10000000 \ cm^3 =$ ☐ m^3

7 $31000000 \ cm^3 =$ ☐ m^3

8 $90000000 \ cm^3 =$ ☐ m^3

9 $0.1 \ m^3 =$ ☐ cm^3

소수점을 오른쪽으로 6칸 옮겨요.

10 $1.2 \ m^3 =$ ☐ cm^3

11 $3.6 \ m^3 =$ ☐ cm^3

12 $5.4 \ m^3 =$ ☐ cm^3

13 $2700000 \ cm^3 =$ ☐ m^3

소수점을 왼쪽으로 6칸 옮겨요.

14 $6800000 \ cm^3 =$ ☐ m^3

15 $7100000 \ cm^3 =$ ☐ m^3

앗! 실수

16 $300000 \ cm^3 =$ ☐ m^3

52 직육면체와 정육면체의 부피를 큰 단위로 구하기

❖ 직육면체와 정육면체의 부피는 몇 m^3인지 구하세요.

(직육면체의 부피)
=(가로)×(세로)×(높이)

①

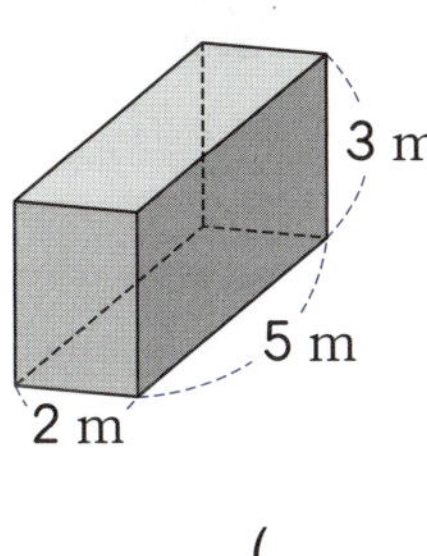

(m^3)

⑤

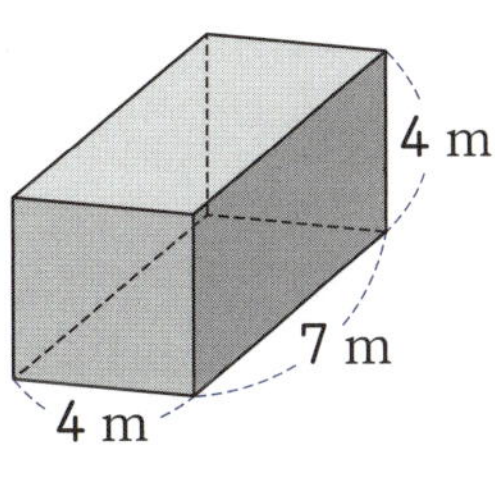

( )

②

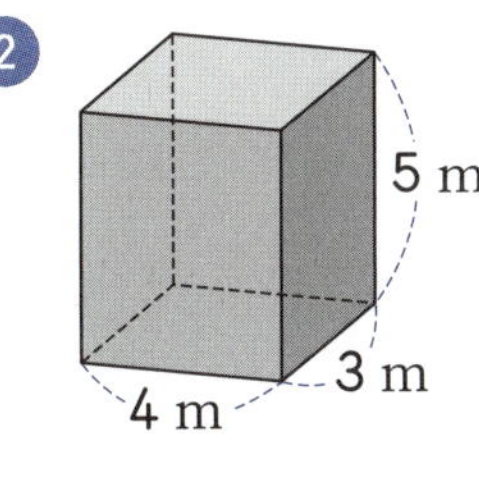

( )

⑥

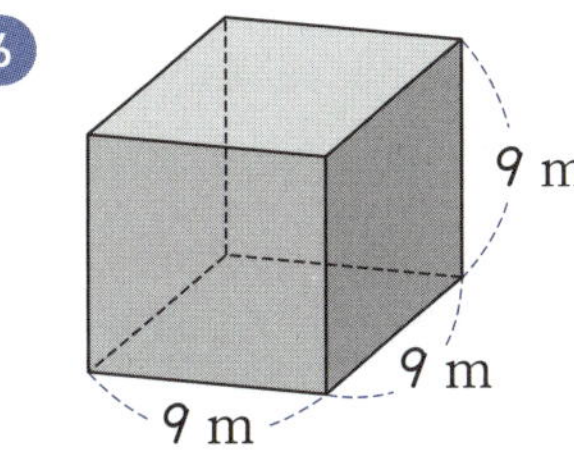

( )

③

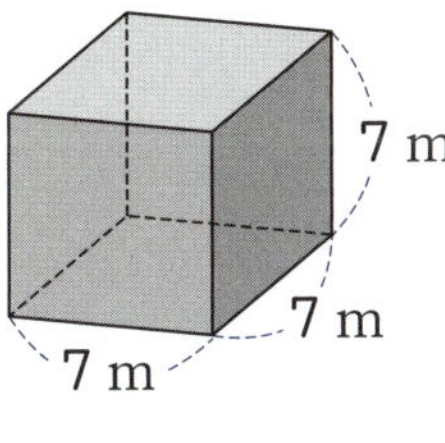

( )

⑦

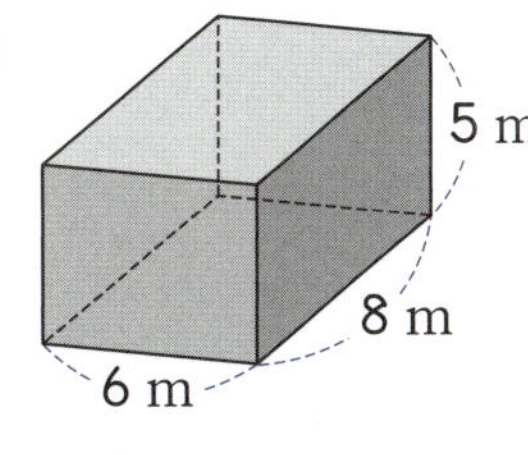

( )

④

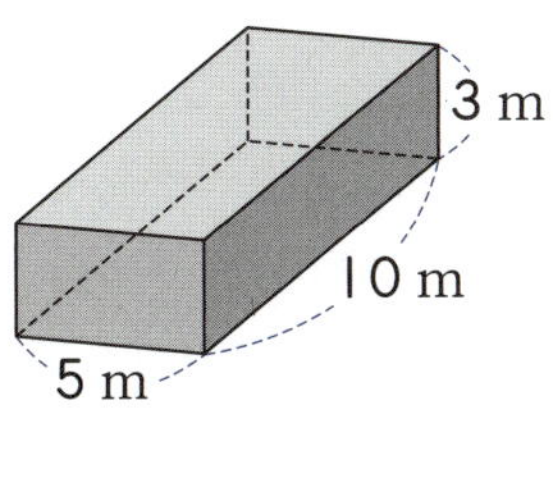

( )

⑧

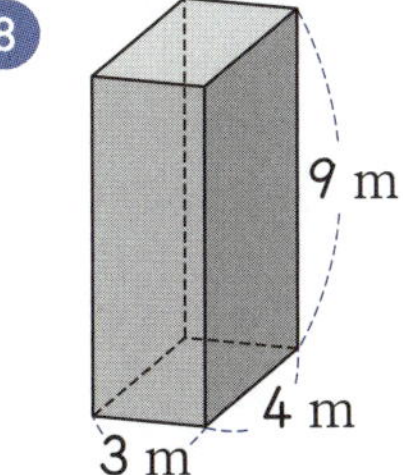

( )

✱ 직육면체와 정육면체의 부피는 몇 m^3인지 구하세요.

1

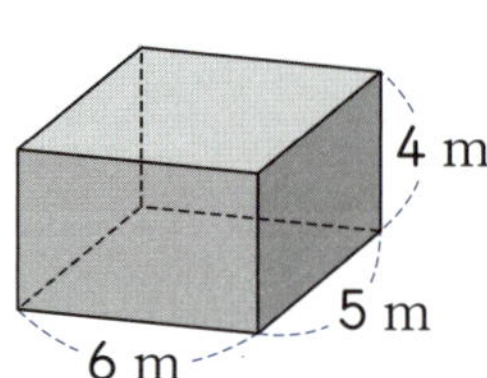

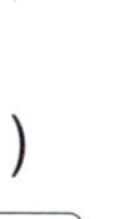

(m^3)

단위를 꼭 써요.

2

(   )

3

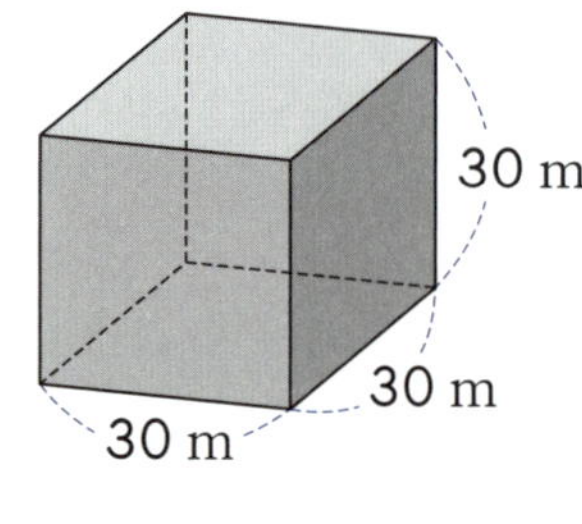

(   )

4

(   )

5

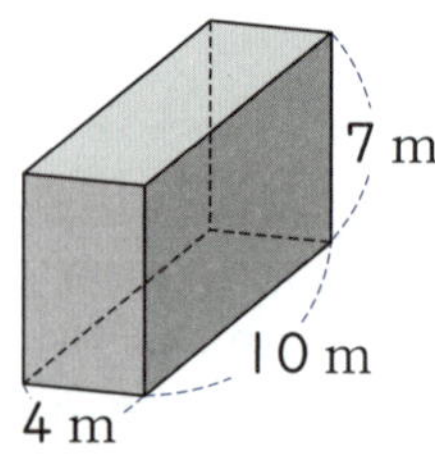

(   )

6

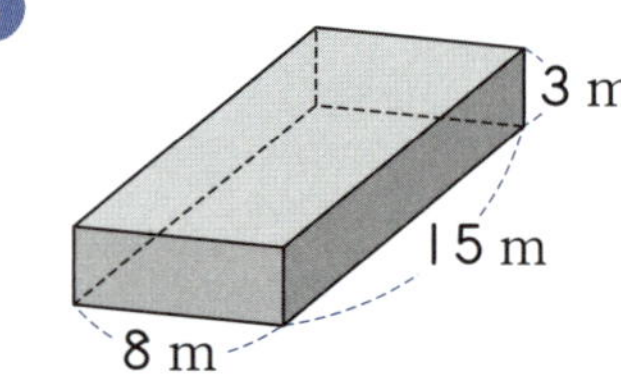

(   )

7

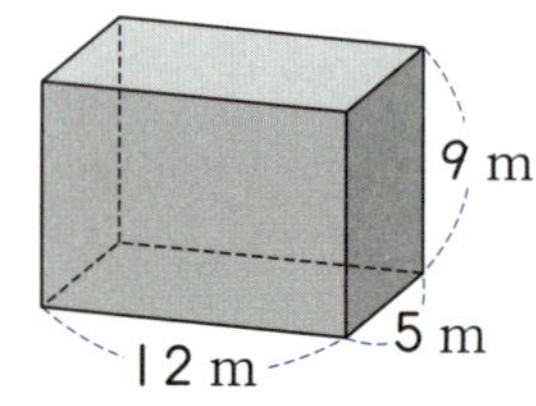

(   )

8

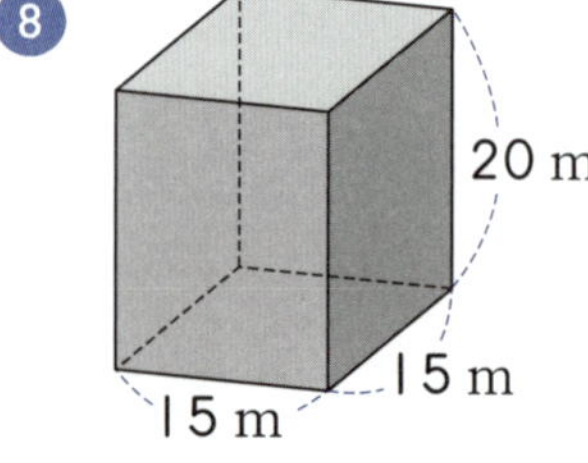

(   )

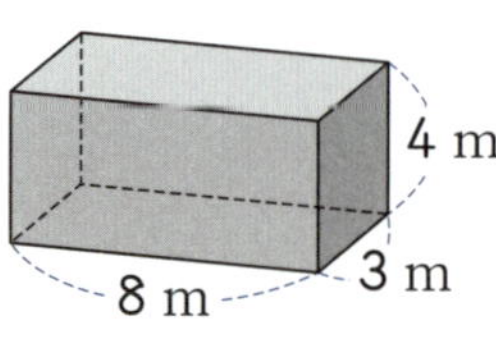
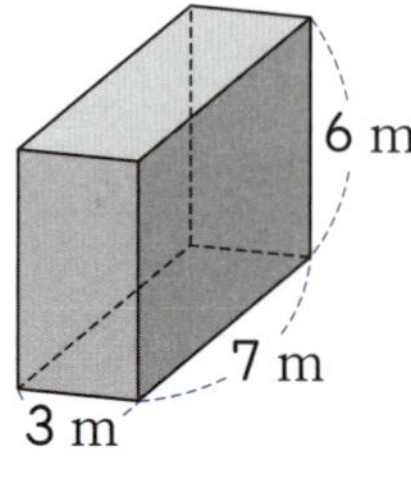

53 길이 단위가 다르면 통일한 다음 부피를 구하자

✳ 직육면체와 정육면체의 부피는 몇 m³인지 구하세요.

> m³ 단위로 답해야 하니까
> 먼저 단위를 m로 통일하고 계산해요.

❶

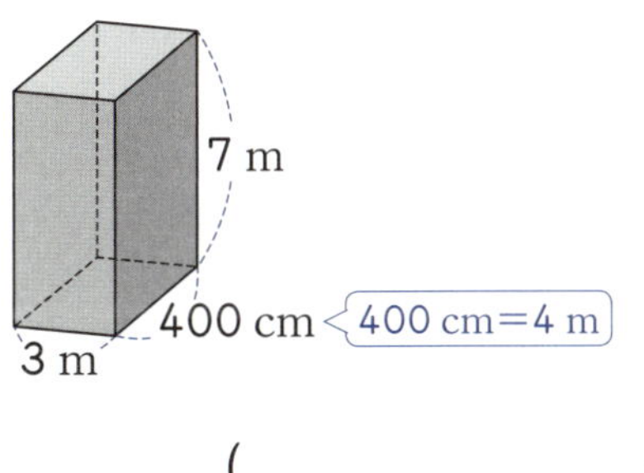

(m³)

❺

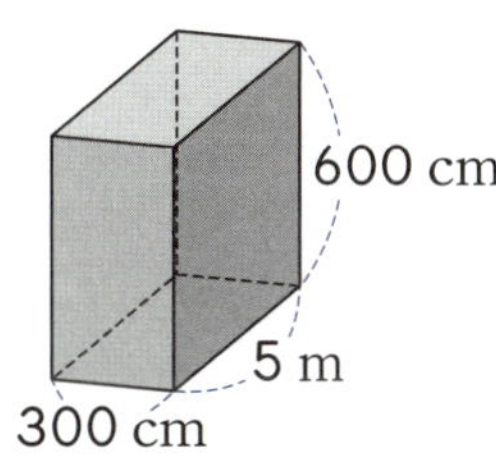

(   )

❷

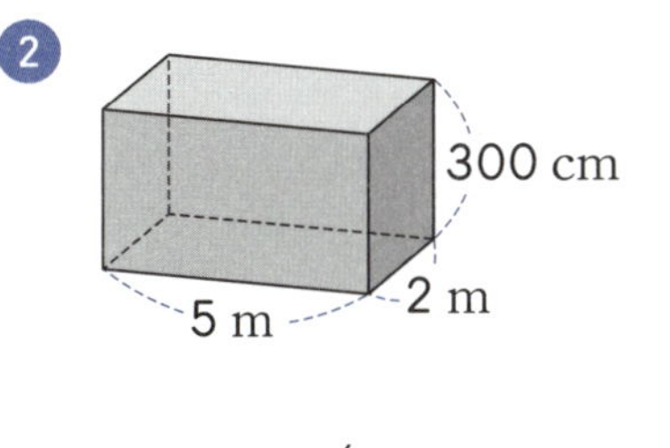

(   )

❻

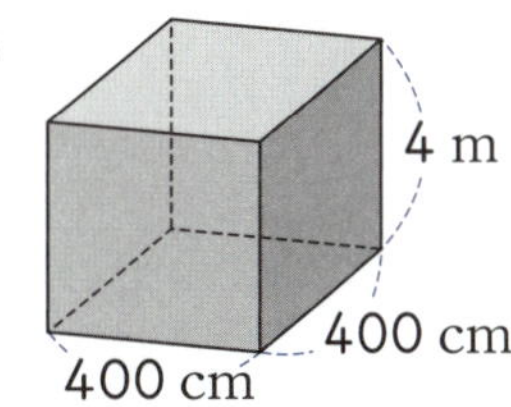

(   )

❸

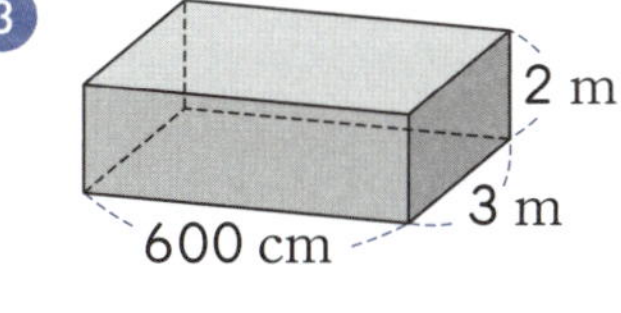

(   )

❼

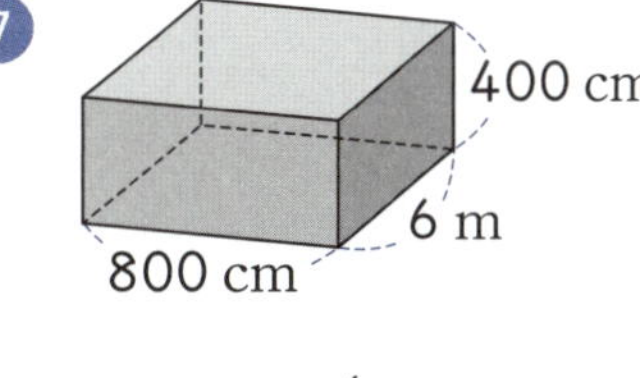

(   )

❹

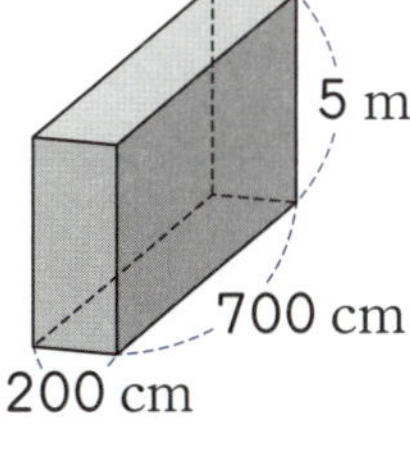

(   )

❽

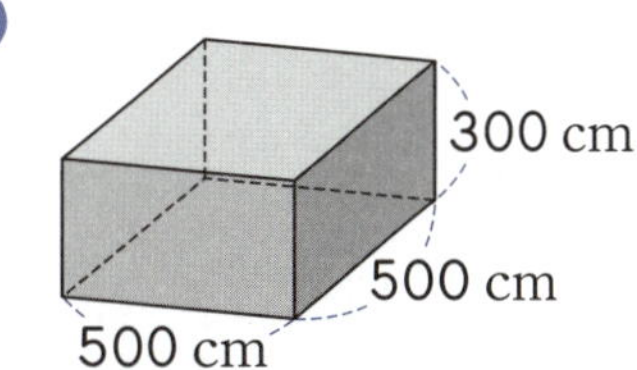

(   )

직육면체와 정육면체의 부피는 몇 m^3인지 구하세요.

먼저 단위부터 통일하고 계산하기! 잊지 마세요~

1

250 cm=2.5 m

(　　　　　　m^3)

단위를 꼭 써요.

5

(　　　　　　)

2

(　　　　　　)

6

(　　　　　　)

3

(　　　　　　)

7

(　　　　　　)

4

(　　　　　　)

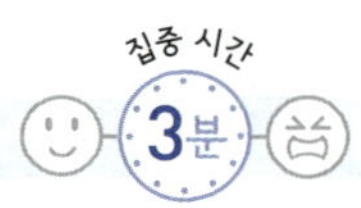

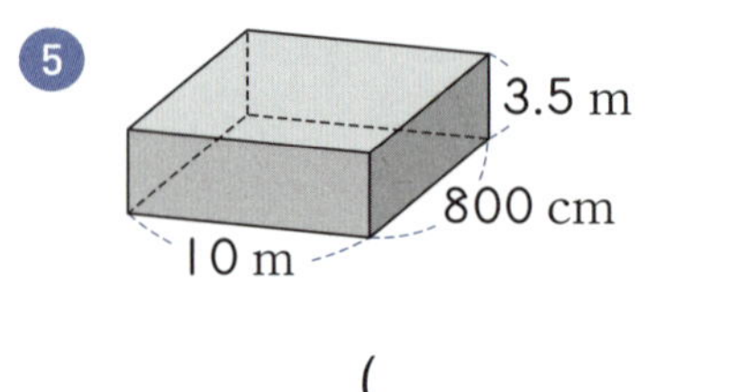

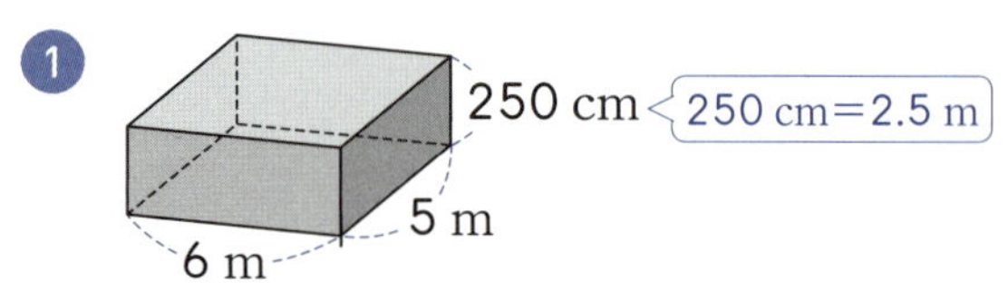

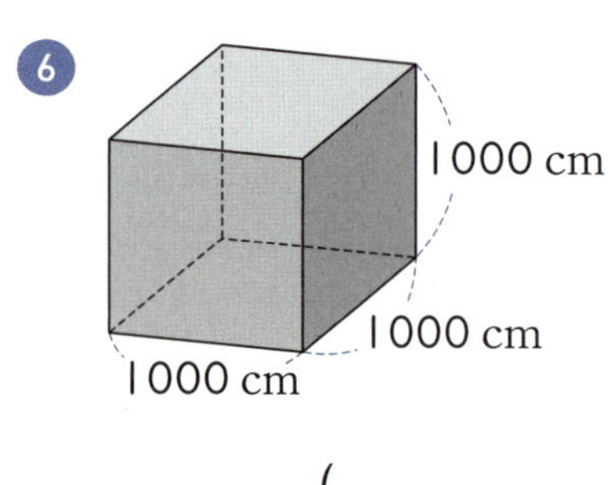

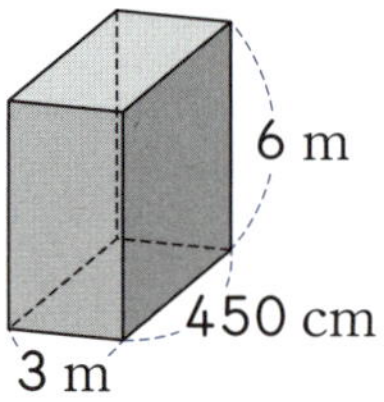

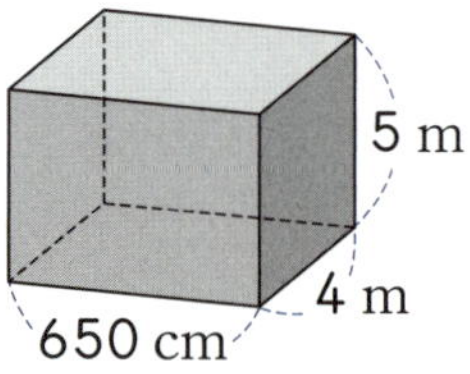

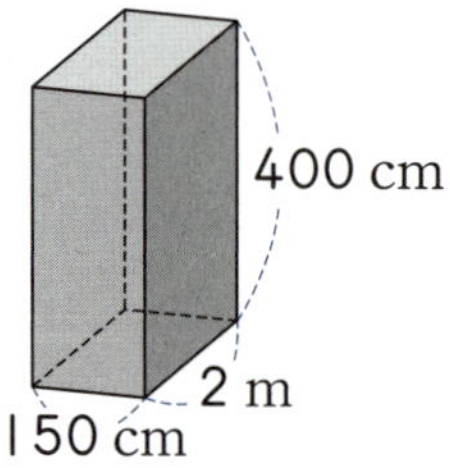

8

(　　　　　　)

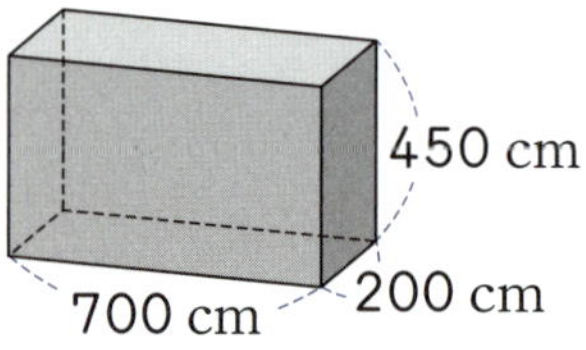

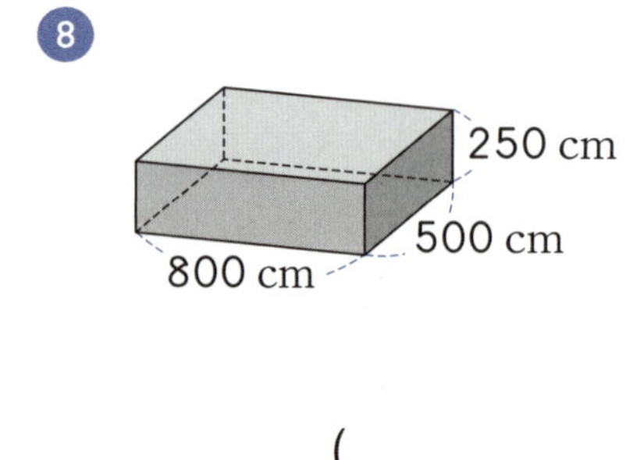

54 합동인 면을 이용하여 직육면체의 겉넓이 구하기

직육면체의 겉넓이는 몇 cm^2인지 구하세요.

* (직육면체의 겉넓이)=(한 꼭짓점에서 만나는 세 면의 넓이의 합)×2

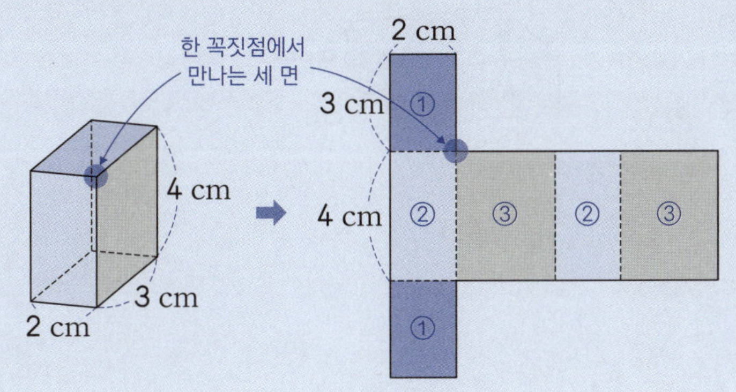

(직육면체의 겉넓이)
$=(2×3+2×4+3×4)×2$
$=26×2=52 \ (cm^2)$

1

$(3×5+3×\boxed{\ }+5×2)×2$
$=\boxed{\ }×2=\boxed{\ } \ (cm^2)$

3

$(7×4+7×\boxed{\ }+4×\boxed{\ })×2$
$=\boxed{\ }×2=\boxed{\ } \ (cm^2)$

2

$(2×7+2×4+7×\boxed{\ })×2$
$=\boxed{\ }×2=\boxed{\ } \ (cm^2)$

4
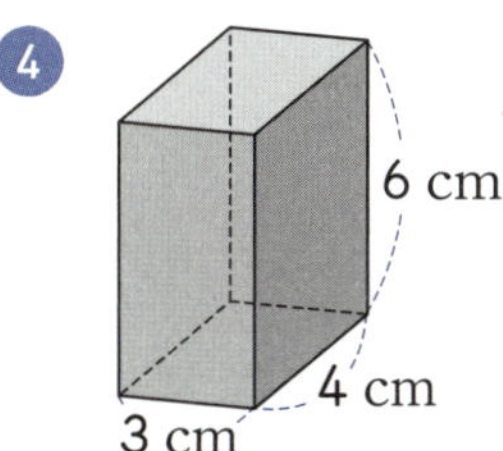

$(\boxed{\ }×4+\boxed{\ }×6+4×6)×2$
$=\boxed{\ }×2=\boxed{\ } \ (cm^2)$

직육면체의 겉넓이는 몇 cm^2인지 구하세요.

1
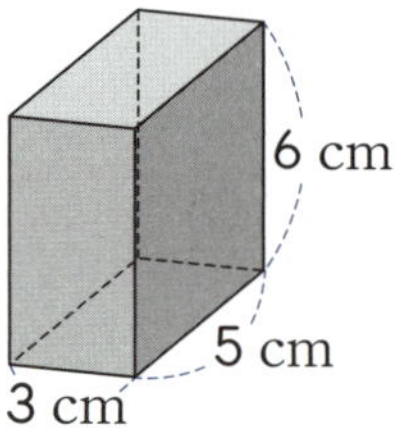

직육면체의 겉넓이는 한 꼭짓점에서 만나는 세 면의 넓이의 합의 2배~

(cm^2)

단위를 꼭 써요.

5
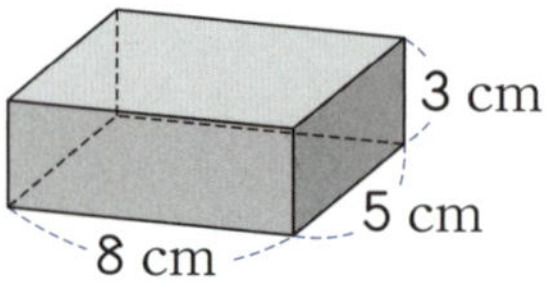

( )

2
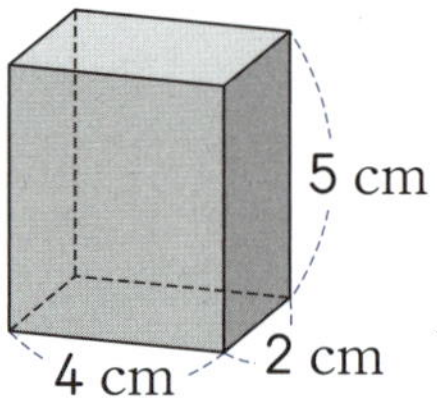

( )

6
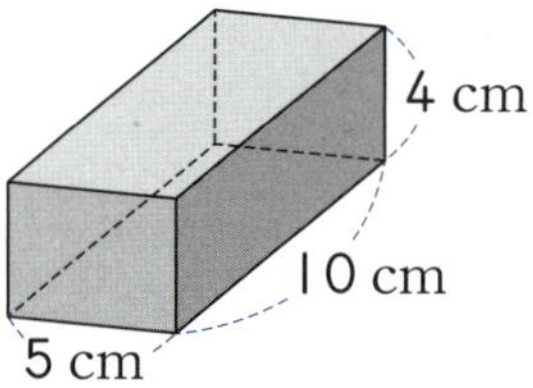

( )

3
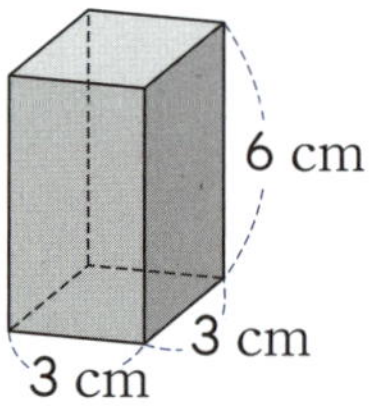

( )

7
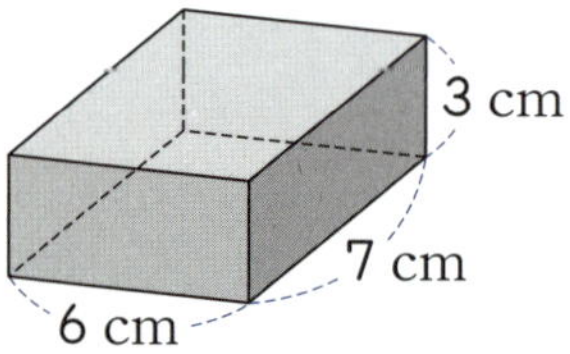

( )

4
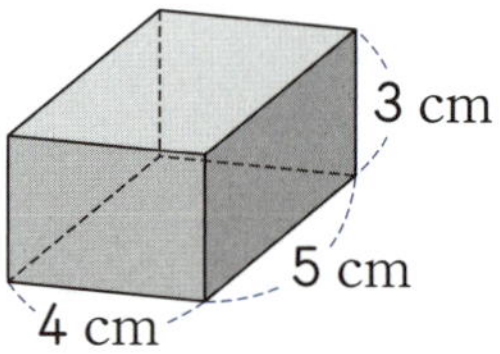

( )

8
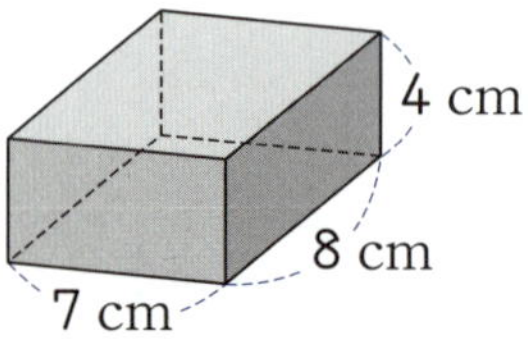

( )

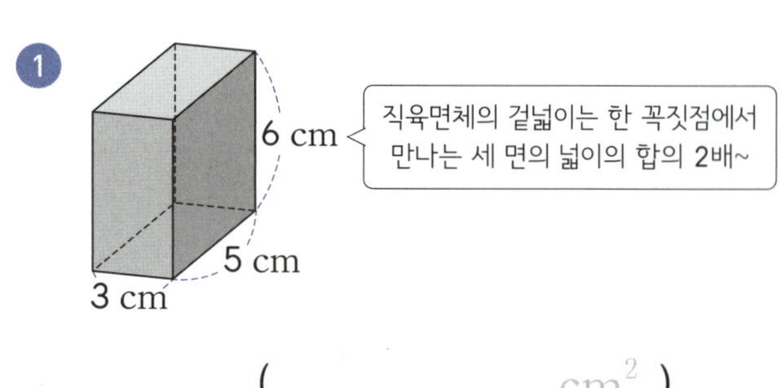

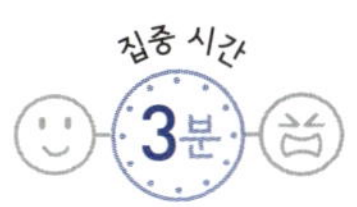

55 전개도를 이용하여 직육면체의 겉넓이 구하기

집중 시간 3분

전개도를 접어서 만든 직육면체의 겉넓이는 몇 cm^2인지 구하세요.

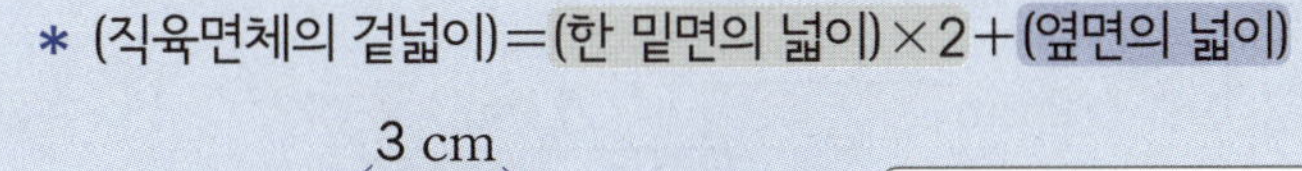

* (직육면체의 겉넓이)=(한 밑면의 넓이)×2+(옆면의 넓이)

(직육면체의 겉넓이)

(한 밑면의 넓이)×2　옆면의 넓이

$=(3\times2)\times2+10\times5$

(옆면의 넓이)=(가로)×(세로)
=(2+3+2+3)×5

$=12+50=62\ (cm^2)$

1

전개도 위에 길이를 표시하면 옆면의 가로를 구하기 쉬워요.

6+2+6+2

$(6\times\square)\times2+\square\times4$

$=\square+\square=\square\ (cm^2)$

3

$(8\times\square)\times2+\square\times3$

$=\square+\square=\square\ (cm^2)$

직육면체의 겉넓이는 각 면의 넓이를 구해 모두 더해도 되지만 (한 밑면의 넓이)×2+(옆면의 넓이)로 구하면 편해요.

2

$(5\times\square)\times2+\square\times5$

$=\square+\square=\square\ (cm^2)$

4

$(4\times\square)\times2+\square\times6$

$=\square+\square=\square\ (cm^2)$

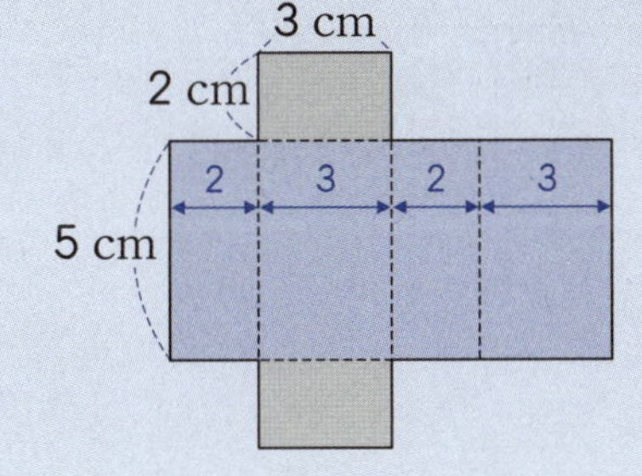

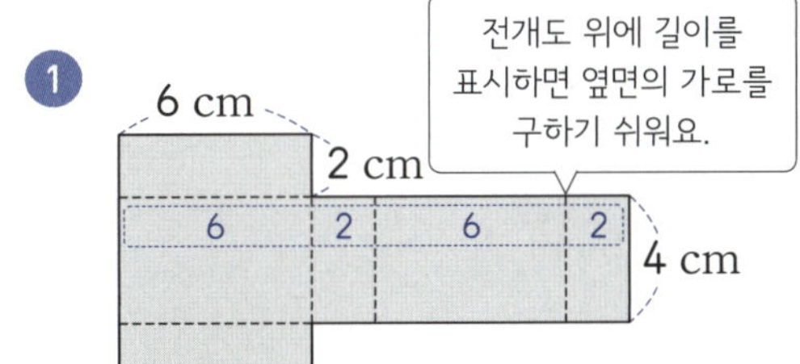

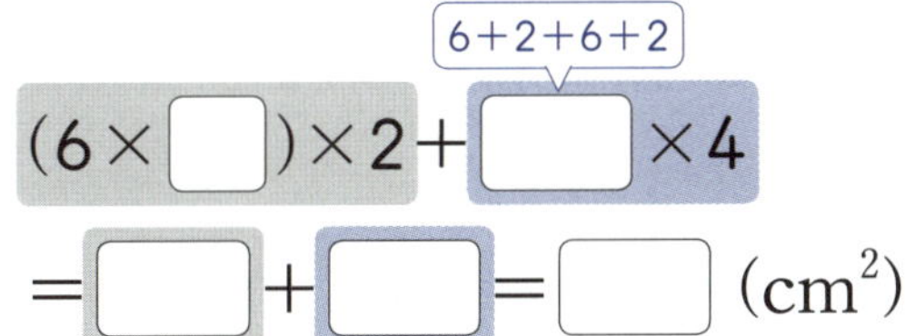

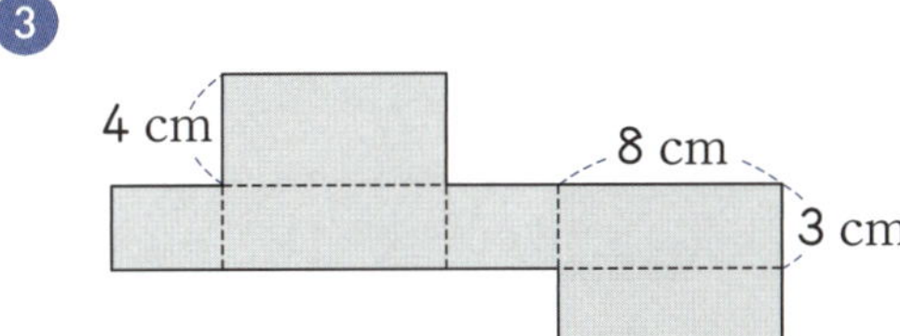

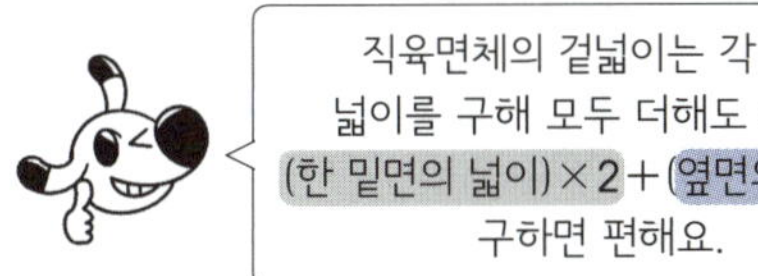

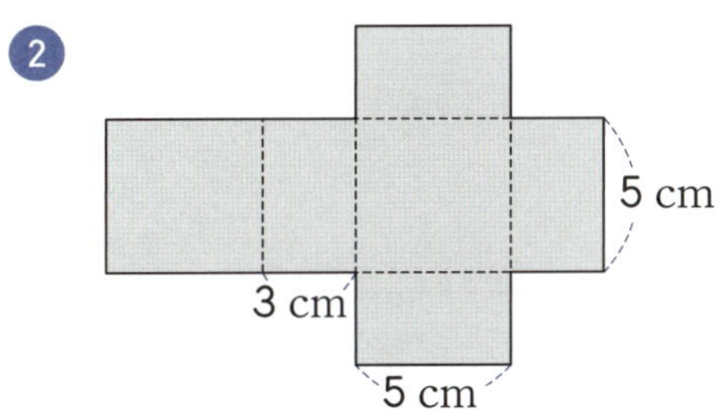

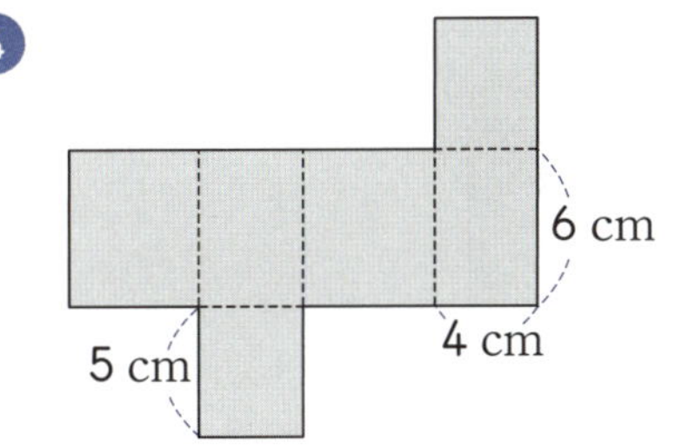

집중 시간 5분

※ 전개도를 접어서 만든 직육면체의 겉넓이는 몇 cm^2인지 구하세요.

1

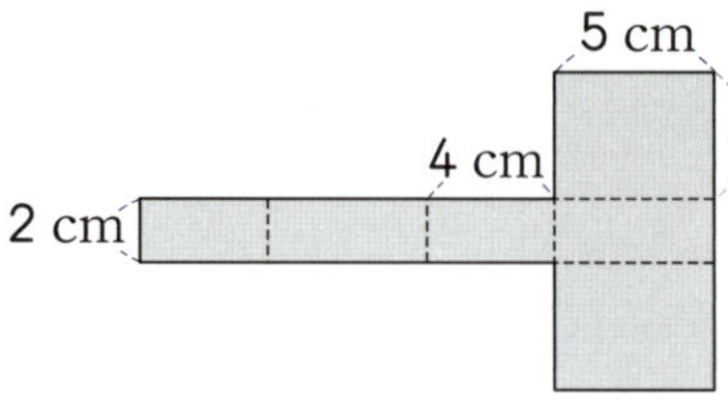

길이를 바로 쓰면 계산이 쉬워져요.

(cm^2)

단위를 꼭 써요.

2

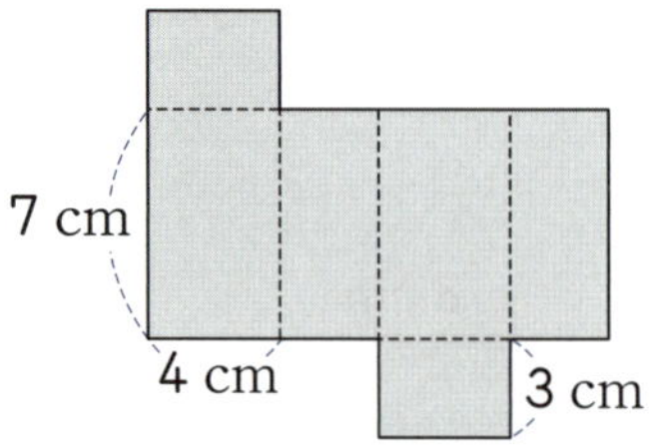

( )

3

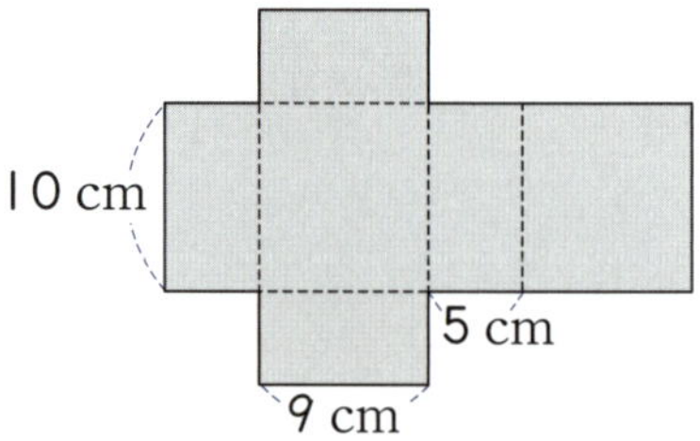

( )

4

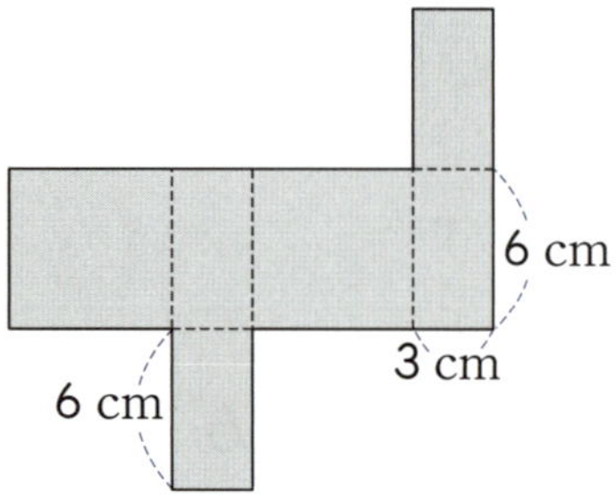

( )

5

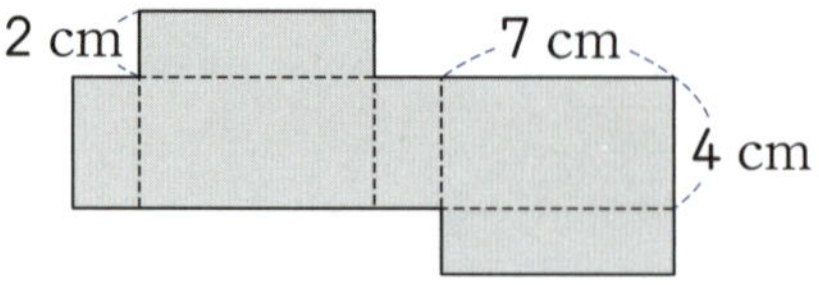

( )

6

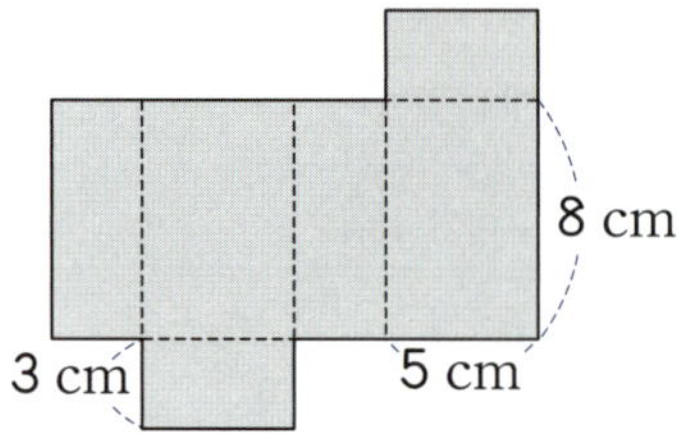

( )

7

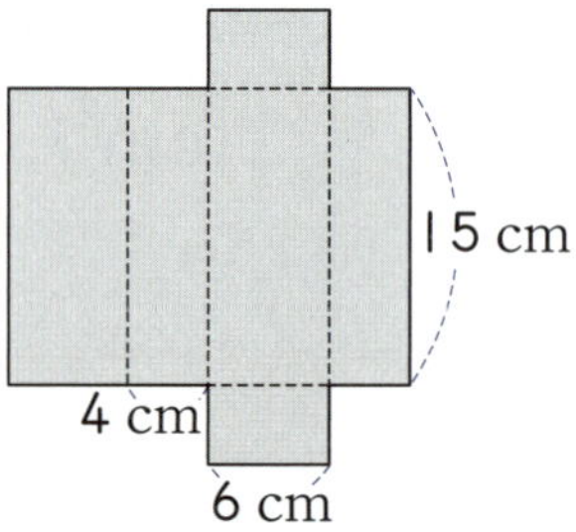

( )

8

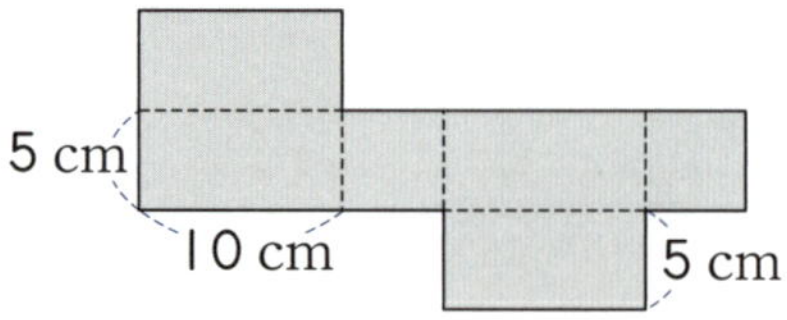

( )

56 직육면체의 겉넓이 구하기 한 번 더!

직육면체의 겉넓이는 몇 cm²인지 구하세요.

1 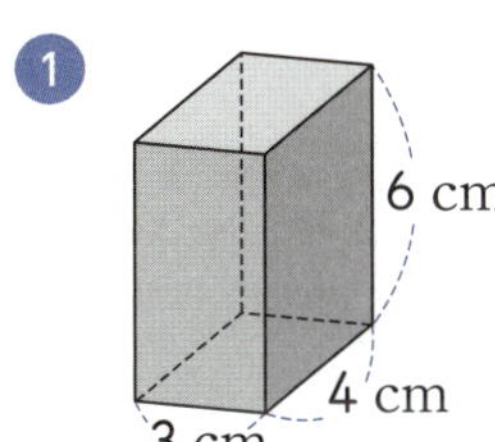

(cm²)

5 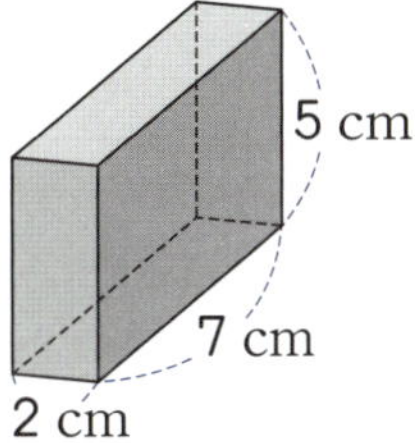

(   )

2 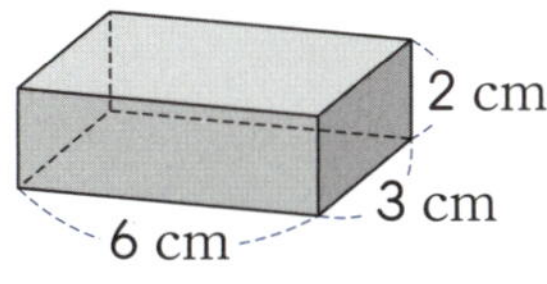

(   )

6 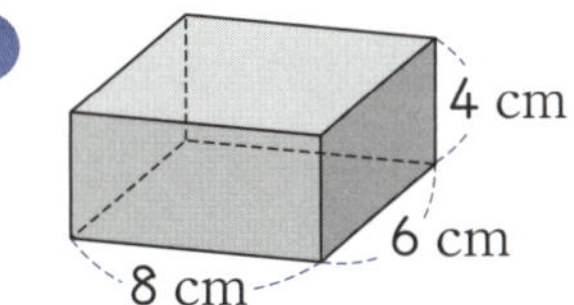

(   )

3 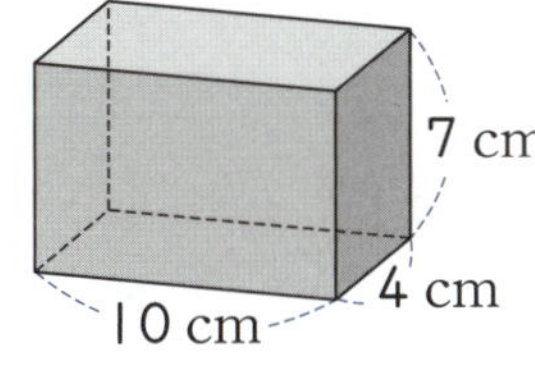

(   )

7 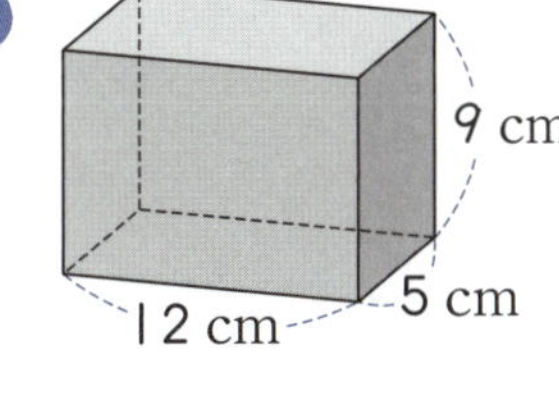

(   )

4 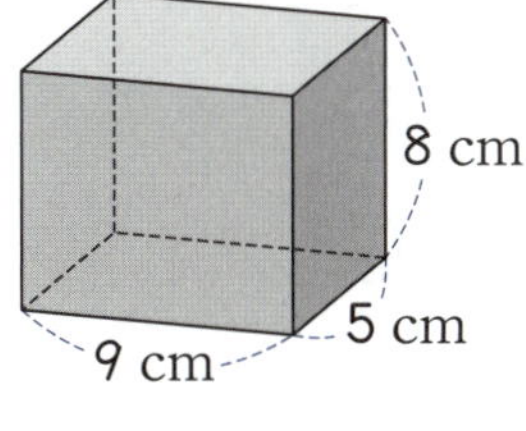

(   )

8 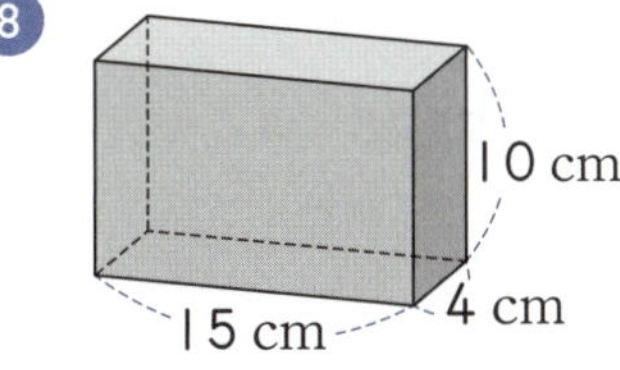

(   )

✂ 전개도를 접어서 만든 직육면체의 겉넓이는 몇 cm²인지 구하세요.

①
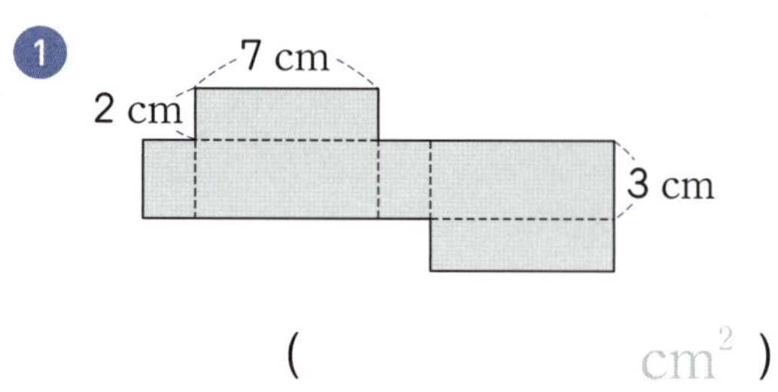

(cm²)

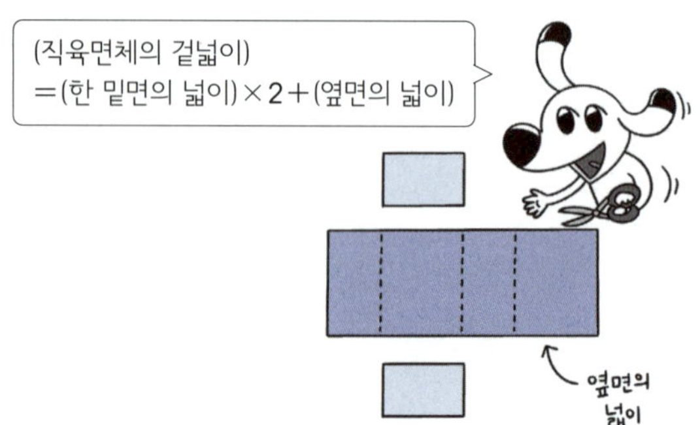

②
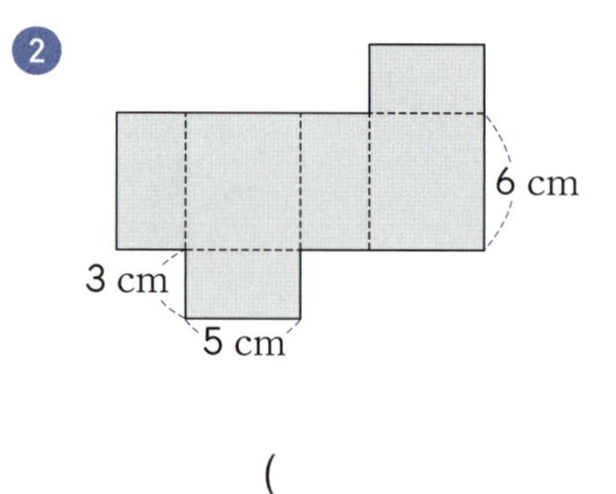

(   )

⑤
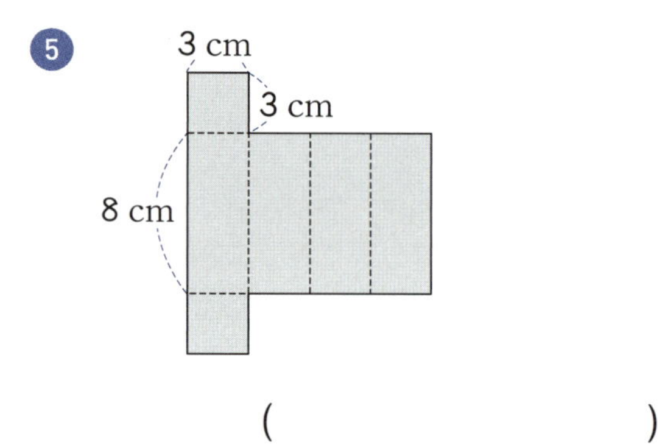

(   )

③
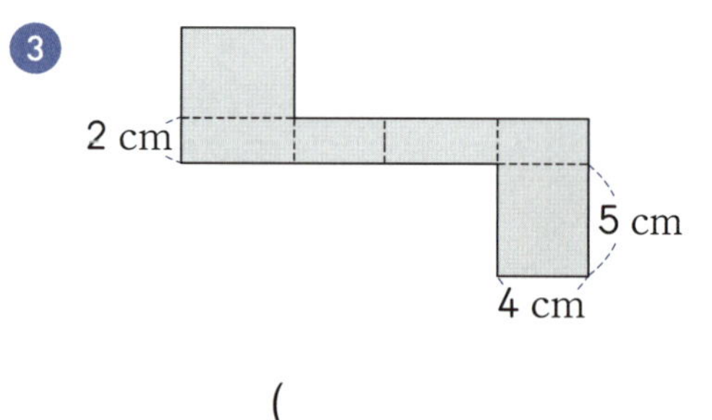

(   )

⑥
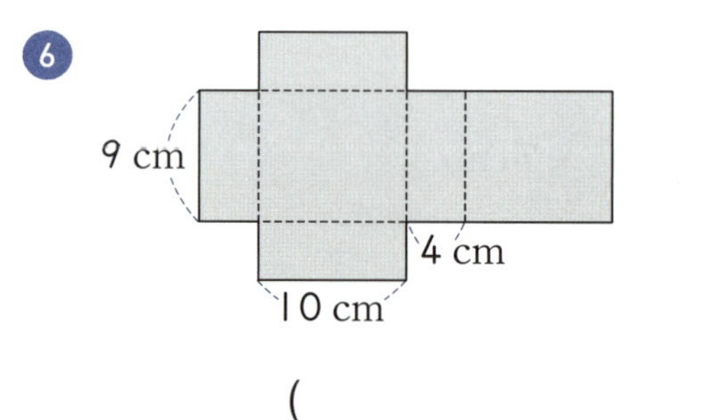

(   )

④
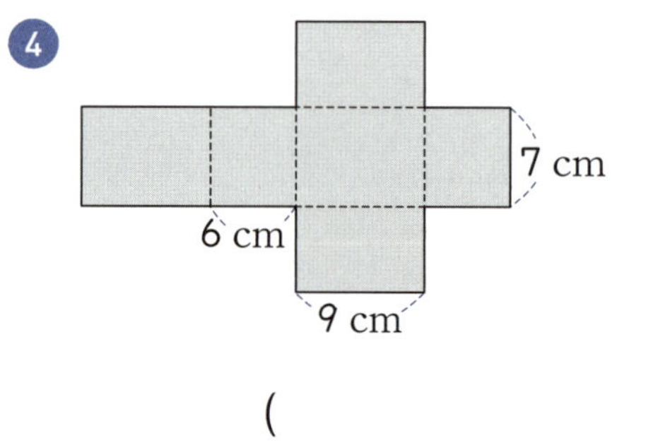

(   )

⑦
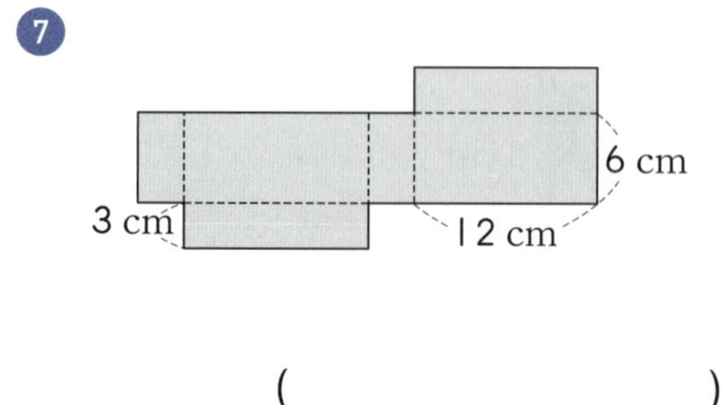

(   )

57 합동인 면을 이용하여 정육면체의 겉넓이 구하기

❀ 정육면체의 겉넓이는 몇 cm²인지 구하세요.

* (정육면체의 겉넓이)=(한 면의 넓이)×6

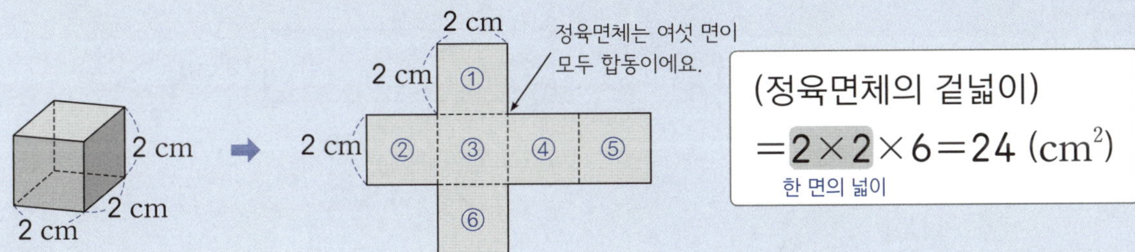

1

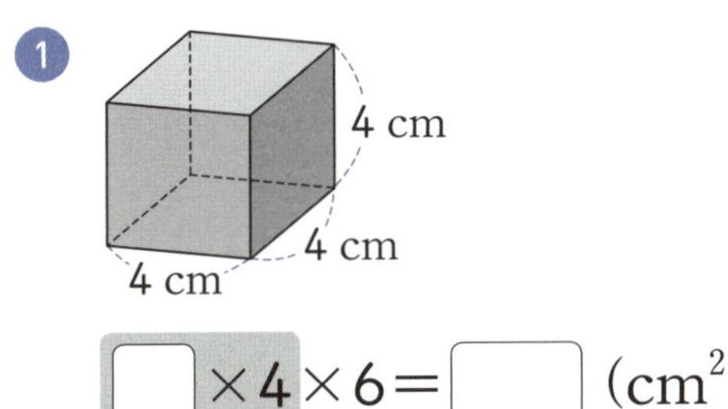

$$\boxed{}\times 4\times 6=\boxed{}\ (\text{cm}^2)$$

4

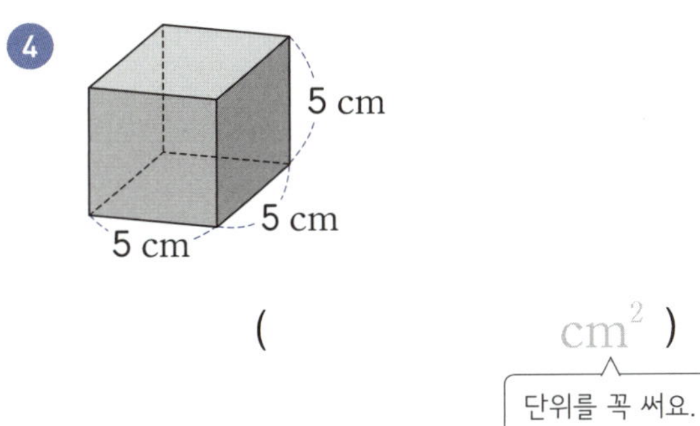

$$(\qquad\qquad \text{cm}^2\ )$$

단위를 꼭 써요.

2

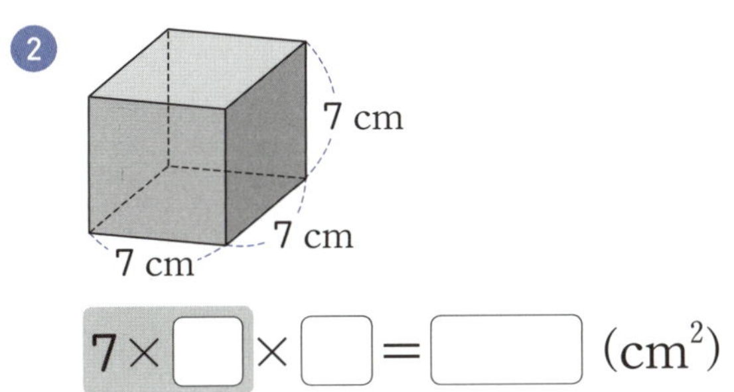

$$7\times \boxed{}\times \boxed{}=\boxed{}\ (\text{cm}^2)$$

5

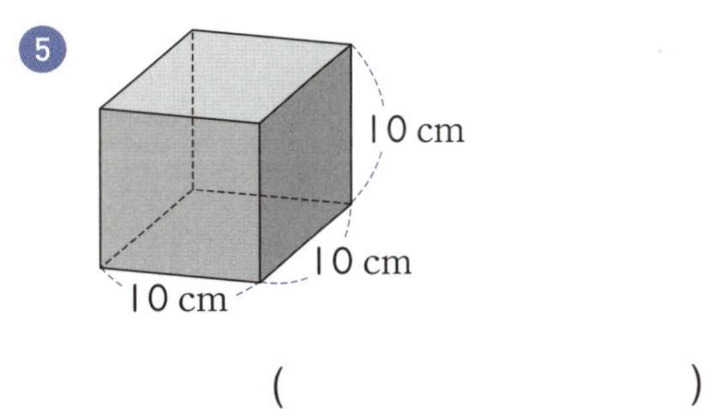

$$(\qquad\qquad)$$

3

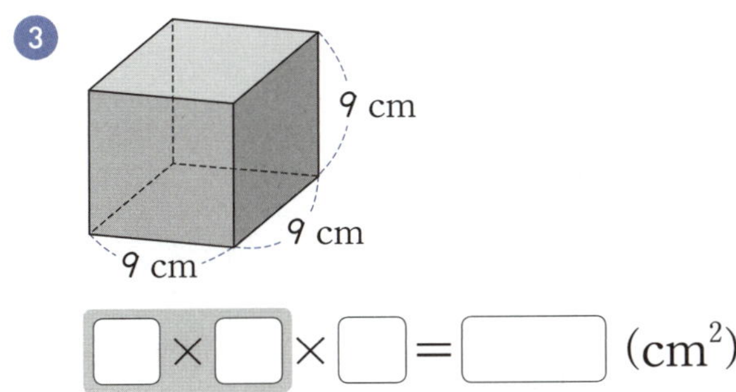

$$\boxed{}\times \boxed{}\times \boxed{}=\boxed{}\ (\text{cm}^2)$$

6

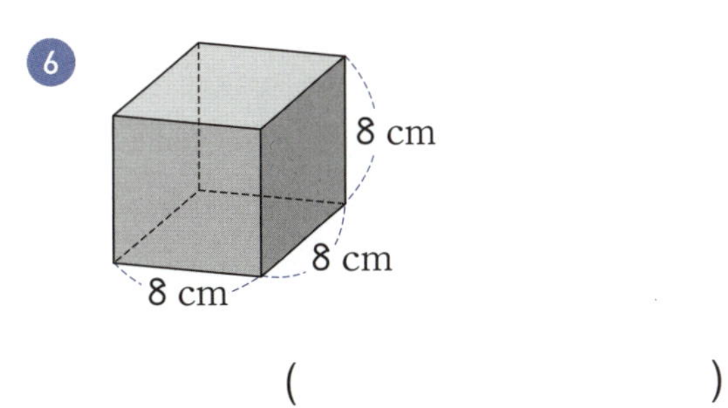

$$(\qquad\qquad)$$

✻ 전개도를 접어서 만든 정육면체의 겉넓이는 몇 cm²인지 구하세요.

1

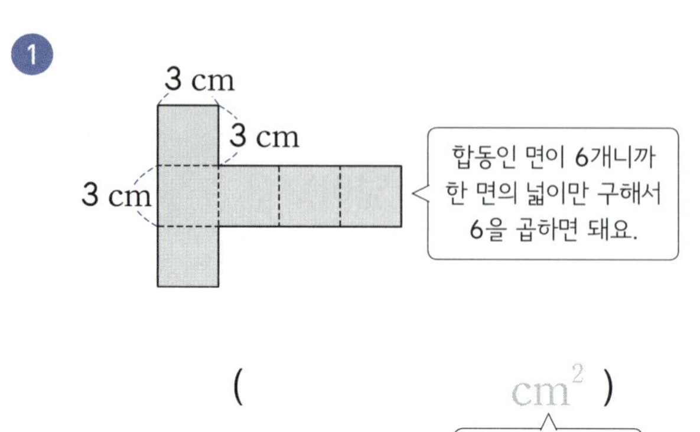

(cm²   )

5

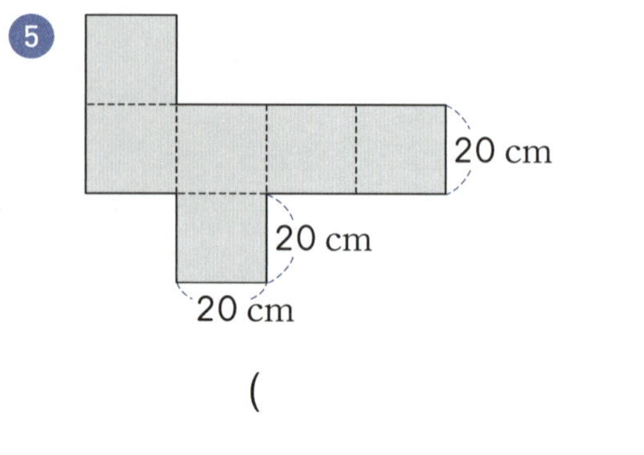

(   )

2

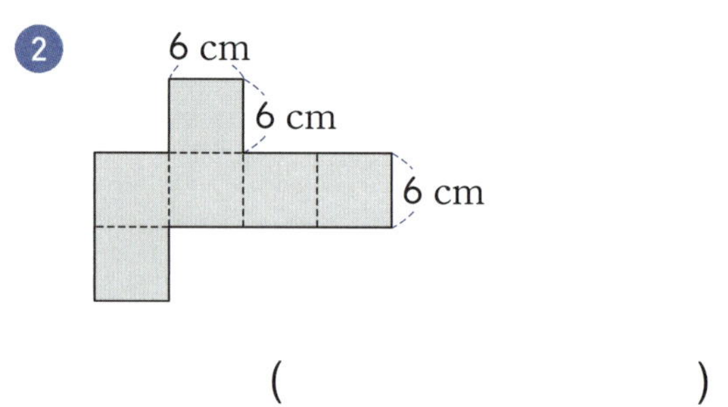

(   )

6

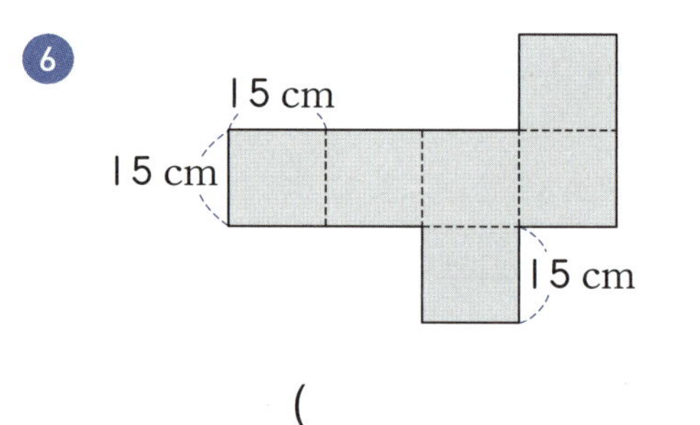

(   )

3

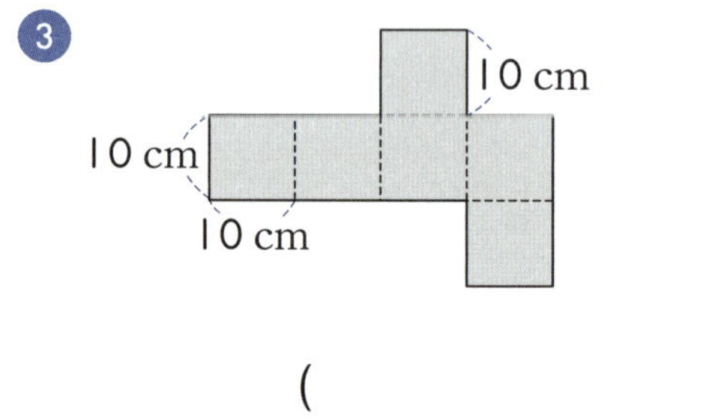

(   )

7

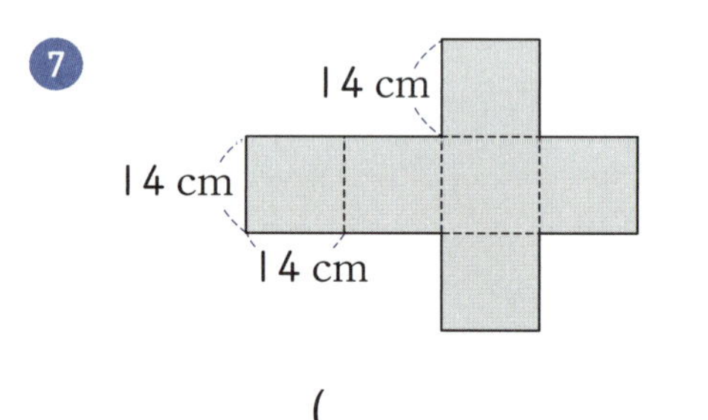

(   )

4

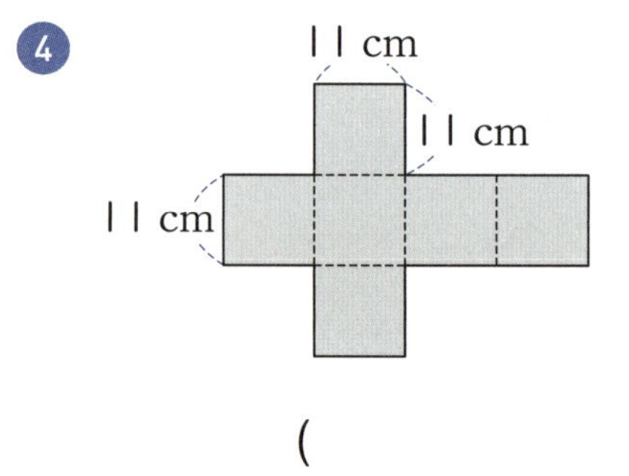

(   )

8

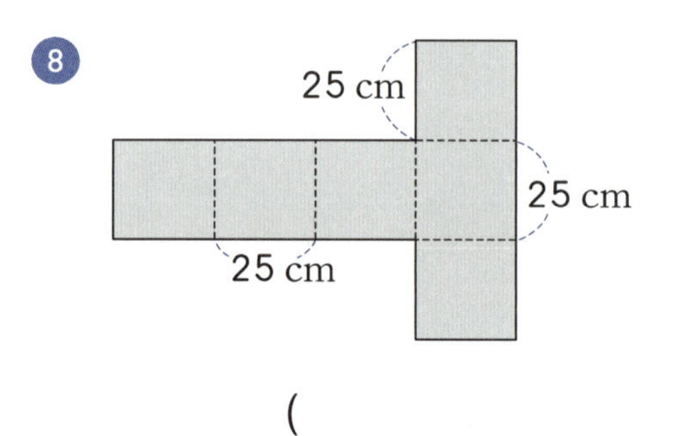

(   )

58 직육면체의 부피와 겉넓이 완벽하게 끝내기

직육면체와 정육면체의 부피와 겉넓이를 각각 구하세요.

1

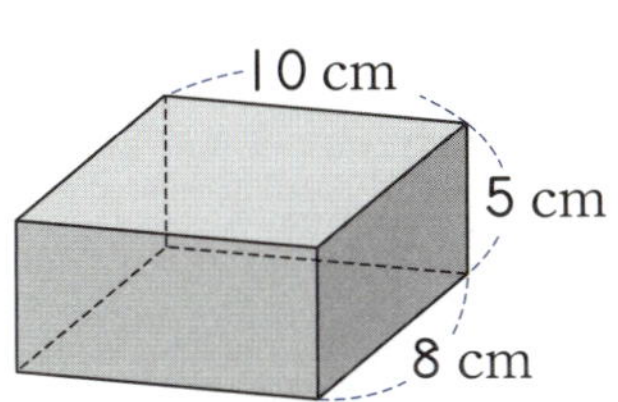

부피 (　　　　　　　　　　 cm^3)

겉넓이 (　　　　　　　　　　 cm^2)

부피와 겉넓이의
단위를 꼭 써요.

4

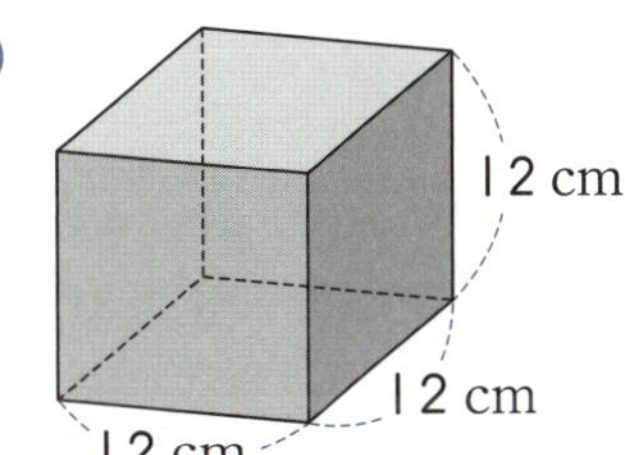

부피 (　　　　　　　　　　)

겉넓이 (　　　　　　　　　　)

2

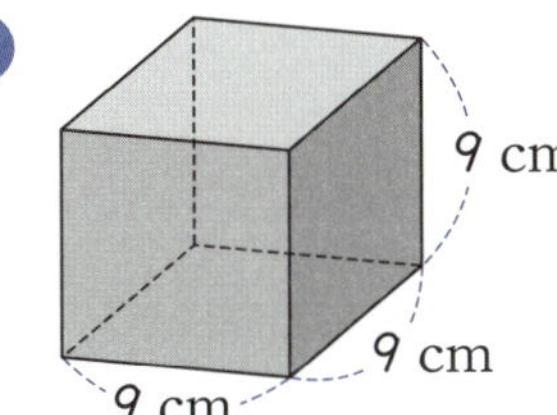

부피 (　　　　　　　　　　)

겉넓이 (　　　　　　　　　　)

5

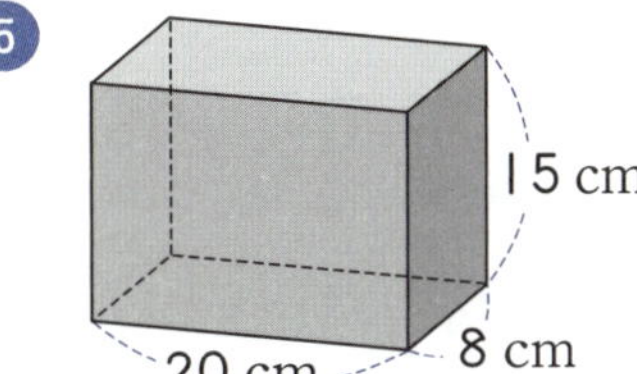

부피 (　　　　　　　　　　)

겉넓이 (　　　　　　　　　　)

3

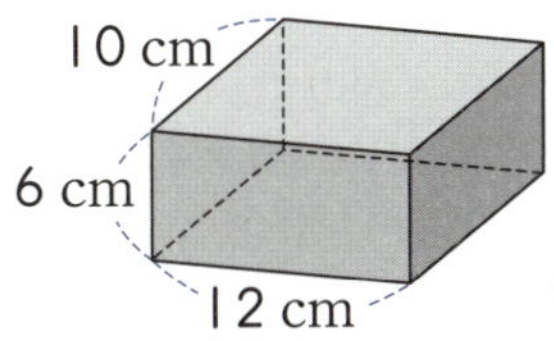

부피 (　　　　　　　　　　)

겉넓이 (　　　　　　　　　　)

6

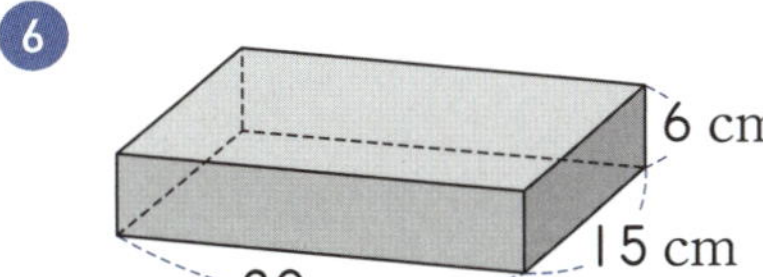

부피 (　　　　　　　　　　)

겉넓이 (　　　　　　　　　　)

✂ 전개도를 접어서 만든 직육면체와 정육면체의 부피와 겉넓이를 각각 구하세요.

① 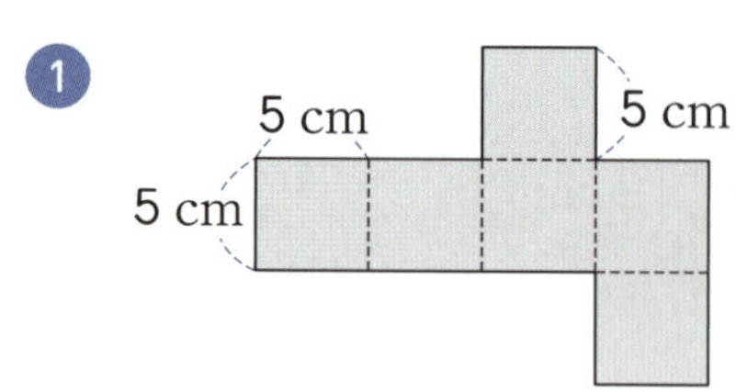

부피 (cm³)

겉넓이 (cm²)

부피와 겉넓이의
단위를 꼭 써요.

④ 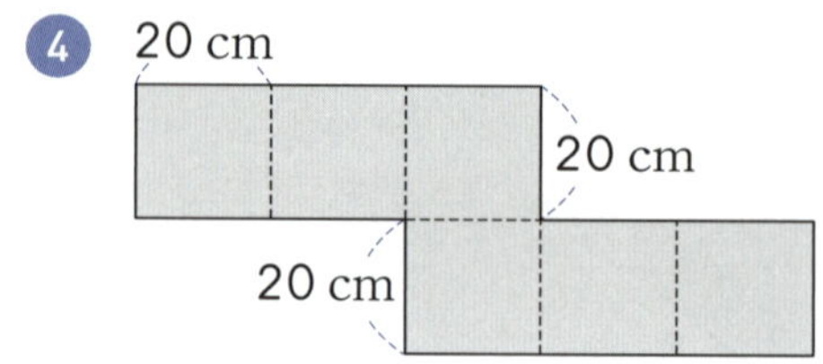

부피 (   )

겉넓이 (   )

② 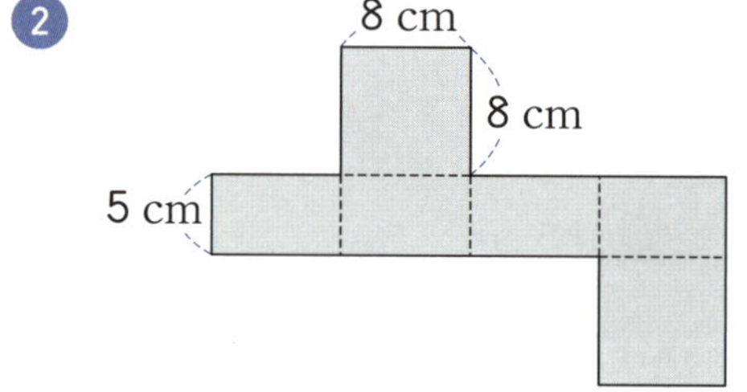

부피 (   )

겉넓이 (   )

⑤ 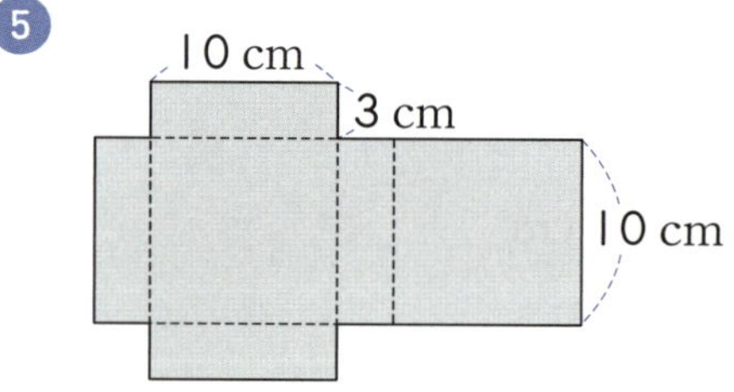

부피 (   )

겉넓이 (   )

③ 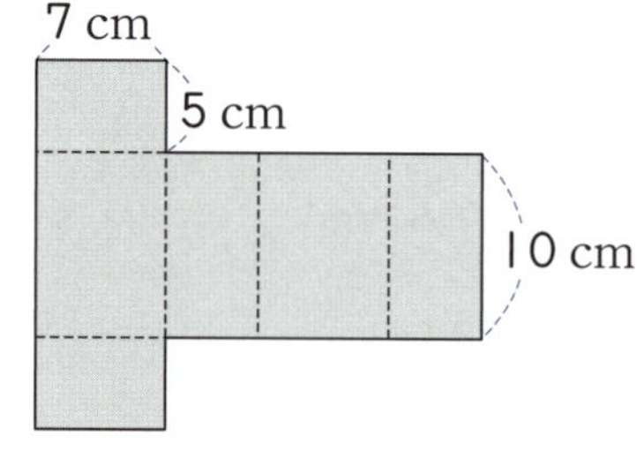

부피 (   )

겉넓이 (   )

⑥ 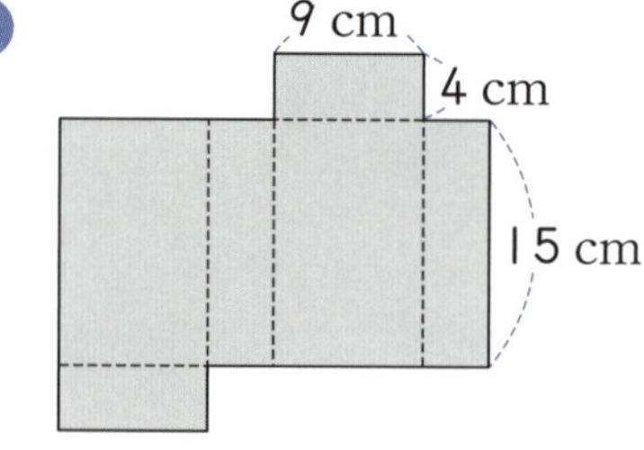

부피 (   )

겉넓이 (   )

59 생활 속 연산 − 직육면체의 부피와 겉넓이

※ 그림을 보고 ☐ 안에 알맞은 수를 써넣으세요.

1 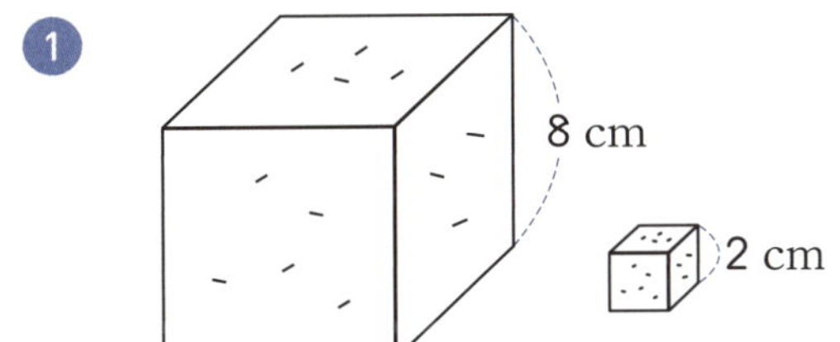

정육면체 모양의 손두부를 만들고 정육면체 모양으로 잘랐습니다. 만든 손두부의 부피는 ☐ cm³이고, 자른 손두부의 부피는 ☐ cm³입니다.

2 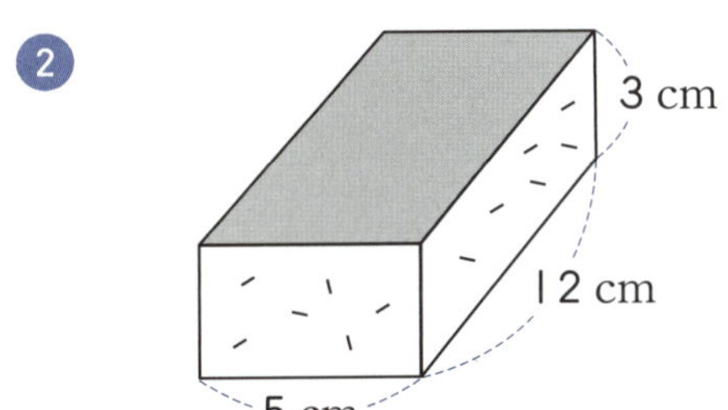

유진이는 가로 5 cm, 세로 12 cm, 높이 3 cm인 직육면체 모양의 카스텔라를 간식으로 먹었습니다. 유진이가 간식으로 먹은 카스텔라의 부피는 ☐ cm³입니다.

3 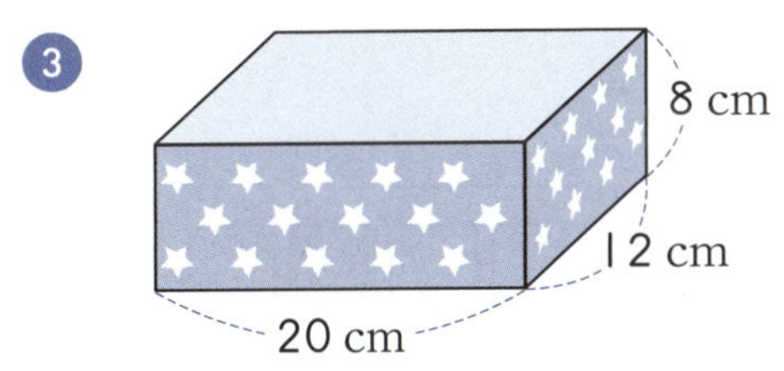

윤지가 선물을 포장하기 위해 가로 20 cm, 세로 12 cm, 높이 8 cm인 직육면체 모양의 상자를 샀습니다. 윤지가 산 상자의 겉넓이는 ☐ cm²입니다.

4 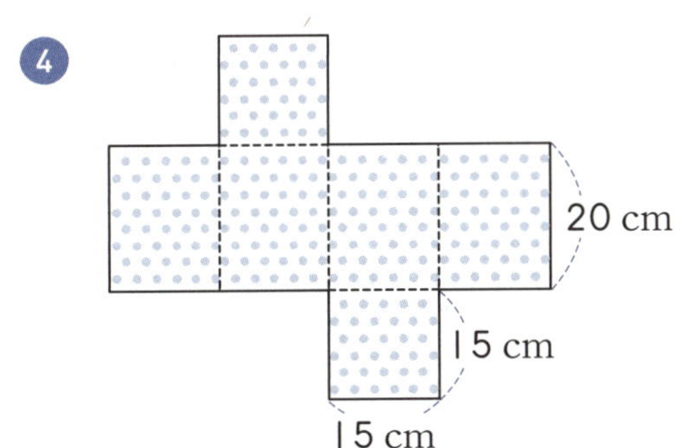

서준이는 직육면체 모양의 상자를 만들기 위해 왼쪽과 같은 전개도를 그렸습니다. 이 전개도로 만든 상자의 겉넓이는 ☐ cm²입니다.

✿ 택배함에서 택배를 찾으려면 비밀번호를 알아야 합니다. 직육면체 모양의 택배 상자의 부피 또는 겉넓이를 계산해 비밀번호를 구하세요.

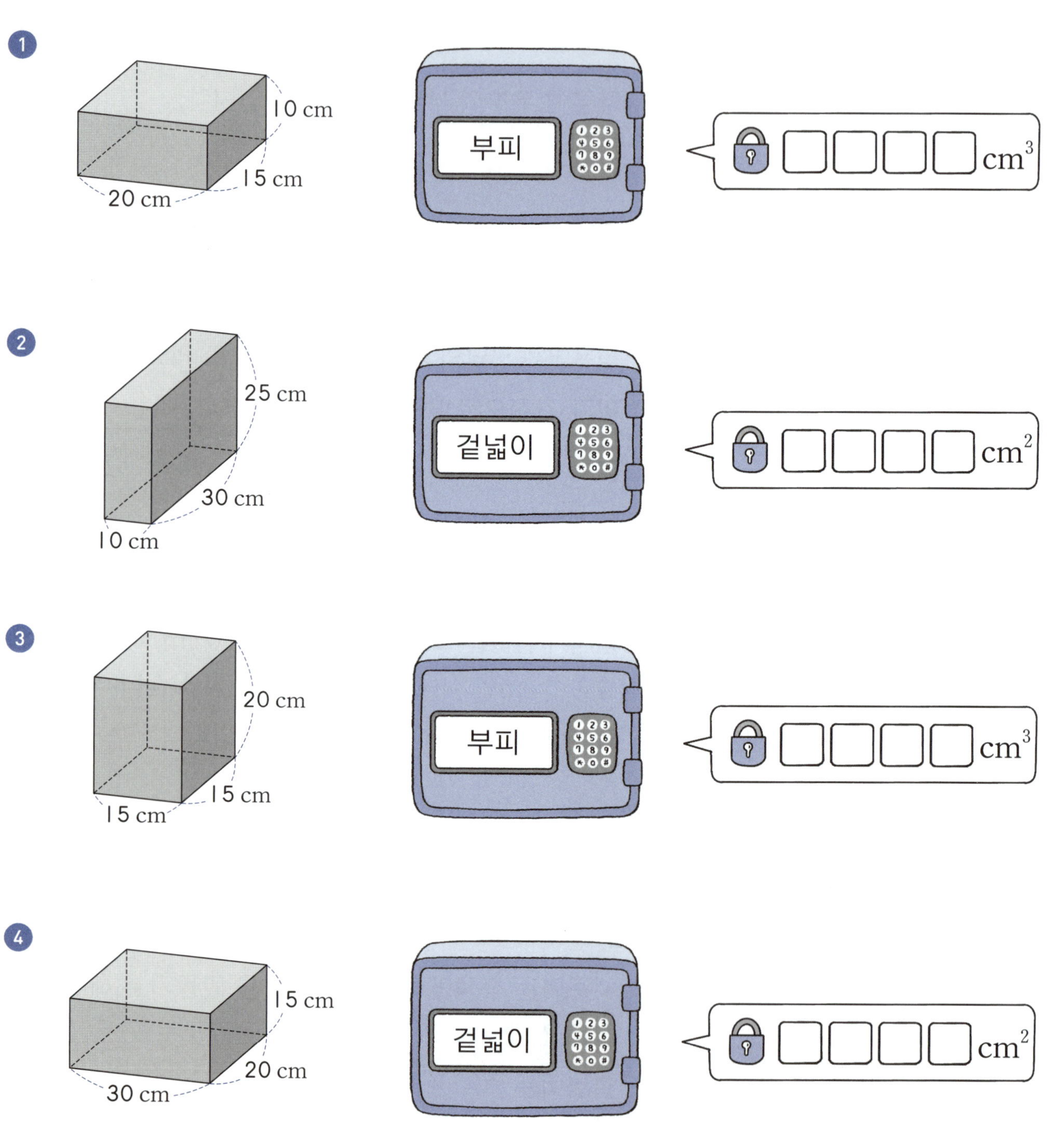

통과 문제

*틀린 문제는 꼭 다시 확인하고 넘어가요!

✂ ☐ 안에 알맞은 수를 써넣으세요.

1

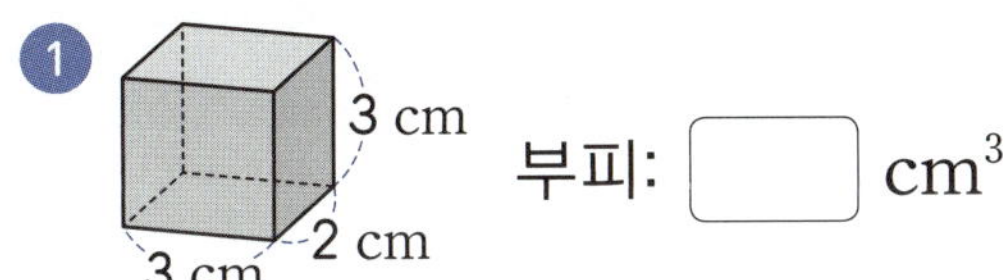

부피: ☐ cm³

2

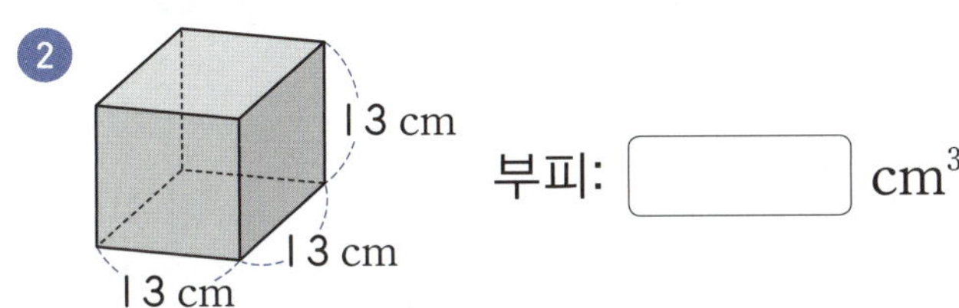

부피: ☐ cm³

3

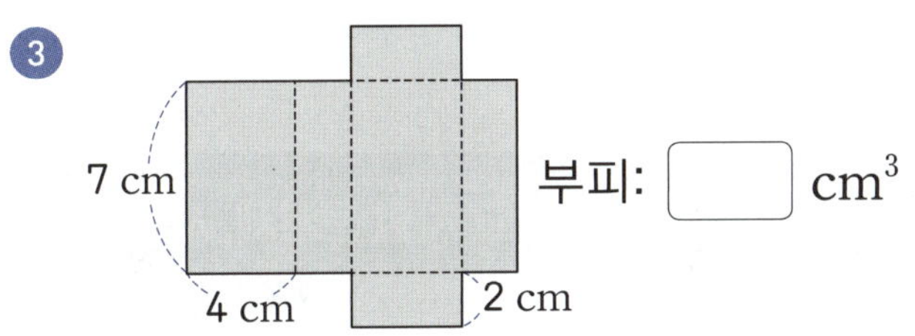

부피: ☐ cm³

4 부피: 336 cm³

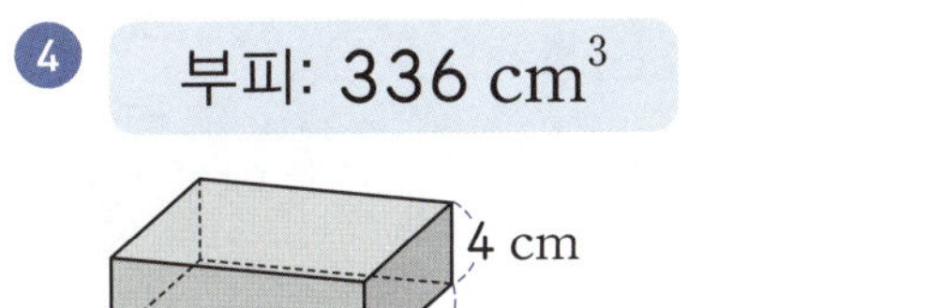

5

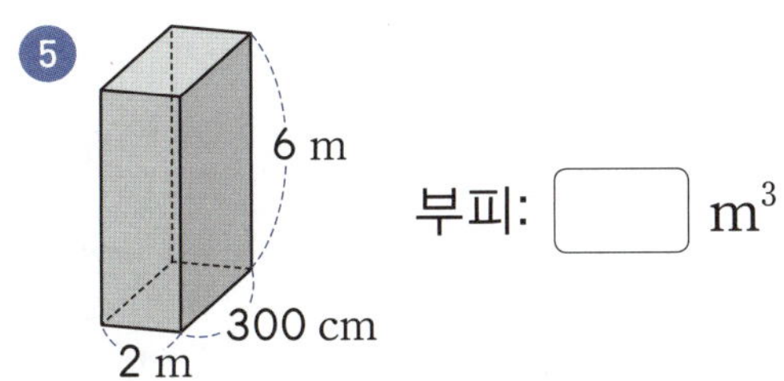

부피: ☐ m³

6

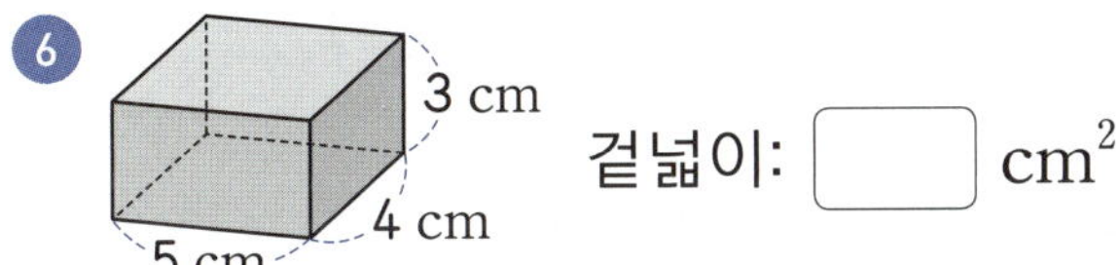

겉넓이: ☐ cm²

7

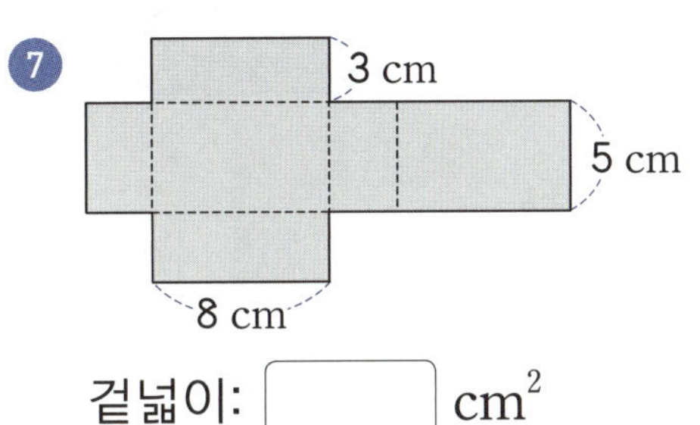

겉넓이: ☐ cm²

8

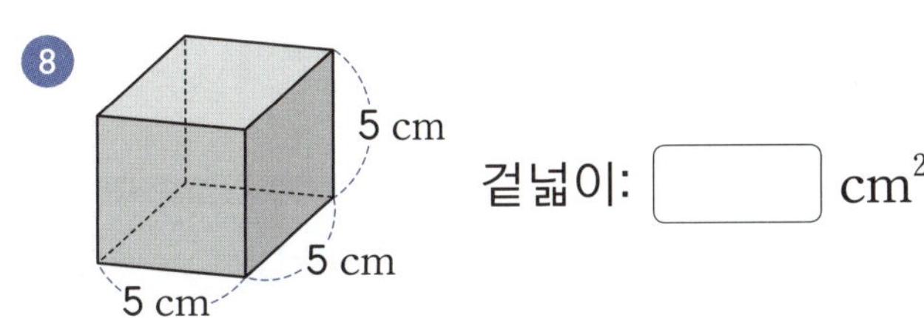

겉넓이: ☐ cm²

9

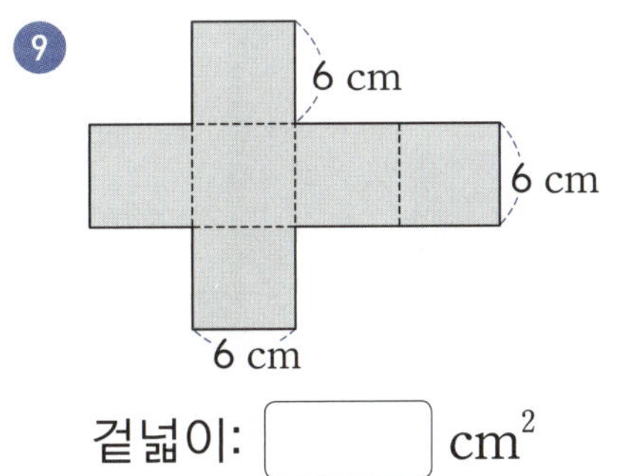

겉넓이: ☐ cm²

10 세호가 가로 3 cm, 세로 3 cm, 높이 8 cm인 직육면체 모양의 상자를 만들었습니다. 세호가 만든 상자의 겉넓이는 ☐ cm²입니다.

4학년	5학년	6학년	중학생

바빠 중학연산

1학기 수학 기초 완성

1~3학년
각 2권
(전 6권)

---

*교과서 순서와 똑같아 공부하기 좋아요!

바빠 중학도형

2학기 수학 기초 완성

1~3학년
각 1권
(전 3권)

학년별 인기 도서

덧셈, 분수, 소수, 방정식   약수와 배수, 분수, 소수   비와 비례, 방정식

바빠 중학수학 총정리

고등수학에서 필요한 것만 콕!

중학
3개년
총정리
(전 1권)

※ '바빠 초등 수학 총정리'와 '바빠 중학 일차방정식', '바빠 중학 일차함수', '바빠 중학도형 총정리'도 있어요!

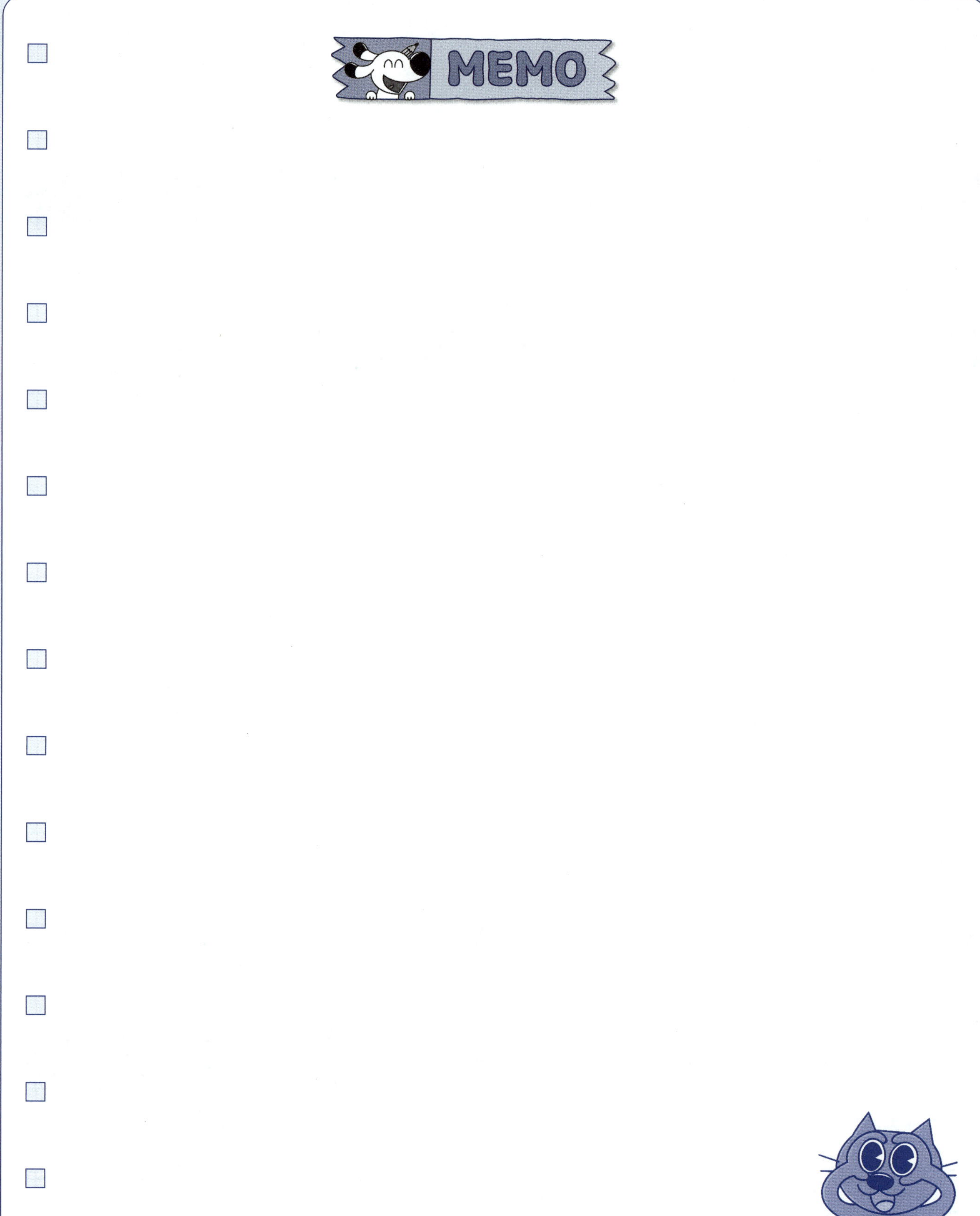

초등 수학 공부, 이렇게 하면 효과적!

"펑펑 내려야 눈이 쌓이듯 공부도 집중해야 실력이 쌓인다!"

학교 다닐 때는? 학기별 연산책 '바빠 교과서 연산'

'바빠 교과서 연산'부터 시작하세요. 학기별 진도에 딱 맞춘 쉬운 연산 책이니까요! 방학 동안 다음 학기 선행을 준비할 때도 '바빠 교과서 연산'으로 시작하세요! 교과서 순서대로 빠르게 공부할 수 있어, 첫 번째 수학 책으로 추천합니다.

시험이나 서술형 대비는? '나 혼자 푼다 바빠 수학 문장제'

학교 시험을 대비하고 싶다면 '나 혼자 푼다 수학 문장제'로 공부하세요. 너무 어렵지도 쉽지도 않은 딱 적당한 난이도로, 빈칸을 채우면 풀이 과정이 완성됩니다! 막막하지 않아요~ 요즘 학교 시험 풀이 과정을 손쉽게 연습할 수 있습니다.

방학 때는? 10일 완성 영역별 연산책 '바빠 연산법'

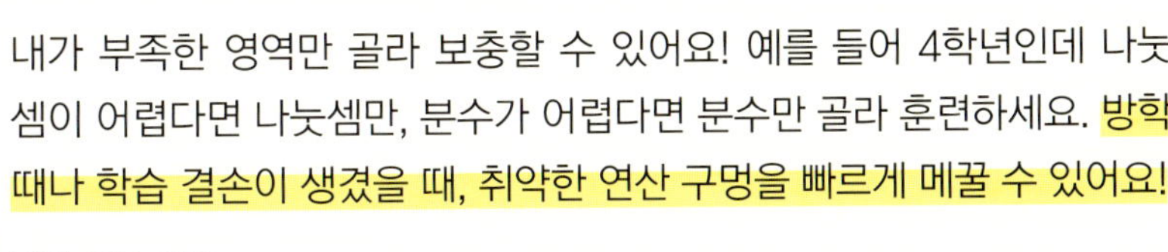

내가 부족한 영역만 골라 보충할 수 있어요! 예를 들어 4학년인데 나눗셈이 어렵다면 나눗셈만, 분수가 어렵다면 분수만 골라 훈련하세요. 방학 때나 학습 결손이 생겼을 때, 취약한 연산 구멍을 빠르게 메꿀 수 있어요!

바빠 연산 영역 :
덧셈, 뺄셈, 구구단, 시계와 시간, 길이와 시간 계산, 곱셈, 나눗셈, 약수와 배수, 분수, 소수, 자연수의 혼합 계산, 분수와 소수의 혼합 계산, 평면도형 계산, 입체도형 계산, 비와 비례, 방정식, 확률과 통계, 19단

바빠 시리즈 초등 학년별 추천 도서

학년	학기별 연산책 바빠 교과서 연산 학기 중, 선행용으로 추천!	나 혼자 푼다 바빠 수학 문장제 학교 시험 서술형 완벽 대비!
1학년	· 바빠 교과서 연산 1-1 · 바빠 교과서 연산 1-2	· 나 혼자 푼다 바빠 수학 문장제 1-1 · 나 혼자 푼다 바빠 수학 문장제 1-2
2학년	· 바빠 교과서 연산 2-1 · 바빠 교과서 연산 2-2	· 나 혼자 푼다 바빠 수학 문장제 2-1 · 나 혼자 푼다 바빠 수학 문장제 2-2
3학년	· 바빠 교과서 연산 3-1 · 바빠 교과서 연산 3-2	· 나 혼자 푼다 바빠 수학 문장제 3-1 · 나 혼자 푼다 바빠 수학 문장제 3-2
4학년	· 바빠 교과서 연산 4-1 · 바빠 교과서 연산 4-2	· 나 혼자 푼다 바빠 수학 문장제 4-1 · 나 혼자 푼다 바빠 수학 문장제 4-2
5학년	· 바빠 교과서 연산 5-1 · 바빠 교과서 연산 5-2	· 나 혼자 푼다 바빠 수학 문장제 5-1 · 나 혼자 푼다 바빠 수학 문장제 5-2
6학년	· 바빠 교과서 연산 6-1 · 바빠 교과서 연산 6-2	· 나 혼자 푼다 바빠 수학 문장제 6-1 · 나 혼자 푼다 바빠 수학 문장제 6-2

바빠 교과서 연산

6-1

이번 학기
공부 습관을 만드는
첫 연산 책!

01 나누어지는 수는 분자로, 나누는 수는 분모로!

❋ 나눗셈의 몫을 기약분수로 나타내세요.

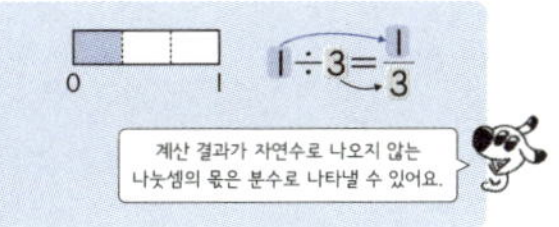

$1 \div 3 = \dfrac{1}{3}$

계산 결과가 자연수로 나오지 않는
나눗셈의 몫은 분수로 나타낼 수 있어요.

❶ $1 \div 6 = \dfrac{1}{6}$

❷ $1 \div 8 = \dfrac{1}{8}$

❸ $2 \div 5 = \dfrac{2}{5}$

❹ $3 \div 10 = \dfrac{3}{10}$

❺ $4 \div 7 = \dfrac{4}{7}$

❻ $2 \div 4 = \dfrac{2}{4} = \dfrac{1}{2}$

계산 결과가 약분이 되면
약분하여 나타내어 보세요

❼ $3 \div 9 = \dfrac{3}{9} = \dfrac{1}{3}$

❽ $4 \div 6 = \dfrac{4}{6} = \dfrac{2}{3}$

❾ $5 \div 15 = \dfrac{5}{15} = \dfrac{1}{3}$

❿ $6 \div 10 = \dfrac{6}{10} = \dfrac{3}{5}$

⓫ $7 \div 14 = \dfrac{7}{14} = \dfrac{1}{2}$

01

❋ 나눗셈의 몫을 기약분수로 나타내세요.

$\bullet \div \blacksquare = \dfrac{\bullet}{\blacksquare}$

❶ $1 \div 5 = \dfrac{1}{5}$

❷ $2 \div 7 = \dfrac{2}{7}$

❸ $3 \div 11 = \dfrac{3}{11}$

❹ $4 \div 8 = \dfrac{4}{8} = \dfrac{1}{2}$

계산 결과를 간단히 기약분수로
나타내는 습관을 들이면 좋아요.

❺ $5 \div 6 = \dfrac{5}{6}$

❻ $6 \div 15 = \dfrac{6}{15} = \dfrac{2}{5}$

❼ $7 \div 9 = \dfrac{7}{9}$

❽ $8 \div 20 = \dfrac{8}{20} = \dfrac{2}{5}$

❾ $9 \div 12 = \dfrac{9}{12} = \dfrac{3}{4}$

❿ $10 \div 14 = \dfrac{10}{14} = \dfrac{5}{7}$

⓫ $11 \div 13 = \dfrac{11}{13}$

⓬ $12 \div 18 = \dfrac{12}{18} = \dfrac{2}{3}$

02 나눗셈의 몫이 가분수이면 대분수로 나타내자

❋ 나눗셈의 몫을 대분수로 나타내세요.

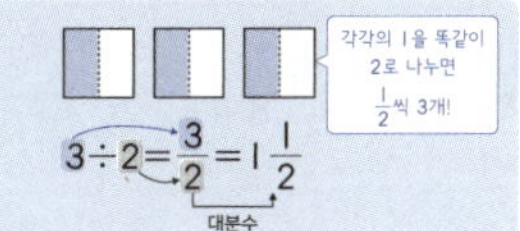

$3 \div 2 = \dfrac{3}{2} = 1\dfrac{1}{2}$
대분수

❶ $4 \div 3 = \dfrac{4}{3} = 1\dfrac{1}{3}$

❷ $5 \div 2 = \dfrac{5}{2} = 2\dfrac{1}{2}$

❸ $5 \div 3 = \dfrac{5}{3} = 1\dfrac{2}{3}$

❹ $7 \div 6 = \dfrac{7}{6} = 1\dfrac{1}{6}$

❺ $9 \div 4 = \dfrac{9}{4} = 2\dfrac{1}{4}$

❻ $12 \div 7 = \dfrac{12}{7} = 1\dfrac{5}{7}$

❼ $13 \div 9 = \dfrac{13}{9} = 1\dfrac{4}{9}$

❽ $17 \div 10 = \dfrac{17}{10} = 1\dfrac{7}{10}$

❾ $20 \div 11 = \dfrac{20}{11} = 1\dfrac{9}{11}$

❿ $25 \div 12 = \dfrac{25}{12} = 2\dfrac{1}{12}$

⓫ $28 \div 13 = \dfrac{28}{13} = 2\dfrac{2}{13}$

02

❋ 나눗셈의 몫을 대분수로 나타내세요. 나눗셈의 몫과 나머지를 이용해 풀어 봐요.

* 나눗셈의 몫과 나머지를 대분수로 나타내는 방법

먼저 1씩 나누고 남은 1을 똑같이 2로 나눠요

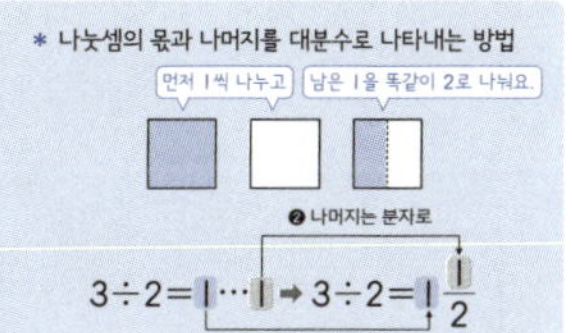

❷ 나머지는 분자로
$3 \div 2 = 1 \cdots 1 \Rightarrow 3 \div 2 = 1\dfrac{1}{2}$
❶ 몫은 자연수로

❶ $7 \div 2 = 3\dfrac{1}{2}$

❷ $9 \div 7 = 1\dfrac{2}{7}$

❸ $10 \div 3 = 3\dfrac{1}{3}$

❹ $11 \div 9 = 1\dfrac{2}{9}$

❺ $12 \div 5 = 2\dfrac{2}{5}$

❻ $13 \div 8 = 1\dfrac{5}{8}$

❼ $17 \div 4 = 4\dfrac{1}{4}$

❽ $19 \div 7 = 2\dfrac{5}{7}$

❾ $21 \div 4 = 5\dfrac{1}{4}$

❿ $23 \div 6 = 3\dfrac{5}{6}$

⓫ $29 \div 12 = 2\dfrac{5}{12}$

⓬ $34 \div 11 = 3\dfrac{1}{11}$

03 분자가 자연수의 배수인 (분수)÷(자연수)

❀ 계산하세요.

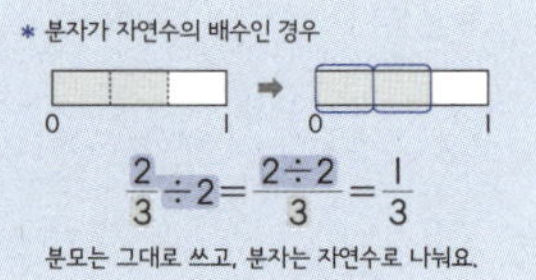

* 분자가 자연수의 배수인 경우

$$\frac{2}{3} \div 2 = \frac{2 \div 2}{3} = \frac{1}{3}$$

분모는 그대로 쓰고, 분자는 자연수로 나눠요.

1. $\dfrac{3}{5} \div 3 = \dfrac{\boxed{3 \div 3}}{5} = \dfrac{\boxed{1}}{5}$

2. $\dfrac{5}{6} \div 5 = \dfrac{1}{6}$

3. $\dfrac{6}{7} \div 3 = \dfrac{6 \div 3}{7} = \dfrac{2}{7}$

4. $\dfrac{7}{8} \div 7 = \dfrac{1}{8}$

5. $\dfrac{4}{9} \div 2 = \dfrac{4 \div 2}{9} = \dfrac{2}{9}$

6. $\dfrac{9}{10} \div 3 = \dfrac{9 \div 3}{10} = \dfrac{3}{10}$

7. $\dfrac{6}{11} \div 2 = \dfrac{6 \div 2}{11} = \dfrac{3}{11}$

8. $\dfrac{12}{13} \div 4 = \dfrac{12 \div 4}{13} = \dfrac{3}{13}$

9. $\dfrac{14}{15} \div 2 = \dfrac{14 \div 2}{15} = \dfrac{7}{15}$

10. $\dfrac{15}{17} \div 3 = \dfrac{15 \div 3}{17} = \dfrac{5}{17}$

11. $\dfrac{16}{19} \div 2 = \dfrac{16 \div 2}{19} = \dfrac{8}{19}$

03

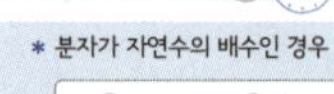

* 분자가 자연수의 배수인 경우

$$\frac{\bullet}{\blacksquare} \div \blacktriangle = \frac{\bullet \div \blacktriangle}{\blacksquare}$$

❀ 계산하세요.

1. $\dfrac{3}{4} \div 3 = \dfrac{\boxed{3 \div 3}}{4} = \dfrac{\boxed{1}}{4}$

2. $\dfrac{4}{7} \div 2 = \dfrac{\boxed{2}}{7}$ 과정을 한 단계 줄여 볼까요?

3. $\dfrac{4}{7} \div 4 = \dfrac{1}{7}$

4. $\dfrac{8}{11} \div 2 = \dfrac{4}{11}$

5. $\dfrac{12}{13} \div 6 = \dfrac{2}{13}$

6. $\dfrac{9}{14} \div 3 = \dfrac{3}{14}$

7. $\dfrac{8}{15} \div 8 = \dfrac{1}{15}$

8. $\dfrac{15}{16} \div 5 = \dfrac{3}{16}$

9. $\dfrac{16}{17} \div 2 = \dfrac{8}{17}$

10. $\dfrac{14}{19} \div 7 = \dfrac{2}{19}$

11. $\dfrac{20}{21} \div 4 = \dfrac{5}{21}$

12. $\dfrac{22}{23} \div 11 = \dfrac{2}{23}$

04 분자가 자연수의 배수인 (가분수)÷(자연수)

❀ 계산하세요.

1. $\dfrac{4}{3} \div 2 = \dfrac{\boxed{4 \div 2}}{3} = \dfrac{\boxed{2}}{3}$

가분수에서도 분자가 나누는 자연수의 배수니까 분자를 자연수로 나눠요. 이때 분모는 그대로!

2. $\dfrac{9}{4} \div 3 = \dfrac{\boxed{3}}{4}$

3. $\dfrac{12}{5} \div 4 = \dfrac{3}{5}$

4. $\dfrac{25}{6} \div 5 = \dfrac{5}{6}$

5. $\dfrac{16}{7} \div 8 = \dfrac{2}{7}$

6. $\dfrac{15}{8} \div 3 = \dfrac{5}{8}$

7. $\dfrac{14}{9} \div 7 = \dfrac{2}{9}$

8. $\dfrac{21}{10} \div 3 = \dfrac{7}{10}$

9. $\dfrac{16}{11} \div 4 = \dfrac{4}{11}$

10. $\dfrac{18}{13} \div 9 = \dfrac{2}{13}$

11. $\dfrac{27}{14} \div 3 = \dfrac{9}{14}$

12. $\dfrac{22}{15} \div 11 = \dfrac{2}{15}$

04

❀ 계산하세요. 계산 결과가 가분수이면 대분수로 나타내어 보세요.

1. $\dfrac{15}{2} \div 5 = \dfrac{\boxed{15 \div 5}}{2} = \dfrac{\boxed{3}}{2} = \boxed{1\dfrac{1}{2}}$ （대분수）

2. $\dfrac{28}{3} \div 7 = \dfrac{4}{3} = 1\dfrac{1}{3}$

3. $\dfrac{27}{4} \div 3 = \dfrac{9}{4} = 2\dfrac{1}{4}$

4. $\dfrac{24}{5} \div 4 = \dfrac{6}{5} = 1\dfrac{1}{5}$

5. $\dfrac{35}{6} \div 5 = \dfrac{7}{6} = 1\dfrac{1}{6}$

6. $\dfrac{30}{7} \div 3 = \dfrac{10}{7} = 1\dfrac{3}{7}$

7. $\dfrac{45}{8} \div 5 = \dfrac{9}{8} = 1\dfrac{1}{8}$

8. $\dfrac{28}{9} \div 2 = \dfrac{14}{9} = 1\dfrac{5}{9}$

9. $\dfrac{33}{10} \div 3 = \dfrac{11}{10} = 1\dfrac{1}{10}$

10. $\dfrac{26}{11} \div 2 = \dfrac{13}{11} = 1\dfrac{2}{11}$

11. $\dfrac{56}{13} \div 4 = \dfrac{14}{13} = 1\dfrac{1}{13}$

12. $\dfrac{51}{14} \div 3 = \dfrac{17}{14} = 1\dfrac{3}{14}$

05 분자가 자연수의 배수가 아닌 (분수)÷(자연수)

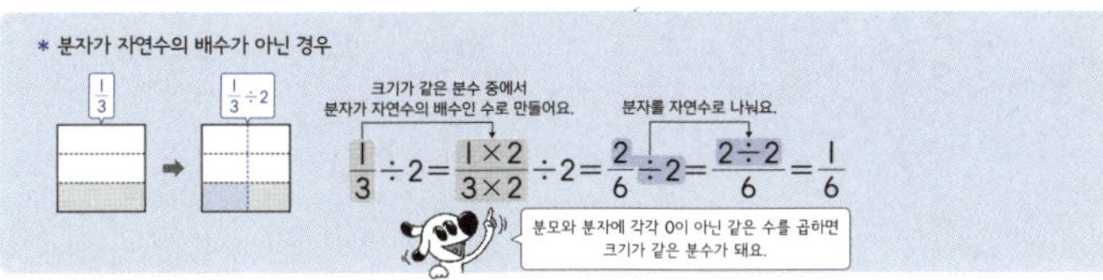

❋ 분자가 자연수의 배수인 크기가 같은 분수로 만들어 계산하세요.

① 2/5 ÷ 3
$$\frac{2}{5} \div 3 = \frac{2 \times 3}{5 \times 3} \div 3 = \frac{6}{15} \div 3 = \frac{6 \div 3}{15} = \frac{2}{15}$$

② 5/6 ÷ 4
$$\frac{5}{6} \div 4 = \frac{5 \times 4}{6 \times 4} \div 4 = \frac{20}{24} \div 4 = \frac{20 \div 4}{24} = \frac{5}{24}$$

자연수 4를 분자와 분모에 각각 곱하면 분자가 4의 배수인 가장 간단한 분수가 돼요.

③ 4/7 ÷ 5
$$\frac{4}{7} \div 5 = \frac{4 \times 5}{7 \times 5} \div 5 = \frac{20}{35} \div 5 = \frac{20 \div 5}{35} = \frac{4}{35}$$

④ 3/8 ÷ 7
$$\frac{3}{8} \div 7 = \frac{3 \times 7}{8 \times 7} \div 7 = \frac{21}{56} \div 7 = \frac{21 \div 7}{56} = \frac{3}{56}$$

⑤ 5/9 ÷ 8
$$\frac{5}{9} \div 8 = \frac{5 \times 8}{9 \times 8} \div 8 = \frac{40}{72} \div 8 = \frac{40 \div 8}{72} = \frac{5}{72}$$

05

❋ 분자가 자연수의 배수인 크기가 같은 분수로 만들어 계산하세요.

① 3/4 ÷ 2
$$\frac{3}{4} \div 2 = \frac{3 \times 2}{4 \times 2} \div 2 = \frac{6}{8} \div 2 = \frac{6 \div 2}{8} = \frac{3}{8}$$

분자가 2의 배수인 가장 간단한 분수로 만들어 보세요.

② 4/5 ÷ 3
$$\frac{4}{5} \div 3 = \frac{12}{15} \div 3 = \frac{4}{15}$$

③ 5/7 ÷ 4
$$\frac{5}{7} \div 4 = \frac{20}{28} \div 4 = \frac{5}{28}$$

④ 7/8 ÷ 3
$$\frac{7}{8} \div 3 = \frac{21}{24} \div 3 = \frac{7}{24}$$

⑤ 4/9 ÷ 5
$$\frac{4}{9} \div 5 = \frac{20}{45} \div 5 = \frac{4}{45}$$

⑥ 3/10 ÷ 7
$$\frac{3}{10} \div 7 = \frac{21}{70} \div 7 = \frac{3}{70}$$

⑦ 5/11 ÷ 2
$$\frac{5}{11} \div 2 = \frac{10}{22} \div 2 = \frac{5}{22}$$

⑧ 8/13 ÷ 3
$$\frac{8}{13} \div 3 = \frac{24}{39} \div 3 = \frac{8}{39}$$

앗! 실수

⑨ 1/6 ÷ 6
$$\frac{1}{6} \div 6 = \frac{6}{36} \div 6 = \frac{1}{36}$$

조심! 분모를 자연수로 나누지 않도록 주의해요.

⑩ 3/10 ÷ 5
$$\frac{3}{10} \div 5 = \frac{15}{50} \div 5 = \frac{3}{50}$$

⑪ 11/12 ÷ 3
$$\frac{11}{12} \div 3 = \frac{33}{36} \div 3 = \frac{11}{36}$$

---

06 분자가 자연수의 배수가 아닌 (분수)÷(자연수) 한 번 더!

❋ 분자가 자연수의 배수인 크기가 같은 분수로 만들어 계산하세요.

① 2/3 ÷ 5
$$\frac{2}{3} \div 5 = \frac{10 \div 5}{15} = \frac{2}{15}$$

크기가 같은 분수 중에서 분자가 자연수의 배수인 수로 만들어요.
→ $\frac{2}{3} = \frac{10}{15}$

② 3/5 ÷ 4
$$\frac{3}{5} \div 4 = \frac{12 \div 4}{20} = \frac{3}{20}$$

③ 5/7 ÷ 3
$$\frac{5}{7} \div 3 = \frac{15 \div 3}{21} = \frac{5}{21}$$

④ 3/8 ÷ 2
$$\frac{3}{8} \div 2 = \frac{6 \div 2}{16} = \frac{3}{16}$$

⑤ 8/9 ÷ 3
$$\frac{8}{9} \div 3 = \frac{24 \div 3}{27} = \frac{8}{27}$$

⑥ 7/10 ÷ 5
$$\frac{7}{10} \div 5 = \frac{35 \div 5}{50} = \frac{7}{50}$$

⑦ 6/11 ÷ 5
$$\frac{6}{11} \div 5 = \frac{30 \div 5}{55} = \frac{6}{55}$$

⑧ 5/12 ÷ 4
$$\frac{5}{12} \div 4 = \frac{20 \div 4}{48} = \frac{5}{48}$$

⑨ 9/13 ÷ 5
$$\frac{9}{13} \div 5 = \frac{45 \div 5}{65} = \frac{9}{65}$$

⑩ 3/14 ÷ 2
$$\frac{3}{14} \div 2 = \frac{6 \div 2}{28} = \frac{3}{28}$$

⑪ 13/15 ÷ 3
$$\frac{13}{15} \div 3 = \frac{39 \div 3}{45} = \frac{13}{45}$$

⑫ 11/16 ÷ 2
$$\frac{11}{16} \div 2 = \frac{22 \div 2}{32} = \frac{11}{32}$$

06

❋ 분자가 자연수의 배수인 크기가 같은 분수로 만들어 계산하세요.

① 3/7 ÷ 5
$$\frac{3}{7} \div 5 = \frac{15 \div 5}{35} = \frac{3}{35}$$

② 5/8 ÷ 2
$$\frac{5}{8} \div 2 = \frac{10 \div 2}{16} = \frac{5}{16}$$

③ 7/9 ÷ 6
$$\frac{7}{9} \div 6 = \frac{42 \div 6}{54} = \frac{7}{54}$$

④ 9/10 ÷ 4
$$\frac{9}{10} \div 4 = \frac{36 \div 4}{40} = \frac{9}{40}$$

⑤ 4/11 ÷ 7
$$\frac{4}{11} \div 7 = \frac{28 \div 7}{77} = \frac{4}{77}$$

⑥ 5/12 ÷ 2
$$\frac{5}{12} \div 2 = \frac{10 \div 2}{24} = \frac{5}{24}$$

⑦ 7/13 ÷ 3
$$\frac{7}{13} \div 3 = \frac{21 \div 3}{39} = \frac{7}{39}$$

⑧ 9/14 ÷ 2
$$\frac{9}{14} \div 2 = \frac{18 \div 2}{28} = \frac{9}{28}$$

⑨ 11/15 ÷ 4
$$\frac{11}{15} \div 4 = \frac{44 \div 4}{60} = \frac{11}{60}$$

⑩ 5/16 ÷ 3
$$\frac{5}{16} \div 3 = \frac{15 \div 3}{48} = \frac{5}{48}$$

⑪ 15/17 ÷ 2
$$\frac{15}{17} \div 2 = \frac{30 \div 2}{34} = \frac{15}{34}$$

⑫ 13/18 ÷ 5
$$\frac{13}{18} \div 5 = \frac{65 \div 5}{90} = \frac{13}{90}$$

07 분수의 나눗셈을 분수의 곱셈으로 풀어 보자 

❀ 나눗셈을 곱셈으로 바꾸어 계산하세요.

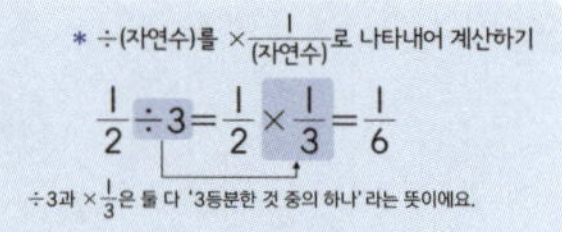

① $\dfrac{2}{3} \div 7 = \dfrac{2}{3} \times \dfrac{1}{\boxed{7}} = \dfrac{2}{\boxed{21}}$

⑥ $\dfrac{5}{8} \div 6 = \dfrac{5}{8} \times \dfrac{1}{6} = \dfrac{5}{48}$

② $\dfrac{3}{4} \div 2 = \dfrac{3}{4} \times \dfrac{1}{2} = \dfrac{3}{8}$

⑦ $\dfrac{2}{9} \div 5 = \dfrac{2}{9} \times \dfrac{1}{5} = \dfrac{2}{45}$

③ $\dfrac{4}{5} \div 5 = \dfrac{4}{5} \times \dfrac{1}{5} = \dfrac{4}{25}$

⑧ $\dfrac{3}{10} \div 2 = \dfrac{3}{10} \times \dfrac{1}{2} = \dfrac{3}{20}$

④ $\dfrac{5}{6} \div 3 = \dfrac{5}{6} \times \dfrac{1}{3} = \dfrac{5}{18}$

⑨ $\dfrac{7}{11} \div 5 = \dfrac{7}{11} \times \dfrac{1}{5} = \dfrac{7}{55}$

⑤ $\dfrac{4}{7} \div 7 = \dfrac{4}{7} \times \dfrac{1}{7} = \dfrac{4}{49}$

⑩ $\dfrac{7}{12} \div 4 = \dfrac{7}{12} \times \dfrac{1}{4} = \dfrac{7}{48}$

---

07 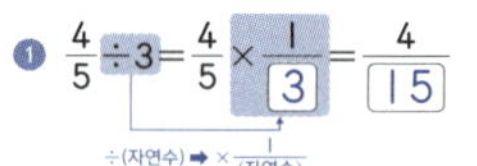

❀ 나눗셈을 곱셈으로 바꾸어 계산하세요.

$$\dfrac{\bullet}{\blacksquare} \div \blacktriangle = \dfrac{\bullet}{\blacksquare} \times \dfrac{1}{\blacktriangle}$$

① $\dfrac{4}{5} \div 3 = \dfrac{4}{5} \times \dfrac{1}{\boxed{3}} = \dfrac{4}{\boxed{15}}$

⑦ $\dfrac{2}{11} \div 7 = \dfrac{2}{11} \times \dfrac{1}{7} = \dfrac{2}{77}$

② $\dfrac{1}{6} \div 4 = \dfrac{1}{6} \times \dfrac{1}{4} = \dfrac{1}{24}$

⑧ $\dfrac{7}{12} \div 5 = \dfrac{7}{12} \times \dfrac{1}{5} = \dfrac{7}{60}$

③ $\dfrac{3}{7} \div 2 = \dfrac{3}{7} \times \dfrac{1}{2} = \dfrac{3}{14}$

⑨ $\dfrac{9}{13} \div 4 = \dfrac{9}{13} \times \dfrac{1}{4} = \dfrac{9}{52}$

④ $\dfrac{3}{8} \div 7 = \dfrac{3}{8} \times \dfrac{1}{7} = \dfrac{3}{56}$

⑩ $\dfrac{11}{14} \div 3 = \dfrac{11}{14} \times \dfrac{1}{3} = \dfrac{11}{42}$

⑤ $\dfrac{8}{9} \div 5 = \dfrac{8}{9} \times \dfrac{1}{5} = \dfrac{8}{45}$

⑪ $\dfrac{8}{15} \div 5 = \dfrac{8}{15} \times \dfrac{1}{5} = \dfrac{8}{75}$

⑥ $\dfrac{7}{10} \div 6 = \dfrac{7}{10} \times \dfrac{1}{6} = \dfrac{7}{60}$

⑫ $\dfrac{15}{16} \div 4 = \dfrac{15}{16} \times \dfrac{1}{4} = \dfrac{15}{64}$

---

08 (가분수)÷(자연수)도 분수의 곱셈으로 풀어 보자 

❀ 나눗셈을 곱셈으로 바꾸어 계산하세요.

① $\dfrac{3}{2} \div 2 = \dfrac{3}{2} \times \dfrac{1}{2} = \dfrac{3}{\boxed{4}}$

⑦ $\dfrac{23}{8} \div 3 = \dfrac{23}{8} \times \dfrac{1}{3} = \dfrac{23}{24}$

② $\dfrac{5}{3} \div 4 = \dfrac{5}{3} \times \dfrac{1}{\boxed{4}} = \dfrac{5}{\boxed{12}}$

⑧ $\dfrac{20}{9} \div 7 = \dfrac{20}{9} \times \dfrac{1}{7} = \dfrac{20}{63}$

③ $\dfrac{9}{4} \div 5 = \dfrac{9}{4} \times \dfrac{1}{5} = \dfrac{9}{20}$

⑨ $\dfrac{21}{10} \div 4 = \dfrac{21}{10} \times \dfrac{1}{4} = \dfrac{21}{40}$

④ $\dfrac{8}{5} \div 3 = \dfrac{8}{5} \times \dfrac{1}{3} = \dfrac{8}{15}$

⑩ $\dfrac{27}{11} \div 5 = \dfrac{27}{11} \times \dfrac{1}{5} = \dfrac{27}{55}$

⑤ $\dfrac{11}{6} \div 2 = \dfrac{11}{6} \times \dfrac{1}{2} = \dfrac{11}{12}$

⑪ $\dfrac{19}{12} \div 8 = \dfrac{19}{12} \times \dfrac{1}{8} = \dfrac{19}{96}$

⑥ $\dfrac{13}{7} \div 6 = \dfrac{13}{7} \times \dfrac{1}{6} = \dfrac{13}{42}$

⑫ $\dfrac{25}{14} \div 6 = \dfrac{25}{14} \times \dfrac{1}{6} = \dfrac{25}{84}$

---

08 

❀ 나눗셈을 곱셈으로 바꾸어 계산해요.

① $\dfrac{4}{3} \div 5 = \dfrac{4}{3} \times \dfrac{1}{5} = \dfrac{4}{15}$

⑦ $\dfrac{9}{7} \div 14 = \dfrac{9}{7} \times \dfrac{1}{14} = \dfrac{9}{98}$

② $\dfrac{5}{3} \div 7 = \dfrac{5}{3} \times \dfrac{1}{7} = \dfrac{5}{21}$

⑧ $\dfrac{11}{10} \div 12 = \dfrac{11}{10} \times \dfrac{1}{12} = \dfrac{11}{120}$

③ $\dfrac{7}{4} \div 2 = \dfrac{7}{4} \times \dfrac{1}{2} = \dfrac{7}{8}$

⑨ $\dfrac{14}{11} \div 15 = \dfrac{14}{11} \times \dfrac{1}{15} = \dfrac{14}{165}$

④ $\dfrac{9}{5} \div 8 = \dfrac{9}{5} \times \dfrac{1}{8} = \dfrac{9}{40}$

⑩ $\dfrac{13}{12} \div 3 = \dfrac{13}{12} \times \dfrac{1}{3} = \dfrac{13}{36}$

⑤ $\dfrac{11}{6} \div 9 = \dfrac{11}{6} \times \dfrac{1}{9} = \dfrac{11}{54}$

⑪ $\dfrac{16}{13} \div 3 = \dfrac{16}{13} \times \dfrac{1}{3} = \dfrac{16}{39}$

⑥ $\dfrac{8}{7} \div 6 = \dfrac{8}{7} \times \dfrac{1}{6} = \dfrac{8}{42}$

⑫ $\dfrac{25}{13} \div 9 = \dfrac{25}{13} \times \dfrac{1}{9} = \dfrac{25}{117}$

09 분수의 곱셈으로 나타낸 다음 약분이 되면 먼저 약분! 

나눗셈을 곱셈으로 바꾸어 계산하고, 기약분수로 나타내세요.

보기: $\dfrac{2}{3} \div 4 = \dfrac{2}{3} \times \dfrac{1}{4} = \dfrac{1}{6}$

곱셈을 하기 전에 약분을 먼저 하면 계산이 쉬워요.

나눗셈을 곱셈으로 바꾼 다음 약분이 되면 약분해 계산해요.

1. $\dfrac{3}{4} \div 9 = \dfrac{3}{4} \times \dfrac{1}{9} = \dfrac{1}{12}$

2. $\dfrac{4}{5} \div 6 = \dfrac{4}{5} \times \dfrac{1}{6} = \dfrac{2}{15}$

3. $\dfrac{2}{7} \div 8 = \dfrac{2}{7} \times \dfrac{1}{8} = \dfrac{1}{28}$

4. $\dfrac{3}{8} \div 6 = \dfrac{3}{8} \times \dfrac{1}{6} = \dfrac{1}{16}$

5. $\dfrac{4}{9} \div 10 = \dfrac{4}{9} \times \dfrac{1}{10} = \dfrac{2}{45}$

6. $\dfrac{9}{10} \div 12 = \dfrac{9}{10} \times \dfrac{1}{12} = \dfrac{3}{40}$

7. $\dfrac{4}{11} \div 8 = \dfrac{4}{11} \times \dfrac{1}{8} = \dfrac{1}{22}$

8. $\dfrac{5}{12} \div 15 = \dfrac{5}{12} \times \dfrac{1}{15} = \dfrac{1}{36}$

9. $\dfrac{6}{13} \div 8 = \dfrac{6}{13} \times \dfrac{1}{8} = \dfrac{3}{52}$

10. $\dfrac{9}{14} \div 3 = \dfrac{9}{14} \times \dfrac{1}{3} = \dfrac{3}{14}$

11. $\dfrac{4}{15} \div 12 = \dfrac{4}{15} \times \dfrac{1}{12} = \dfrac{1}{45}$

09 

나눗셈을 곱셈으로 바꾸어 계산하고, 기약분수로 나타내세요.

1. $\dfrac{3}{4} \div 6 = \dfrac{3}{4} \times \dfrac{1}{6} = \dfrac{1}{8}$

2. $\dfrac{4}{5} \div 8 = \dfrac{4}{5} \times \dfrac{1}{8} = \dfrac{1}{10}$

3. $\dfrac{5}{6} \div 15 = \dfrac{5}{6} \times \dfrac{1}{15} = \dfrac{1}{18}$

4. $\dfrac{2}{7} \div 4 = \dfrac{2}{7} \times \dfrac{1}{4} = \dfrac{1}{14}$

5. $\dfrac{5}{8} \div 10 = \dfrac{5}{8} \times \dfrac{1}{10} = \dfrac{1}{16}$

6. $\dfrac{2}{9} \div 8 = \dfrac{2}{9} \times \dfrac{1}{8} = \dfrac{1}{36}$

7. $\dfrac{3}{10} \div 9 = \dfrac{3}{10} \times \dfrac{1}{9} = \dfrac{1}{30}$

8. $\dfrac{4}{11} \div 6 = \dfrac{4}{11} \times \dfrac{1}{6} = \dfrac{2}{33}$

앗 실수

9. $\dfrac{7}{12} \div 14 = \dfrac{7}{12} \times \dfrac{1}{14} = \dfrac{1}{24}$

10. $\dfrac{8}{15} \div 12 = \dfrac{8}{15} \times \dfrac{1}{12} = \dfrac{2}{45}$

11. $\dfrac{15}{16} \div 12 = \dfrac{15}{16} \times \dfrac{1}{12} = \dfrac{5}{64}$

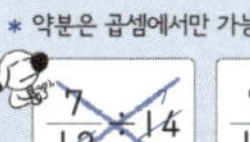
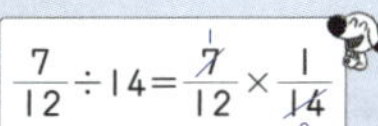

10 대분수는 반드시 가분수로 바꾼 다음 계산하자 

계산하세요.

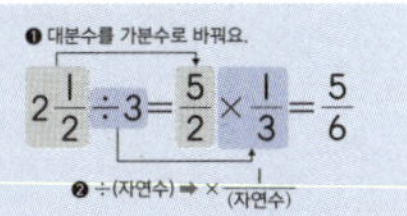

보기:
❶ 대분수를 가분수로 바꿔요.
$2\dfrac{1}{2} \div 3 = \dfrac{5}{2} \times \dfrac{1}{3} = \dfrac{5}{6}$
❷ ÷(자연수) → × $\dfrac{1}{(자연수)}$

1. $1\dfrac{2}{3} \div 2 = \dfrac{5}{3} \times \dfrac{1}{2} = \dfrac{5}{6}$

2. $1\dfrac{3}{4} \div 9 = \dfrac{7}{4} \times \dfrac{1}{9} = \dfrac{7}{36}$

3. $2\dfrac{1}{5} \div 4 = \dfrac{11}{5} \times \dfrac{1}{4} = \dfrac{11}{20}$

4. $1\dfrac{1}{6} \div 5 = \dfrac{7}{6} \times \dfrac{1}{5} = \dfrac{7}{30}$

5. $2\dfrac{3}{7} \div 6 = \dfrac{17}{7} \times \dfrac{1}{6} = \dfrac{17}{42}$

6. $1\dfrac{5}{8} \div 4 = \dfrac{13}{8} \times \dfrac{1}{4} = \dfrac{13}{32}$

7. $2\dfrac{4}{9} \div 7 = \dfrac{22}{9} \times \dfrac{1}{7} = \dfrac{22}{63}$

8. $1\dfrac{7}{10} \div 2 = \dfrac{17}{10} \times \dfrac{1}{2} = \dfrac{17}{20}$

9. $2\dfrac{3}{11} \div 8 = \dfrac{25}{11} \times \dfrac{1}{8} = \dfrac{25}{88}$

$2\dfrac{3}{13} \div 3 = 2\dfrac{3}{13} \times \dfrac{1}{3}$
대분수에서는 약분할 수 없어요.
$2\dfrac{3}{13} \div 3 = \dfrac{29}{13} \times \dfrac{1}{3}$
가분수로 바꾼 다음 계산해요!

10 

계산하세요.

1. $2\dfrac{1}{3} \div 4 = \dfrac{7}{3} \times \dfrac{1}{4} = \dfrac{7}{12}$

반드시 대분수를 가분수로 바꾼 다음 계산해요.

2. $5\dfrac{1}{4} \div 8 = \dfrac{21}{4} \times \dfrac{1}{8} = \dfrac{21}{32}$

3. $1\dfrac{4}{5} \div 5 = \dfrac{9}{5} \times \dfrac{1}{5} = \dfrac{9}{25}$

4. $2\dfrac{5}{6} \div 3 = \dfrac{17}{6} \times \dfrac{1}{3} = \dfrac{17}{18}$

5. $3\dfrac{1}{7} \div 5 = \dfrac{22}{7} \times \dfrac{1}{5} = \dfrac{22}{35}$

6. $2\dfrac{1}{8} \div 6 = \dfrac{17}{8} \times \dfrac{1}{6} = \dfrac{17}{48}$

7. $3\dfrac{1}{10} \div 4 = \dfrac{31}{10} \times \dfrac{1}{4} = \dfrac{31}{40}$

8. $1\dfrac{7}{11} \div 5 = \dfrac{18}{11} \times \dfrac{1}{5} = \dfrac{18}{55}$

9. $2\dfrac{1}{12} \div 3 = \dfrac{25}{12} \times \dfrac{1}{3} = \dfrac{25}{36}$

앗 실수

10. $1\dfrac{7}{9} \div 7 = \dfrac{16}{9} \times \dfrac{1}{7} = \dfrac{16}{63}$

주의! 대분수를 먼저 가분수로 바꾼 다음 계산해야 돼요.

11. $1\dfrac{12}{13} \div 3 = \dfrac{25}{13} \times \dfrac{1}{3} = \dfrac{25}{39}$

12. $1\dfrac{4}{15} \div 2 = \dfrac{19}{15} \times \dfrac{1}{2} = \dfrac{19}{30}$

11 약분이 되는 (대분수)÷(자연수) 

[illegible]do 계산하여 기약분수로 나타내세요.

대분수를 가분수로 바꾸고, 분수의 나눗셈을 분수의 곱셈으로 나타낸 다음 약분이 되면 약분해요.

1) $4\frac{1}{2} \div 6 = \frac{\cancel{9}^{3}}{2} \times \frac{1}{\cancel{6}_{2}} = \boxed{\dfrac{3}{4}}$

곱셈을 하기 전에 약분을 먼저 하면 수가 간단해져서 계산이 훨씬 쉬워요.

2) $2\frac{2}{3} \div 4 = \frac{\boxed{8}}{3} \times \frac{1}{\boxed{4}} = \frac{\boxed{2}}{3}$

3) $2\frac{1}{4} \div 3 = \frac{9}{4} \times \frac{1}{3} = \frac{3}{4}$

4) $3\frac{3}{5} \div 8 = \frac{18}{5} \times \frac{1}{8} = \frac{9}{20}$

5) $4\frac{1}{6} \div 5 = \frac{25}{6} \times \frac{1}{5} = \frac{5}{6}$

6) $2\frac{4}{7} \div 9 = \frac{18}{7} \times \frac{1}{9} = \frac{2}{7}$

7) $1\frac{7}{8} \div 3 = \frac{15}{8} \times \frac{1}{3} = \frac{5}{8}$

8) $3\frac{1}{9} \div 7 = \frac{28}{9} \times \frac{1}{7} = \frac{4}{9}$

9) $2\frac{1}{10} \div 9 = \frac{21}{10} \times \frac{1}{9} = \frac{7}{30}$

10) $1\frac{9}{11} \div 4 = \frac{20}{11} \times \frac{1}{4} = \frac{5}{11}$

11) $2\frac{1}{12} \div 5 = \frac{25}{12} \times \frac{1}{5} = \frac{5}{12}$

12) $1\frac{5}{13} \div 6 = \frac{18}{13} \times \frac{1}{6} = \frac{3}{13}$

11

⚙ 계산하여 기약분수로 나타내세요.

1) $7\frac{1}{2} \div 5 = \frac{15}{2} \times \frac{1}{\boxed{5}} = \frac{3}{2} = \boxed{1\frac{1}{2}}$ （대분수）

2) $6\frac{2}{3} \div 4 = \frac{20}{3} \times \frac{1}{4} = \frac{5}{3} = 1\frac{2}{3}$

3) $3\frac{1}{5} \div 2 = \frac{16}{5} \times \frac{1}{2} = \frac{8}{5} = 1\frac{3}{5}$

4) $8\frac{1}{6} \div 7 = \frac{49}{6} \times \frac{1}{7} = \frac{7}{6} = 1\frac{1}{6}$

5) $2\frac{6}{7} \div 2 = \frac{20}{7} \times \frac{1}{2} = \frac{10}{7} = 1\frac{3}{7}$

6) $5\frac{5}{8} \div 5 = \frac{45}{8} \times \frac{1}{5} = \frac{9}{8} = 1\frac{1}{8}$

7) $5\frac{5}{9} \div 5 = \frac{50}{9} \times \frac{1}{5} = \frac{10}{9} = 1\frac{1}{9}$

8) $3\frac{9}{10} \div 3 = \frac{39}{10} \times \frac{1}{3} = \frac{13}{10} = 1\frac{3}{10}$

9) $5\frac{9}{11} \div 4 = \frac{64}{11} \times \frac{1}{4} = \frac{16}{11} = 1\frac{5}{11}$

10) $3\frac{1}{13} \div 2 = \frac{40}{13} \times \frac{1}{2} = \frac{20}{13} = 1\frac{7}{13}$

11) $4\frac{4}{15} \div 4 = \frac{64}{15} \times \frac{1}{4} = \frac{16}{15} = 1\frac{1}{15}$

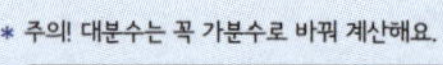
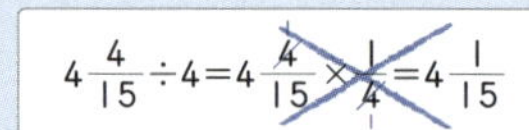

* 주의 대분수는 꼭 가분수로 바꿔 계산해요.

$4\frac{4}{15} \div 4 = 4\frac{4}{15} \times \frac{1}{4} = 4\frac{1}{15}$ （틀림）

대분수를 가분수로 바꾸지 않고 계산하면 잘못된 계산 결과가 나와요.

---

12 실수하기 쉬운 (대분수)÷(자연수) 연습 한 번 더!

⚙ 계산하여 기약분수 또는 대분수로 나타내세요.

대분수가 있으면 가분수로 바꾸는 게 먼저예요.

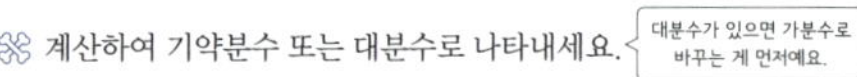
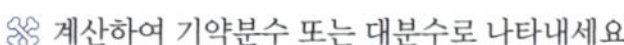

1) $2\frac{1}{2} \div 8 = \frac{5}{2} \times \frac{1}{8} = \frac{5}{16}$

2) $4\frac{2}{3} \div 9 = \frac{14}{3} \times \frac{1}{9} = \frac{14}{27}$

3) $2\frac{3}{4} \div 5 = \frac{11}{4} \times \frac{1}{5} = \frac{11}{20}$

4) $1\frac{2}{5} \div 3 = \frac{7}{5} \times \frac{1}{3} = \frac{7}{15}$

5) $1\frac{1}{6} \div 7 = \frac{7}{6} \times \frac{1}{7} = \frac{1}{6}$

6) $3\frac{3}{7} \div 8 = \frac{24}{7} \times \frac{1}{8} = \frac{3}{7}$

7) $4\frac{1}{2} \div 3 = \frac{9}{2} \times \frac{1}{3} = \frac{3}{2} = 1\frac{1}{2}$

8) $5\frac{1}{3} \div 4 = \frac{16}{3} \times \frac{1}{4} = \frac{4}{3} = 1\frac{1}{3}$

9) $6\frac{1}{4} \div 5 = \frac{25}{4} \times \frac{1}{5} = \frac{5}{4} = 1\frac{1}{4}$

10) $3\frac{3}{5} \div 2 = \frac{18}{5} \times \frac{1}{2} = \frac{9}{5} = 1\frac{4}{5}$

11) $5\frac{5}{6} \div 5 = \frac{35}{6} \times \frac{1}{5} = \frac{7}{6} = 1\frac{1}{6}$

12) $4\frac{6}{7} \div 2 = \frac{34}{7} \times \frac{1}{2} = \frac{17}{7} = 2\frac{3}{7}$

12

⚙ 계산하여 기약분수 또는 대분수로 나타내세요.

1) $3\frac{1}{8} \div 10 = \frac{25}{8} \times \frac{1}{10} = \frac{5}{16}$

2) $3\frac{3}{8} \div 3 = \frac{27}{8} \times \frac{1}{3} = \frac{9}{8} = 1\frac{1}{8}$

3) $1\frac{7}{9} \div 8 = \frac{16}{9} \times \frac{1}{8} = \frac{2}{9}$

4) $1\frac{3}{10} \div 13 = \frac{13}{10} \times \frac{1}{13} = \frac{1}{10}$

5) $3\frac{2}{11} \div 7 = \frac{35}{11} \times \frac{1}{7} = \frac{5}{11}$

6) $4\frac{1}{12} \div 14 = \frac{49}{12} \times \frac{1}{14} = \frac{7}{24}$

7) $2\frac{1}{13} \div 9 = \frac{27}{13} \times \frac{1}{9} = \frac{3}{13}$

8) $2\frac{5}{14} \div 11 = \frac{33}{14} \times \frac{1}{11} = \frac{3}{14}$

9) $1\frac{13}{15} \div 7 = \frac{28}{15} \times \frac{1}{7} = \frac{4}{15}$

10) $2\frac{3}{16} \div 5 = \frac{35}{16} \times \frac{1}{5} = \frac{7}{16}$

앗! 실수

11) $2\frac{6}{11} \div 2 = \frac{28}{11} \times \frac{1}{2} = \frac{14}{11} = 1\frac{3}{11}$

12) $3\frac{3}{13} \div 3 = \frac{42}{13} \times \frac{1}{3} = \frac{14}{13} = 1\frac{1}{13}$

13 분수의 나눗셈 완벽하게 끝내기

❈ 계산하여 기약분수로 나타내세요.

① $7 \div 12 = \dfrac{7}{12}$

② $8 \div 20 = \dfrac{2}{5}$

③ $15 \div 7 = 2\dfrac{1}{7}$

④ $\dfrac{3}{11} \div 4 = \dfrac{3}{44}$

⑤ $\dfrac{6}{13} \div 3 = \dfrac{2}{13}$

⑥ $\dfrac{7}{8} \div 14 = \dfrac{1}{16}$

⑦ $\dfrac{14}{13} \div 3 = \dfrac{14}{39}$

⑧ $\dfrac{16}{5} \div 8 = \dfrac{2}{5}$

⑨ $\dfrac{25}{12} \div 15 = \dfrac{5}{36}$

⑩ $3\dfrac{3}{8} \div 5 = \dfrac{27}{8} \div 5 = \dfrac{27}{40}$

⑪ $8\dfrac{3}{4} \div 14 = \dfrac{35}{4} \div 14 = \dfrac{5}{8}$

⑫ $1\dfrac{5}{11} \div 20 = \dfrac{16}{11} \div 20 = \dfrac{4}{55}$

13

❈ 빈칸에 알맞은 기약분수를 써넣으세요.

① 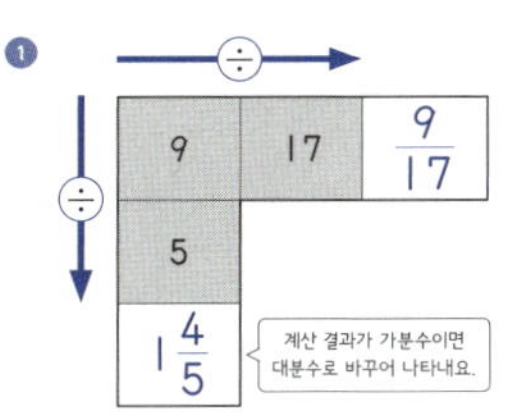

계산 결과가 가분수이면 대분수로 바꾸어 나타내요.

② 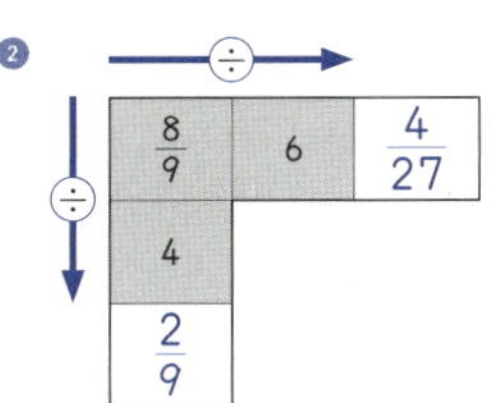

③ 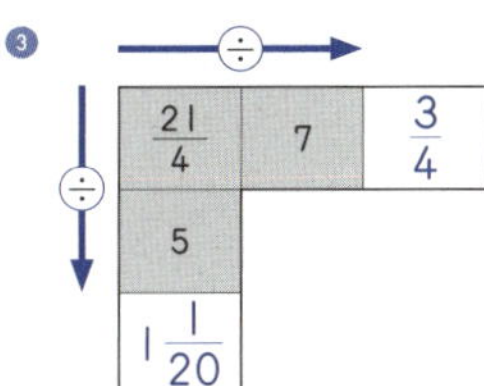

④ 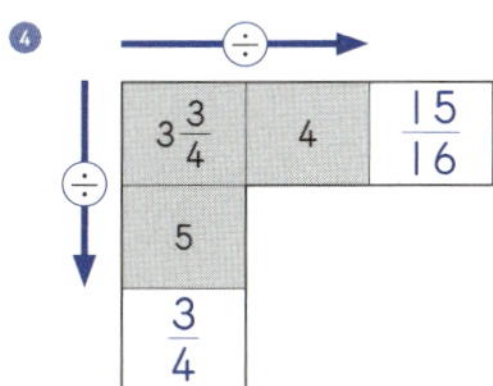

⑤ 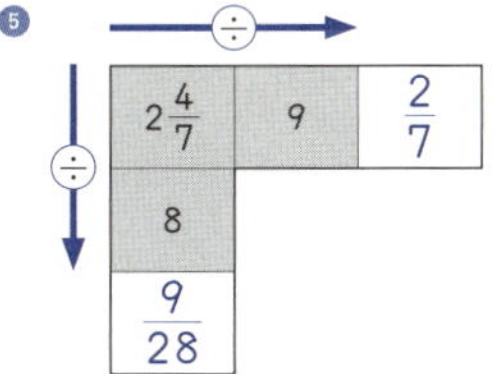

분수의 나눗셈에서는 두 가지를 꼭 기억해요. 대분수는 바로 나눌 수 없으니 먼저 가분수로! 약분은 나눗셈을 곱셈으로 바꾼 다음 가능해요!

14 생활 속 연산 – 분수의 나눗셈

❈ 그림을 보고 □ 안에 알맞은 기약분수를 써넣으세요.

① 
팬케이크 4개를 구웠습니다. 친구 6명이 똑같이 나누어 먹으면 한 사람이 $\dfrac{2}{3}$ 개씩 먹을 수 있습니다.

② 
서영이가 감기에 걸려서 감기약 $\dfrac{80}{3}$ mL를 4일 동안 똑같이 나누어 먹으려고 합니다.
서영이는 하루에 $6\dfrac{2}{3}$ mL씩 먹어야 합니다.
계산 결과가 가분수이면 대분수로 바꾸어 나타내요.

③ 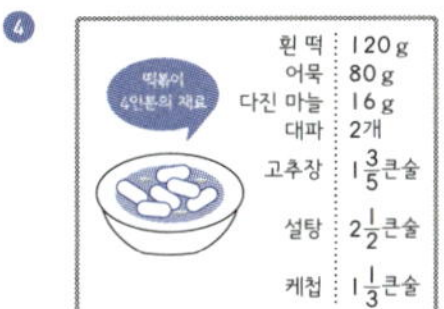
다정이는 색 테이프 $5\dfrac{4}{7}$ m를 3등분하여 선물 상자 3개를 포장하였습니다. 선물 상자 한 개를 포장하는 데 사용한 색 테이프는 $1\dfrac{6}{7}$ m입니다.

④ 떡볶이 1인분을 만드는 데 필요한 재료의 양을 구하면 흰 떡은 30 g, 어묵은 20 g, 다진 마늘은 4 g, 대파는 $\dfrac{1}{2}$ 개, 고추장은 $\dfrac{2}{5}$ 큰술, 설탕은 $\dfrac{5}{8}$ 큰술, 케첩은 $\dfrac{1}{3}$ 큰술입니다.

떡볶이 4인분의 재료	
흰 떡	120 g
어묵	80 g
다진 마늘	16 g
대파	2개
고추장	$1\dfrac{3}{5}$큰술
설탕	$2\dfrac{1}{2}$큰술
케첩	$1\dfrac{1}{3}$큰술

14 꿀떡! 연산 간식

❈ 친구들이 사다리 타기 게임을 하고 있습니다. 주어진 나눗셈의 몫을 사다리를 타고 내려가서 도착한 곳에 기약분수로 써넣으세요.

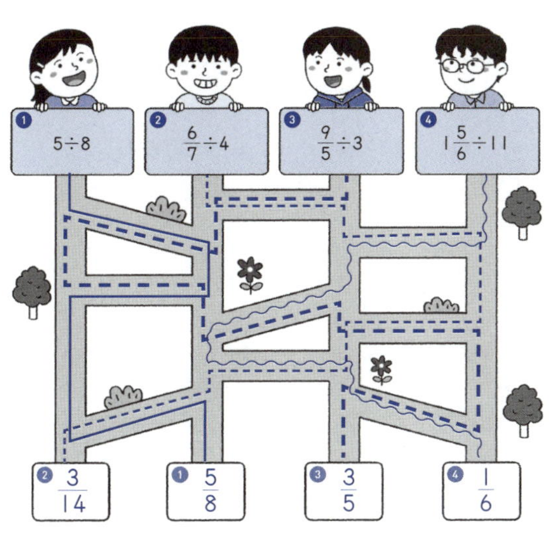

첫째 마당 통과 문제 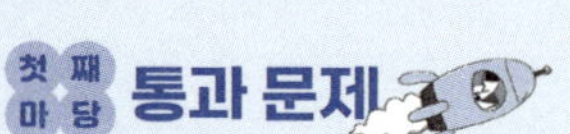

*틀린 문제는 꼭 다시 확인하고 넘어가요!

❋ □ 안에 알맞은 분수를 써넣으세요.

1차시
① $8 \div 11 = \dfrac{8}{11}$

1차시
② $5 \div 7 = \dfrac{5}{7}$

2차시 (대분수)
③ $3 \div 2 = 1\dfrac{1}{2}$

2차시 (대분수)
④ $5 \div 3 = 1\dfrac{2}{3}$

7차시
⑤ $\dfrac{3}{8} \div 4 = \dfrac{3}{32}$

7차시
⑥ $\dfrac{1}{9} \div 7 = \dfrac{1}{63}$

9차시 (기약분수)
⑦ $\dfrac{5}{12} \div 15 = \dfrac{1}{36}$

11차시 (기약분수)
⑧ $2\dfrac{3}{4} \div 11 = \dfrac{1}{4}$

11차시 (기약분수)
⑨ $2\dfrac{1}{7} \div 5 = \dfrac{3}{7}$

11차시 (기약분수)
⑩ $5\dfrac{5}{12} \div 20 = \dfrac{13}{48}$

11차시 (대분수)
⑪ $4\dfrac{4}{9} \div 4 = 1\dfrac{1}{9}$

11차시 (대분수)
⑫ $7\dfrac{1}{3} \div 6 = 1\dfrac{2}{9}$

14차시
⑬ 길이가 6 cm인 색 테이프를 8등분 하려고 합니다. 한 도막의 길이는 $\dfrac{3}{4}$ cm입니다.

기약분수로 나타내요

15 자연수의 나눗셈을 이용하여 소수의 나눗셈을 하자
집중 시간 3분

❋ 자연수의 나눗셈을 이용하여 소수의 나눗셈을 하세요.

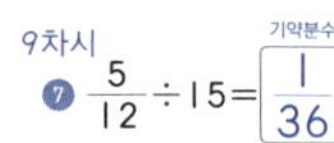
$248 \div 2 = 124$ ($\dfrac{1}{10}$배) → $24.8 \div 2 = 12.4$

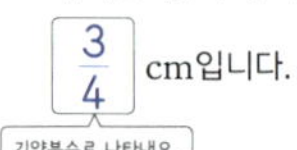
$248 \div 2 = 124$ ($\dfrac{1}{100}$배) → $2.48 \div 2 = 1.24$

➡ 나누는 수는 그대로이고 나누어지는 수가 $\dfrac{1}{10}$배, $\dfrac{1}{100}$배가 되면 몫도 $\dfrac{1}{10}$배, $\dfrac{1}{100}$배가 되므로 몫의 소수점은 왼쪽으로 한 칸, 두 칸 이동합니다.

① 
$396 \div 3 = 132$
$\dfrac{1}{10}$배 → $39.6 \div 3 = 13.2$

④ 
$484 \div 4 = 121$
$\dfrac{1}{100}$배 → $4.84 \div 4 = 1.21$

② 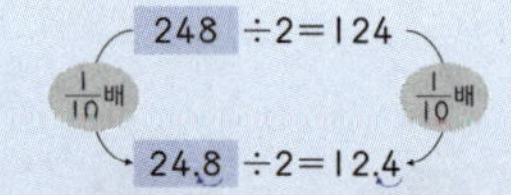
$564 \div 4 = 141$
$\dfrac{1}{10}$배 → $56.4 \div 4 = 14.1$

⑤ 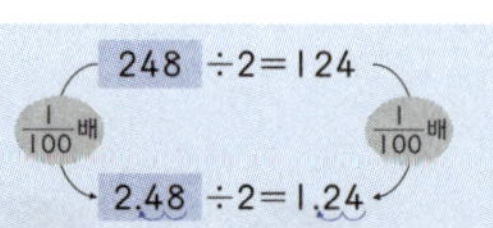
$972 \div 3 = 324$
$\dfrac{1}{100}$배 → $9.72 \div 3 = 3.24$

③ 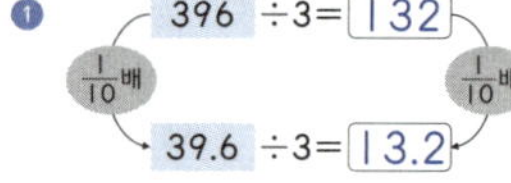
$707 \div 7 = 101$
$\dfrac{1}{10}$배 → $70.7 \div 7 = 10.1$

⑥ 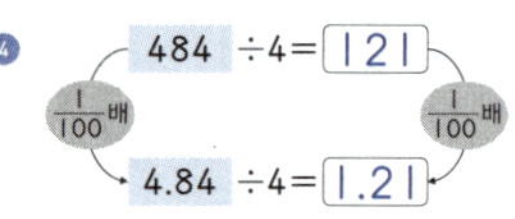
$805 \div 5 = 161$
$\dfrac{1}{100}$배 → $8.05 \div 5 = 1.61$

집중 시간 4분

❋ 자연수의 나눗셈을 이용하여 소수의 나눗셈을 하세요.

$\dfrac{1}{10}$배가 되면 소수점이 왼쪽으로 1칸!
$\dfrac{1}{100}$배가 되면 소수점이 왼쪽으로 2칸!

① 
$\dfrac{1}{100}$배 $\dfrac{1}{10}$배
$482 \div 2 = 241$ ($\dfrac{1}{10}$배)
$48.2 \div 2 = 24.1$ ($\dfrac{1}{100}$배)
$4.82 \div 2 = 2.41$

② 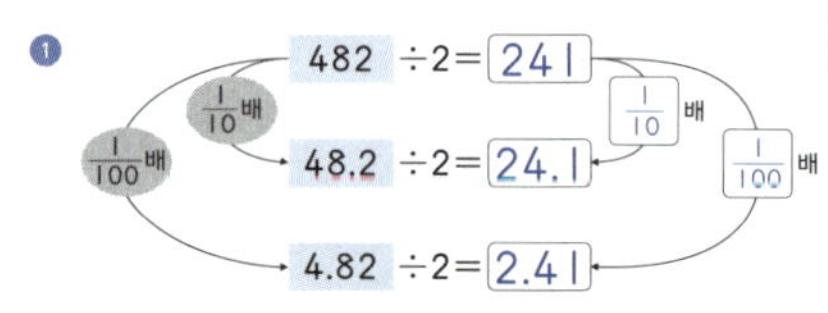
$\dfrac{1}{100}$배 $\dfrac{1}{10}$배
$471 \div 3 = 157$
$47.1 \div 3 = 15.7$ ($\dfrac{1}{10}$배)
$4.71 \div 3 = 1.57$ ($\dfrac{1}{100}$배)

😵 앗! 실수

③ 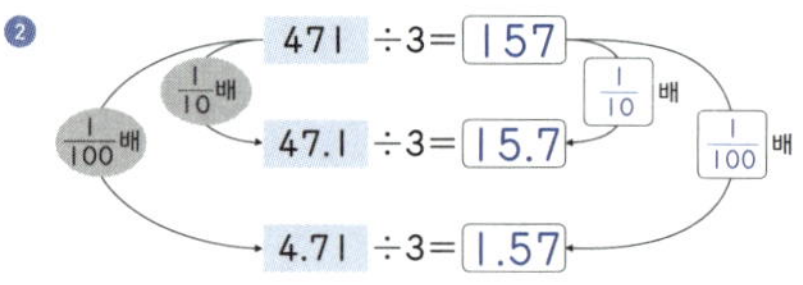
$\dfrac{1}{100}$배 $\dfrac{1}{10}$배
$804 \div 4 = 201$
$80.4 \div 4 = 20.1$ ($\dfrac{1}{10}$배)
$8.04 \div 4 = 2.01$ ($\dfrac{1}{100}$배)

몫에 0을 빠뜨리지 않도록 주의해요

④ 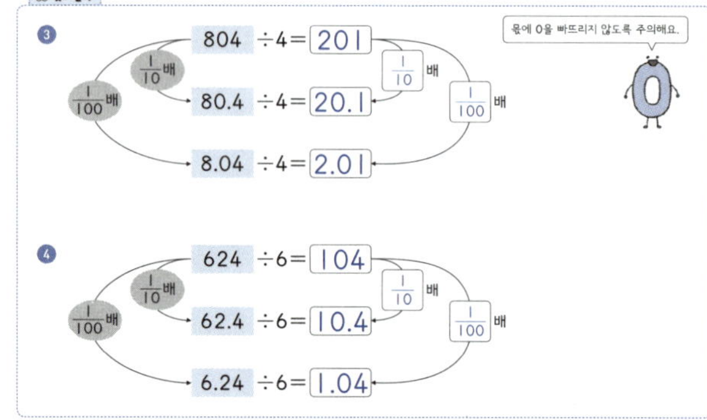
$\dfrac{1}{100}$배 $\dfrac{1}{10}$배
$624 \div 6 = 104$
$62.4 \div 6 = 10.4$ ($\dfrac{1}{10}$배)
$6.24 \div 6 = 1.04$ ($\dfrac{1}{100}$배)

16 자연수의 나눗셈을 이용하여 소수의 나눗셈 한 번 더!

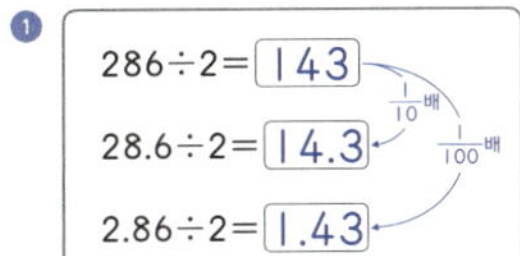

❈ 자연수의 나눗셈을 이용하여 소수의 나눗셈을 하세요.

①
$286 \div 2 = 143$
$28.6 \div 2 = 14.3$
$2.86 \div 2 = 1.43$

$395 \div 5 = 79$
$39.5 \div 5 = 7.9$
$3.95 \div 5 = 0.79$

②
$693 \div 3 = 231$
$69.3 \div 3 = 23.1$
$6.93 \div 3 = 2.31$

⑤
$756 \div 7 = 108$
$75.6 \div 7 = 10.8$
$7.56 \div 7 = 1.08$

③
$848 \div 4 = 212$
$84.8 \div 4 = 21.2$
$8.48 \div 4 = 2.12$

⑥
$978 \div 6 = 163$
$97.8 \div 6 = 16.3$
$9.78 \div 6 = 1.63$

④
$909 \div 9 = 101$
$90.9 \div 9 = 10.1$
$9.09 \div 9 = 1.01$

⑦
$376 \div 4 = 94$
$37.6 \div 4 = 9.4$
$3.76 \div 4 = 0.94$

16

❈ 자연수의 나눗셈을 이용하여 소수의 나눗셈을 하세요.

① $135 \div 3 = 45$
➡ $13.5 \div 3 = 4.5$

⑥ $836 \div 11 = 76$
➡ $83.6 \div 11 = 7.6$

② $417 \div 3 = 139$
➡ $4.17 \div 3 = 1.39$

⑦ $476 \div 7 = 68$
➡ $4.76 \div 7 = 0.68$

③ $676 \div 4 = 169$
➡ $67.6 \div 4 = 16.9$

⑧ $816 \div 6 = 136$
➡ $81.6 \div 6 = 13.6$

④ $592 \div 8 = 74$
➡ $59.2 \div 8 = 7.4$

앗! 실수

⑨ $560 \div 4 = 140$
➡ $5.6 \div 4 = 1.4$

⑤ $783 \div 9 = 87$
➡ $7.83 \div 9 = 0.87$

⑩ $990 \div 6 = 165$
➡ $9.9 \div 6 = 1.65$

---

17 소수의 나눗셈은 분수의 나눗셈으로도 풀 수 있어

❈ 분수의 나눗셈으로 나타내어 계산하세요. (계산 결과는 소수로 나타내야 해요.)

* 소수의 나눗셈 – 분수의 나눗셈으로 나타내어 계산하기

$$\cdot\, 8.6 \div 2 = \frac{86}{10} \div 2 = \frac{86 \div 2}{10} = \frac{43}{10} = 4.3$$
분모가 10인 분수로 바꿔요.

➡ 소수를 분모가 10인 분수로 바꾸어 나눈 다음 다시 소수로 나타내요.

$86 \div 5$는 나누어떨어지지 않아요.
$$\cdot\, 8.6 \div 5 = \frac{86}{10} \div 5 = \frac{860}{100} \div 5 = \frac{860 \div 5}{100} = \frac{172}{100} = 1.72$$
분모가 100인 분수로 다시 바꿔요.

➡ 분모가 10인 분수의 분자가 자연수로 나누어떨어지지 않으면 분모가 100인 분수로 다시 바꿔요.

① $29.4 \div 6 = \dfrac{294}{10} \div 6 = \dfrac{294 \div 6}{10} = \dfrac{49}{10} = 4.9$
소수 한 자리 수는 분모가 10인 분수로 바꿔요.

② $32.4 \div 2 = \dfrac{324}{10} \div 2 = \dfrac{324 \div 2}{10} = \dfrac{162}{10} = 16.2$

③ $7.48 \div 4 = \dfrac{748}{100} \div 4 = \dfrac{748 \div 4}{100} = \dfrac{187}{100} = 1.87$
소수 두 자리 수는 분모가 100인 분수로 바꿔요.

④ $19.8 \div 4 = \dfrac{198}{10} \div 4 = \dfrac{1980}{100} \div 4 = \dfrac{1980 \div 4}{100} = \dfrac{495}{100} = 4.95$

17

* 소수를 분수로 바꾸어 계산하기
소수 한 자리 수 → 분모가 10인 분수로!
소수 두 자리 수 → 분모가 100인 분수로!

❈ 분수의 나눗셈으로 나타내어 계산하세요.

① $38.7 \div 3 = \dfrac{387}{10} \div 3 = \dfrac{387 \div 3}{10} = \dfrac{129}{10} = 12.9$

② $4.56 \div 6 = \dfrac{456}{100} \div 6 = \dfrac{456 \div 6}{100} = \dfrac{76}{100} = 0.76$

$304 \div 5$가 나누어떨어지지 않죠? 분모가 100인 분수로 다시 바꿔 봐요.

③ $30.4 \div 5 = \dfrac{304}{10} \div 5 = \dfrac{3040}{100} \div 5 = \dfrac{3040 \div 5}{100} = \dfrac{608}{100} = 6.08$

④ $5.84 \div 8 = \dfrac{584}{100} \div 8 = \dfrac{584 \div 8}{100} = \dfrac{73}{100} = 0.73$

⑤ $13.02 \div 7 = \dfrac{1302}{100} \div 7 = \dfrac{1302 \div 7}{100} = \dfrac{186}{100} = 1.86$

⑥ $24.54 \div 6 = \dfrac{2454}{100} \div 6 = \dfrac{2454 \div 6}{100} = \dfrac{409}{100} = 4.09$

⑦ $45.2 \div 5 = \dfrac{452}{10} \div 5 = \dfrac{4520}{100} \div 5 = \dfrac{4520 \div 5}{100} = \dfrac{904}{100} = 9.04$

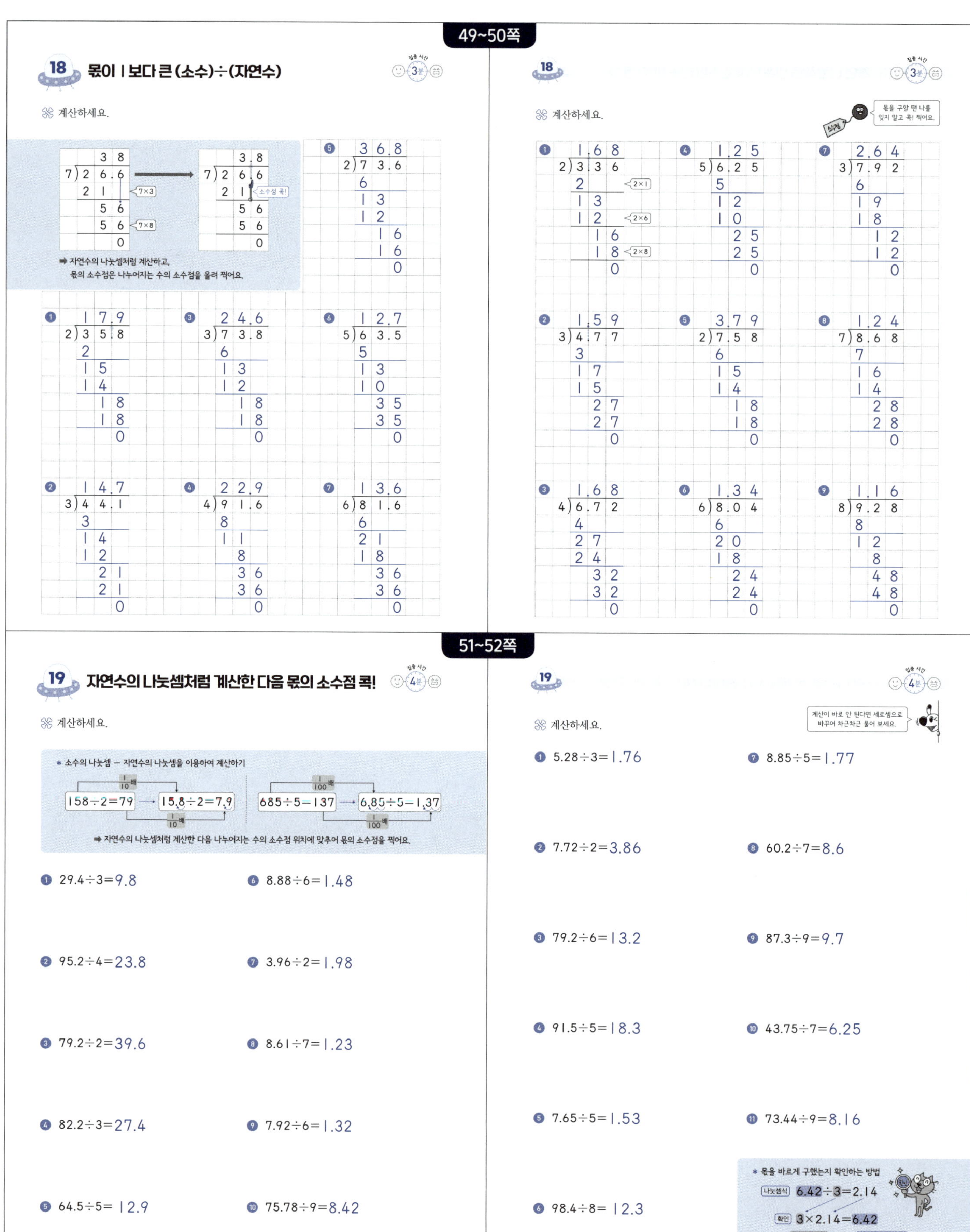

49~50쪽

18 몫이 1보다 큰 (소수)÷(자연수)

계산하세요.

➡ 자연수의 나눗셈처럼 계산하고,
몫의 소수점은 나누어지는 수의 소수점을 올려 찍어요.

18

계산하세요.

몫을 구할 땐 나를
잊지 말고 콕! 찍어요.

51~52쪽

19 자연수의 나눗셈처럼 계산한 다음 몫의 소수점 콕!

계산하세요.

* 소수의 나눗셈 – 자연수의 나눗셈을 이용하여 계산하기

158÷2=79 ➡ 15.8÷2=7.9

685÷5=137 ➡ 6.85÷5=1.37

➡ 자연수의 나눗셈처럼 계산한 다음 나누어지는 수의 소수점 위치에 맞추어 몫의 소수점을 찍어요.

① 29.4÷3=9.8
② 95.2÷4=23.8
③ 79.2÷2=39.6
④ 82.2÷3=27.4
⑤ 64.5÷5=12.9
⑥ 8.88÷6=1.48
⑦ 3.96÷2=1.98
⑧ 8.61÷7=1.23
⑨ 7.92÷6=1.32
⑩ 75.78÷9=8.42

19

계산하세요.

계산이 바로 안 된다면 세로셈으로
바꾸어 차근차근 풀어 보세요.

① 5.28÷3=1.76
② 7.72÷2=3.86
③ 79.2÷6=13.2
④ 91.5÷5=18.3
⑤ 7.65÷5=1.53
⑥ 98.4÷8=12.3
⑦ 8.85÷5=1.77
⑧ 60.2÷7=8.6
⑨ 87.3÷9=9.7
⑩ 43.75÷7=6.25
⑪ 73.44÷9=8.16

* 몫을 바르게 구했는지 확인하는 방법

나눗셈식 6.42÷3=2.14

확인 3×2.14=6.42

(나누는 수)×(몫)=(나누어지는 수)

20 몫을 정확한 자리에 쓰고 소수점을 찍는 게 중요해

😊 3분 😣

※ 계산하세요.

몫을 정확한 자리에 쓰는 습관을 들여야
몫의 소수점을 찍을 때 실수를 줄일 수 있어요.

① $9)\overline{10.8} = 1.2$ · 9 · 18 · 18 · 0

④ $2)\overline{77.4} = 38.7$ · 6 · 17 · 16 · 14 · 14 · 0

⑦ $6)\overline{98.4} = 16.4$ · 6 · 38 · 36 · 24 · 24 · 0

② $2)\overline{39.2} = 19.6$ · 2 · 19 · 18 · 12 · 12 · 0

⑤ $4)\overline{63.6} = 15.9$ · 4 · 23 · 20 · 36 · 36 · 0

⑧ $7)\overline{58.1} = 8.3$ · 56 · 21 · 21 · 0

③ $3)\overline{50.4} = 16.8$ · 3 · 20 · 18 · 24 · 24 · 0

⑥ $5)\overline{67.5} = 13.5$ · 5 · 17 · 15 · 25 · 25 · 0

⑨ $8)\overline{93.6} = 11.7$ · 8 · 13 · 8 · 56 · 56 · 0

20

😊 3분 😣

※ 계산하세요.

① $2)\overline{5.72} = 2.86$ · 4 · 17 · 16 · 12 · 12 · 0

④ $5)\overline{7.05} = 1.41$ · 5 · 20 · 20 · 5 · 5 · 0

⑦ $7)\overline{9.66} = 1.38$ · 7 · 26 · 21 · 56 · 56 · 0

② $3)\overline{9.84} = 3.28$ · 9 · 8 · 6 · 24 · 24 · 0

⑤ $6)\overline{8.34} = 1.39$ · 6 · 23 · 18 · 54 · 54 · 0

⑧ $8)\overline{63.68} = 7.96$ · 56 · 76 · 72 · 48 · 48 · 0

> **앗! 실수** 6을 8로 나눌 수 없으니까 몫은 일의 자리 위에서 시작!

③ $4)\overline{7.56} = 1.89$ · 4 · 35 · 32 · 36 · 36 · 0

⑥ $4)\overline{53.12} = 13.28$ · 4 · 13 · 12 · 11 · 8 · 32 · 32 · 0

⑨ $9)\overline{78.75} = 8.75$ · 72 · 67 · 63 · 45 · 45 · 0

---

21 몫이 1보다 작은 (소수)÷(자연수)

😊 3분 😣

※ 계산하세요.

[예시] 바르게 계산하면 $2)\overline{0.54} = 0.27$ · 4 (2×2) · 14 · 14 (2×7) · 0

몫의 소수점은 나누어지는 수의 소수점을 올려 찍어야 해요.

0을 2로 나눌 수 없으므로 일의 자리에 0을 쓰고, 소수점을 맞추어 찍어요.

① $3)\overline{0.87} = 0.29$ · 6 · 27 · 27 · 0

④ $2)\overline{1.92} = 0.96$ · 18 · 12 · 12 · 0

⑦ $7)\overline{4.34} = 0.62$ · 42 · 14 · 14 · 0

② $2)\overline{1.16} = 0.58$ · 10 · 16 · 16 · 0

⑤ $4)\overline{1.44} = 0.36$ · 12 · 24 · 24 · 0

⑧ $8)\overline{4.72} = 0.59$ · 40 · 72 · 72 · 0

③ $4)\overline{3.36} = 0.84$ · 32 · 16 · 16 · 0

⑥ $5)\overline{2.25} = 0.45$ · 20 · 25 · 25 · 0

⑨ $9)\overline{5.22} = 0.58$ · 45 · 72 · 72 · 0

21

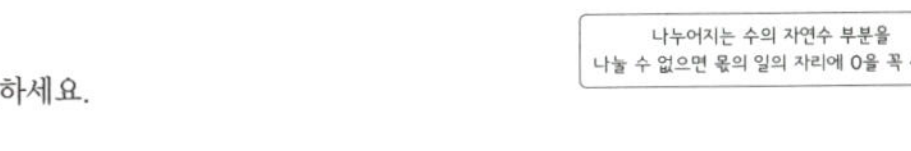

😊 3분 😣

※ 계산하세요.

① $2)\overline{0.68} = 0.34$ · 6 · 8 · 8 · 0

⑤ $4)\overline{2.76} = 0.69$ · 24 · 36 · 36 · 0

⑨ $6)\overline{4.68} = 0.78$ · 42 · 48 · 48 · 0

② $3)\overline{1.05} = 0.35$ · 9 · 15 · 15 · 0

⑥ $6)\overline{3.18} = 0.53$ · 30 · 18 · 18 · 0

⑩ $7)\overline{5.18} = 0.74$ · 49 · 28 · 28 · 0

③ $4)\overline{1.68} = 0.42$ · 16 · 8 · 8 · 0

⑦ $5)\overline{3.05} = 0.61$ · 30 · 5 · 5 · 0

⑪ $8)\overline{6.64} = 0.83$ · 64 · 24 · 24 · 0

④ $5)\overline{1.85} = 0.37$ · 15 · 35 · 35 · 0

⑧ $7)\overline{2.03} = 0.29$ · 14 · 63 · 63 · 0

 22 몫이 1보다 작으면 몫의 일의 자리에 0을 꼭 쓰자 

❋ 계산하세요.

① $2\,)\overline{0.76}$ → 0.38
0을 2로 나눌 수 없으므로 0을 써요.
6 / 16 / 16 / 0

⑤ $3\,)\overline{2.58}$ → 0.86
24 / 18 / 18 / 0

⑨ $7\,)\overline{1.26}$ → 0.18
7 / 56 / 56 / 0

② $3\,)\overline{2.28}$ → 0.76
21 / 18 / 18 / 0

⑥ $5\,)\overline{1.45}$ → 0.29
10 / 45 / 45 / 0

⑩ $6\,)\overline{4.32}$ → 0.72
42 / 12 / 12 / 0

③ $2\,)\overline{1.72}$ → 0.86
16 / 12 / 12 / 0

⑦ $6\,)\overline{2.22}$ → 0.37
18 / 42 / 42 / 0

⑪ $8\,)\overline{5.04}$ → 0.63
48 / 24 / 24 / 0

④ $4\,)\overline{2.96}$ → 0.74
28 / 16 / 16 / 0

⑧ $9\,)\overline{1.44}$ → 0.16
9 / 54 / 54 / 0

⑫ $7\,)\overline{6.44}$ → 0.92
63 / 14 / 14 / 0

---

22 

❋ 계산하세요.

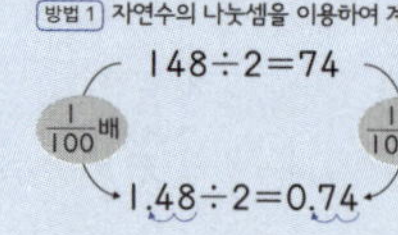

* 소수의 나눗셈 계산하기

방법 1 자연수의 나눗셈을 이용하여 계산하기
$148 \div 2 = 74$
$\frac{1}{100}$배, $1.48 \div 2 = 0.74$

방법 2 분수의 나눗셈으로 나타내어 계산하기
$1.48 \div 2 = \frac{148}{100} \div 2 = \frac{148 \div 2}{100} = \frac{74}{100} = 0.74$

① $1.62 \div 3 = 0.54$ **⑥** $3.72 \div 4 = 0.93$

② $3.35 \div 5 = 0.67$ **⑦** $4.15 \div 5 = 0.83$

③ $5.52 \div 6 = 0.92$ **⑧** $3.54 \div 6 = 0.59$

④ $2.52 \div 7 = 0.36$ **⑨** $5.95 \div 7 = 0.85$

⑤ $7.52 \div 8 = 0.94$ **⑩** $6.75 \div 9 = 0.75$

---

23 소수점 아래 0을 내려 계산하는 (소수)÷(자연수) 

❋ 계산하세요.

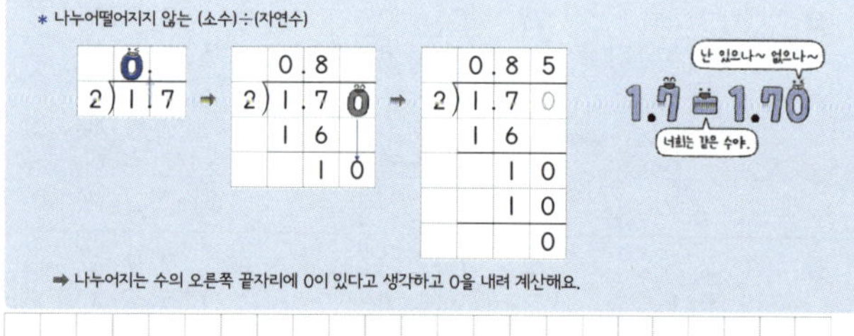

* 나누어떨어지지 않는 (소수)÷(자연수)

$2\,)\overline{1.7}$ → $2\,)\overline{1.70}$ (0.8) → $2\,)\overline{1.70}$ (0.85)
16 / 10 → 16 / 10 / 10 / 0

난 있으나~ 없으나~ $1.7 = 1.70$ 너희는 같은 수야.

➡ 나누어지는 수의 오른쪽 끝자리에 0이 있다고 생각하고 0을 내려 계산해요.

① $4\,)\overline{3.40}$ → 0.85
32 / 20 / 20 / 0

③ $5\,)\overline{7.40}$ → 1.48
5 / 24 / 20 / 40 / 40 / 0

⑤ $6\,)\overline{8.10}$ → 1.35
6 / 21 / 18 / 30 / 30 / 0

② $5\,)\overline{3.80}$ → 0.76
35 / 30 / 30 / 0

④ $6\,)\overline{7.50}$ → 1.25
6 / 15 / 12 / 30 / 30 / 0

⑥ $8\,)\overline{9.20}$ → 1.15
8 / 12 / 8 / 40 / 40 / 0

---

23  

❋ 계산하세요.

$5.7 = 5.70$
소수점 오른쪽 끝자리에는 0을 붙여도 수의 크기가 바뀌지 않아요. 자연수의 끝에 0을 붙이면 안돼요!

① $2\,)\overline{5.70}$ → 2.85   ($5.7 = 5.70$)
4 / 17 / 16 / 10 / 10 / 0

④ $2\,)\overline{10.50}$ → 5.25
10 / 5 / 4 / 10 / 10 / 0

⑦ $5\,)\overline{15.80}$ → 3.16
15 / 8 / 5 / 30 / 30 / 0

② $5\,)\overline{8.60}$ → 1.72
5 / 36 / 35 / 10 / 10 / 0

⑤ $4\,)\overline{13.40}$ → 3.35
12 / 14 / 12 / 20 / 20 / 0

⑧ $6\,)\overline{14.70}$ → 2.45
12 / 27 / 24 / 30 / 30 / 0

③ $8\,)\overline{7.60}$ → 0.95
72 / 40 / 40 / 0

⑥ $2\,)\overline{11.90}$ → 5.95
10 / 19 / 18 / 10 / 10 / 0

⑨ $8\,)\overline{15.60}$ → 1.95
8 / 76 / 72 / 40 / 40 / 0

---

24 나누어떨어지지 않으면 소수점 아래 0을 내려!  3분

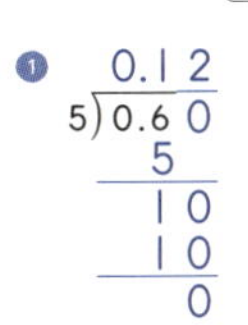

❀ 계산하세요. 나누어떨어질 때까지 소수점 아래 0을 내려 계산해 보세요.

❶
```
      0.1 2
5 ) 0.6 0
    5
    1 0
    1 0
        0
```

❷
```
      3.1 5
2 ) 6.3 0
    6
    3
    2
    1 0
    1 0
        0
```

❸
```
      1.9 5
4 ) 7.8 0
    4
    3 8
    3 6
      2 0
      2 0
          0
```

❹
```
      3.1 5
4 ) 1 2.6 0
    1 2
        6
        4
        2 0
        2 0
            0
```

❺
```
      2.8 4
5 ) 1 4.2 0
    1 0
      4 2
      4 0
        2 0
        2 0
            0
```

❻
```
      1.8 5
6 ) 1 1.1 0
    6
    5 1
    4 8
      3 0
      3 0
          0
```

❼
```
      3.7 6
5 ) 1 8.8 0
    1 5
      3 8
      3 5
        3 0
        3 0
            0
```

❽
```
      2.2 5
6 ) 1 3.5 0
    1 2
      1 5
      1 2
        3 0
        3 0
            0
```

❾
```
      2.8 5
8 ) 2 2.8 0
    1 6
      6 8
      6 4
        4 0
        4 0
            0
```

24 4분

❀ 계산하세요.

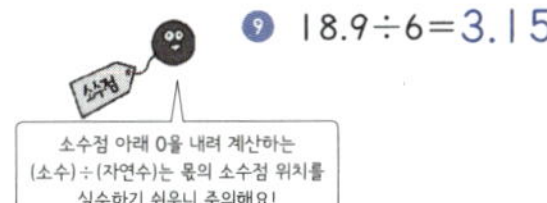

❶ 9.8÷4=2.45

❻ 16.5÷2=8.25

❷ 4.7÷5=0.94

❼ 10.8÷8=1.35

❸ 8.6÷4=2.15

❽ 14.6÷5=2.92

❹ 3.6÷8=0.45

❾ 18.9÷6=3.15

❺ 9.2÷5=1.84

❿ 21.2÷8=2.65

25 몫의 소수 첫째 자리에 0이 있는 (소수)÷(자연수) 3분

❀ 계산하세요.

❼
```
      1.0 5
4 ) 4.2 0
    4
      2 0
      2 0
          0
```

❶
```
      1.0 5
5 ) 5.2 5
    5
    2 5
    2 5
        0
```

❹
```
      1.0 9
6 ) 6.5 4
    6
      5 4
      5 4
          0
```

❽
```
      1.0 6
5 ) 5.3 0
    5
    3 0
    3 0
        0
```

❷
```
      2.0 8
3 ) 6.2 4
    6
    2 4
    2 4
        0
```

❺
```
      4.0 6
2 ) 8.1 2
    8
    1 2
    1 2
        0
```

❾
```
      1.0 5
8 ) 8.4 0
    8
    4 0
    4 0
        0
```

❸
```
      2.0 7
4 ) 8.2 8
    8
    2 8
    2 8
        0
```

❻
```
      1.0 4
7 ) 7.2 8
    7
    2 8
    2 8
        0
```

❿
```
      2.0 5
4 ) 8.2 0
    8
    2 0
    2 0
        0
```

25  3분

❀ 계산하세요.

❶
```
      6.0 8
2 ) 1 2.1 6
    1 2
        1 6
        1 6
            0
```

❺
```
      8.0 5
3 ) 2 4.1 5
    2 4
        1 5
        1 5
            0
```

❾
```
      9.0 6
8 ) 7 2.4 8
    7 2
        4 8
        4 8
            0
```

❷
```
      5.0 6
3 ) 1 5.1 8
    1 5
        1 8
        1 8
            0
```

❻
```
      5.0 3
6 ) 3 0.1 8
    3 0
        1 8
        1 8
            0
```

❿
```
      5.0 8
9 ) 4 5.7 2
    4 5
        7 2
        7 2
            0
```

❸
```
      4.0 9
4 ) 1 6.3 6
    1 6
        3 6
        3 6
            0
```

❼
```
      7.0 9
7 ) 4 9.6 3
    4 9
        6 3
        6 3
            0
```

 앗! 실수

⓫
```
      5.0 4
5 ) 2 5.2 0
    2 5
        2 0
        2 0
            0
```

❹
```
      7.0 9
5 ) 3 5.4 5
    3 5
        4 5
        4 5
            0
```

❽
```
      2.0 7
9 ) 1 8.6 3
    1 8
        6 3
        6 3
            0
```

⓬
```
      6.0 5
6 ) 3 6.3 0
    3 6
        3 0
        3 0
            0
```

26 수를 연속으로 두 번 내릴 때에는 몫에 0을 꼭 쓰자 

※ 계산하세요.

몫을 정확한 자리에 쓰지 않으면 몫의 소수 첫째 자리에 0을 빠뜨리기 쉬워요.

①
$$3\overline{)6.27} = 2.09$$
6
27
27
0

⑤
$$2\overline{)18.10} = 9.05$$
18
10
10
0

⑨
$$7\overline{)63.35} = 9.05$$
63
35
35
0

②
$$6\overline{)12.48} = 2.08$$
12
48
48
0

⑥
$$4\overline{)32.24} = 8.06$$
32
24
24
0

⑩
$$5\overline{)45.10} = 9.02$$
45
10
10
0

③
$$4\overline{)24.12} = 6.03$$
24
12
12
0

⑦
$$8\overline{)40.56} = 5.07$$
40
56
56
0

⑪ 앗! 실수
$$8\overline{)0.40} = 0.05$$
40
0

④
$$5\overline{)10.30} = 2.06$$
10
30
30
0

⑧
$$9\overline{)72.36} = 8.04$$
72
36
36
0

⑫
$$9\overline{)54.09} = 6.01$$
54
9
9
0

---

26 

※ 계산하세요.

실수가 많은 나눗셈이에요. 세로셈으로 바꾸어 차근차근 풀어 보세요.

① $4.06 \div 2 = 2.03$

⑦ $21.07 \div 7 = 3.01$

② $9.21 \div 3 = 3.07$

⑧ $0.2 \div 5 = 0.04$

③ $10.15 \div 5 = 2.03$

⑨ $8.4 \div 8 = 1.05$

④ $20.32 \div 4 = 5.08$

⑩ $36.2 \div 4 = 9.05$

⑤ $36.54 \div 6 = 6.09$

⑪ $42.3 \div 6 = 7.05$

⑥ $63.54 \div 9 = 7.06$

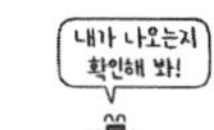

---

27 자연수의 나눗셈의 몫을 소수로 나타내어 보자 

※ 나눗셈의 몫을 소수로 나타내세요.

①
$$2\overline{)5.0} = 2.5$$
4
10
10
0

몫의 소수점은 자연수 비교 뒤에! 올려 찍어요.

⑤
$$4\overline{)18.0} = 4.5$$
16
20
20
0

⑨
$$15\overline{)24.0} = 1.6$$
15
90
90
0

②
$$4\overline{)3.00} = 0.75$$
28
20
20
0

나누어떨어질 때까지 소수점 아래 0을 계속 내려 계산해요.

⑥
$$8\overline{)12.0} = 1.5$$
8
40
40
0

⑩
$$16\overline{)40.0} = 2.5$$
32
80
80
0

③
$$2\overline{)7.0} = 3.5$$
6
10
10
0

몫의 자연수 부분에 0을 빠뜨리지 않도록 주의하세요!

⑦
$$5\overline{)4.0} = 0.8$$
40
0

⑪
$$20\overline{)9.00} = 0.45$$
80
100
100
0

④
$$6\overline{)9.0} = 1.5$$
6
30
30
0

⑧
$$12\overline{)18.0} = 1.5$$
12
60
60
0

⑫
$$25\overline{)6.00} = 0.24$$
50
100
100
0

---

27 

※ 나눗셈의 몫을 소수로 나타내세요.

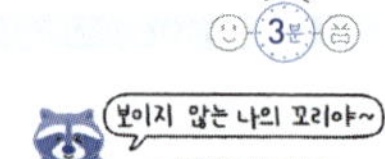

①
$$4\overline{)10.0} = 2.5$$
8
20
20
0

10은 10.0과 같아요.

④
$$8\overline{)18.00} = 2.25$$
16
20
16
40
40
0

⑦
$$20\overline{)35.00} = 1.75$$
20
150
140
100
100
0

②
$$5\overline{)14.0} = 2.8$$
10
40
40
0

⑤
$$12\overline{)15.00} = 1.25$$
12
30
24
60
60
0

⑧
$$16\overline{)44.00} = 2.75$$
32
120
112
80
80
0

③
$$4\overline{)7.00} = 1.75$$
4
30
28
20
20
0

⑥
$$24\overline{)18.00} = 0.75$$
168
120
120
0

⑨
$$25\overline{)28.00} = 1.12$$
25
30
25
50
50
0

28 자연수 뒤에 소수점이 있다고 생각하고 몫의 소수점 콕! 

※ 나눗셈의 몫을 소수로 나타내세요.

①
```
      0.6
   5)3.0
     3 0
       0
```

④
```
      7.75
   4)3 1.0 0
     2 8
       3 0
       2 8
         2 0
         2 0
           0
```

⑦
```
      3.25
   8)2 6.0 0
     2 4
       2 0
       1 6
         4 0
         4 0
           0
```

②
```
      4.25
   4)1 7.0 0
     1 6
       1 0
         8
         2 0
         2 0
           0
```

⑤
```
       2.25
   12)2 7.0 0
      2 4
        3 0
        2 4
          6 0
          6 0
            0
```

⑧
```
       0.52
   25)1 3.0 0
      1 2 5
          5 0
          5 0
            0
```

③
```
      3.6
   5)1 8.0
     1 5
       3 0
       3 0
         0
```

⑥
```
       0.32
   25)8.0 0
      7 5
        5 0
        5 0
          0
```

⑨
```
       0.76
   50)3 8.0 0
      3 5 0
        3 0 0
        3 0 0
            0
```

---

28 

※ 나눗셈의 몫을 소수로 나타내세요.

① $11 \div 2 = 5.5$

⑦ $33 \div 12 = 2.75$

② $9 \div 4 = 2.25$

⑧ $19 \div 25 = 0.76$

③ $23 \div 5 = 4.6$

⑨ $28 \div 16 = 1.75$

④ $14 \div 8 = 1.75$

⑩ $37 \div 25 = 1.48$

⑤ $25 \div 4 = 6.25$

⑪ $21 \div 24 = 0.875$

⑥ $36 \div 15 = 2.4$

---

29 0을 내려 계산하는 소수의 나눗셈 한 번 더! 

※ 계산하세요.
나누어떨어지지 않을 때에는
소수점 아래 0을 내려 계산해요.

①
```
      0.25
   2)0.5 0
     4
     1 0
     1 0
       0
```

④
```
      3.85
   6)2 3.1 0
     1 8
       5 1
       4 8
         3 0
         3 0
           0
```

⑦
```
       3.05
   24)7 3.2 0
      7 2
          1 2 0
          1 2 0
              0
```

②
```
      1.65
   4)6.6 0
     4
     2 6
     2 4
       2 0
       2 0
         0
```

⑤
```
       6.35
   12)7 6.2 0
      7 2
        4 2
        3 6
          6 0
          6 0
            0
```

⑧
```
       2.72
   25)6 8.0 0
      5 0
        1 8 0
        1 7 5
            5 0
            5 0
              0
```

③
```
      3.24
   5)1 6.2 0
     1 5
       1 2
       1 0
         2 0
         2 0
           0
```

⑥
```
       4.6
   15)6 9.0
      6 0
        9 0
        9 0
          0
```

⑨
```
       7.05
   8)5 6.4 0
     5 6
         4 0
         4 0
           0
```

---

29 

※ 계산하세요.

①
```
      6.24
   5)3 1.2 0
     3 0
       1 2
       1 0
         2 0
         2 0
           0
```

④
```
       3.92
   15)5 8.8 0
      4 5
        1 3 8
        1 3 5
            3 0
            3 0
              0
```

⑦
```
       0.84
   25)2 1.0 0
      2 0 0
          1 0 0
          1 0 0
              0
```

②
```
      8.35
   4)3 3.4 0
     3 2
       1 4
       1 2
         2 0
         2 0
           0
```

⑤
```
       3.25
   24)7 8.0 0
      7 2
        6 0
        4 8
          1 2 0
          1 2 0
              0
```

⑧ 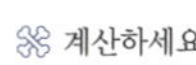
```
      0.625
   8)5.0 0 0
     4 8
       2 0
       1 6
         4 0
         4 0
           0
```

몫의 소수 둘째 자리에서도
나누어떨어지지 않아 0을
세 번이나 내려 계산하는 문제예요.

③
```
      7.45
   8)5 9.6 0
     5 6
       3 6
       3 2
         4 0
         4 0
           0
```

⑥
```
       7.05
   12)8 4.6 0
      8 4
          6 0
          6 0
            0
```

⑨
```
        1.125
   16)1 8.0 0 0
      1 6
        2 0
        1 6
          4 0
          3 2
            8 0
            8 0
              0
```

30 몫을 어림해서 소수점의 위치 찾기

※ 어림셈하여 몫의 소수점 위치를 찾아 소수점을 찍으세요.
가까운 값, 반올림, 올림, 버림 등의 방법을 이용하여 몫을 어림하는 방법이에요.

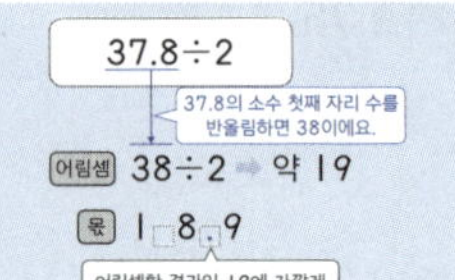

37.8÷2
어림셈 38÷2 → 약 19
몫 1□8□9
어림셈한 결과인 19에 가깝게 몫의 소수점을 찍어요.

❶ 65.1÷3
어림셈 65÷3 → 약 21
몫 2□1.7

❷ 59.6÷4
어림셈 60÷4 → 약 15
몫 1□4.9

❸ 89.5÷5
어림셈 90÷5 → 약 18
몫 1□7.9

❹ 83.3÷7
어림셈 83÷7 → 약 12
몫 1□1.9

❺ 11.88÷6
어림셈 12÷6 → 약 2
몫 1.9□8

❻ 27.27÷9
어림셈 27÷9 → 약 3
몫 3.0□3

❼ 39.36÷8
어림셈 39÷8 → 약 5
몫 4.9□2

30

※ 어림셈하여 몫의 소수점 위치를 찾아 소수점을 찍으세요.

❶ 11.36÷4
어림셈 12÷4 → 약 3
몫 2.8□4

❷ 14.91÷3
어림셈 15÷3 → 약 5
몫 4.9□7

❸ 30.25÷5
어림셈 30÷5 → 약 6
몫 6.0□5

❹ 17.64÷6
어림셈 18÷6 → 약 3
몫 2.9□4

❺ 23.52÷8
어림셈 24÷8 → 약 3
몫 2.9□4

❻ 53.82÷9
어림셈 54÷9 → 약 6
몫 5.9□8

❼ 156.8÷8
어림셈 157÷8 → 약 19
몫 1□9.6

❽ 807.3÷9
어림셈 807÷9 → 약 89
몫 8□9.7

---

31 소수의 나눗셈 집중 연습

※ 계산하세요.

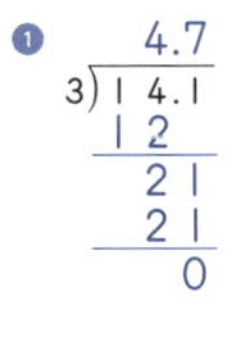

❶
```
      4.7
3) 1 4.1
   1 2
     2 1
     2 1
       0
```

❷
```
      0.8 6
4) 3.4 4
   3 2
     2 4
     2 4
       0
```

❸
```
     1.3 8
2) 2.7 6
   2
     7
     6
     1 6
     1 6
       0
```

❹
```
      2.1 4
4) 8.5 6
   8
     5
     4
     1 6
     1 6
       0
```

❺
```
      6.3
5) 3 1.5
   3 0
     1 5
     1 5
       0
```

❻
```
      0.6 7
9) 6.0 3
   5 4
     6 3
     6 3
       0
```

❼
```
      6.0 3
7) 4 2.2 1
   4 2
       2 1
       2 1
         0
```

❽
```
        0.6 8
25) 1 7.0 0
    1 5 0
      2 0 0
      2 0 0
          0
```

❾
```
        4.7 5
12) 5 7.0 0
    4 8 0
      9 0
      8 4
        6 0
        6 0
          0
```

31

※ 계산하세요.

❶ 13.2÷4=3.3

❷ 35.1÷3=11.7

❸ 57.6÷2=28.8

❹ 18.4÷8=2.3

❺ 7.65÷5=1.53

❻ 10.22÷7=1.46

❼ 1.68÷3=0.56

❽ 8.6÷4=2.15

❾ 23.7÷6=3.95

❿ 42.28÷7=6.04

⓫ 22÷8=2.75

---

32 소수의 나눗셈 완벽하게 끝내기

⏱ 3분

✽ 계산하세요.

❶
```
    0.48
2)0.96
    8
    16
    16
     0
```

❹
```
    0.89
7)6.23
    56
     63
     63
      0
```

❼
```
      3.05
16)48.80
    48
      80
      80
       0
```

❷
```
    13.8
4)55.2
   4
   15
   12
    32
    32
     0
```

❺
```
    8.35
8)66.80
   64
    28
    24
     40
     40
      0
```

❽
```
     4.5
12)54.0
    48
     60
     60
      0
```

❸
```
     8.79
6)52.74
   48
    47
    42
     54
     54
      0
```

❻
```
    3.04
9)27.36
   27
     36
     36
      0
```

❾
```
      2.48
25)62.00
    50
     120
     100
      200
      200
        0
```


⏱ 5분

✽ 빈칸에 알맞은 소수를 써넣으세요.

❶ 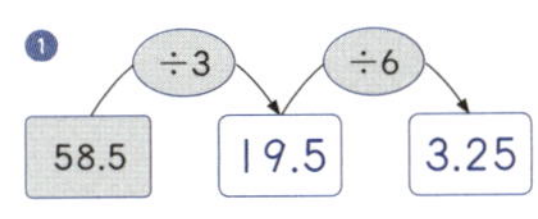

❺ 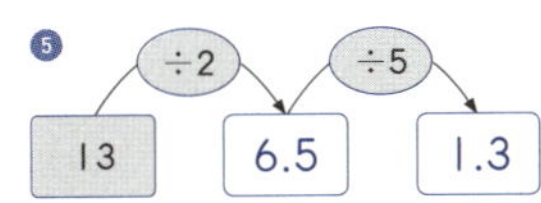

❷ 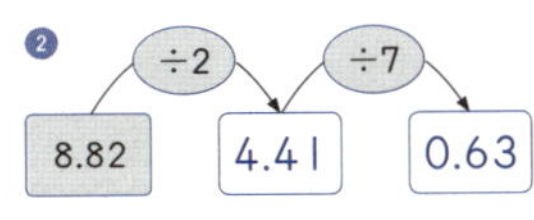

❻ 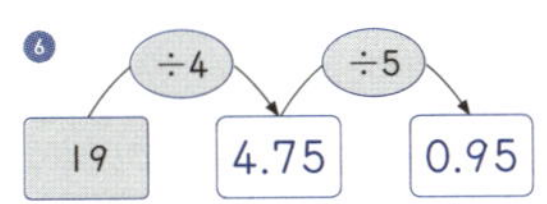

❸ 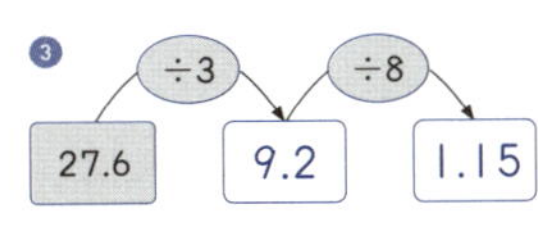

❼ 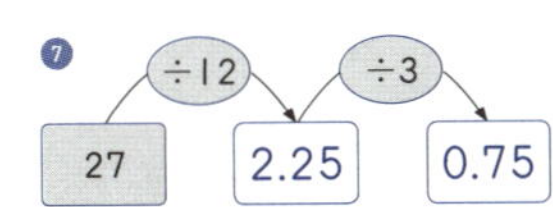

❹ 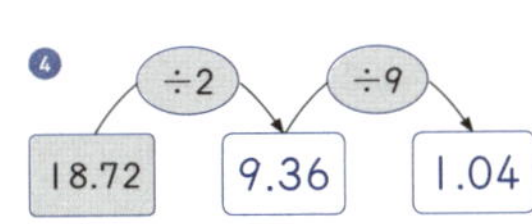

---

33 생활 속 연산 – 소수의 나눗셈

⏱ 3분

✽ 그림을 보고 □ 안에 알맞은 소수를 써넣으세요.

❶ 
딸기 11.2 kg을 7명에게 똑같이 나누어 주려고 합니다.
한 사람이 받을 수 있는 딸기는 1.6 kg입니다.

❷ 
키위 주스 5.6 L를 컵 16잔에 똑같이 나누어 담았습니다.
한 잔에 담은 키위 주스는 0.35 L입니다.

❸ 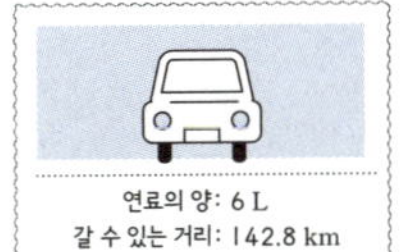
어느 자동차 회사에서 새로 출시된 자동차는 6 L의
연료로 142.8 km를 갈 수 있습니다. 이 자동차가
1 L의 연료로 갈 수 있는 거리는 23.8 km입니다.

연료의 양: 6 L
갈 수 있는 거리: 142.8 km

❹ 
어느 도시에 4일 동안 85 mm의 비가 내렸습니다. 매
일 같은 양의 비가 내렸다면 하룻동안 내린 비의 양은
21.25 mm입니다.

월 화 수 목

33 꿀떡! 연산 간식

⏱ 3분

✽ 로켓에 적힌 나눗셈을 나누어떨어질 때까지 계산해 보세요. 몫의 소수 둘째 자리 숫자가 도
착할 행성의 번호예요. 로켓이 도착할 행성을 찾아 선으로 이어 보세요.

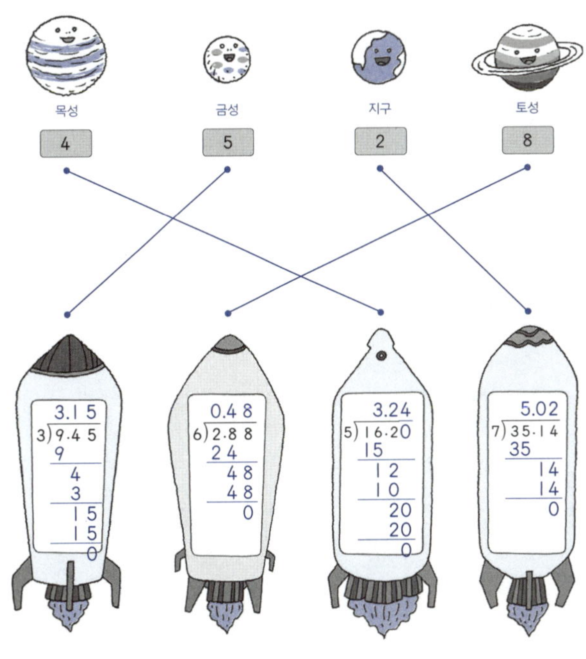

둘째 마당 통과 문제

*틀린 문제는 꼭 다시 확인하고 넘어가요!

❊ □ 안에 알맞은 수 또는 소수를 써넣으세요.

15차시
① 423÷3=141

42.3÷3= 14.1

4.23÷3= 1.41

15차시
② 165÷11=15

➡ 16.5÷11= 1.5

23차시
③ $32.6 \div 4 = \dfrac{326}{10} \div 4$

$= \dfrac{3260}{100} \div 4$

$= \dfrac{3260 \div 4}{100}$

$= \dfrac{815}{100} = 8.15$

23차시
④
```
    1.48
5)7.4
    5
    24
    20
    40
    40
     0
```

23차시
⑤
```
    1.15
8)9.2
    8
    12
     8
    40
    40
     0
```

18차시
⑥ 5.2÷2= 2.6

18차시
⑦ 41.28÷3= 13.76

21차시
⑧ 7.38÷9= 0.82

25차시
⑨ 6.18÷3= 2.06

25차시
⑩ 41.8÷20= 2.09

25차시
⑪ 14.42÷14= 1.03

27차시
⑫ 96÷64= 1.5

33차시
⑬ 우유 2.4 L를 5명의 친구가 똑같이 나누어 마셨습니다. 한 사람이 마신 우유는 0.48 L입니다.

34 두 수의 비를 여러 가지 방법으로 읽어 보자

걸린 시간 3분

❊ 비를 4가지 방법으로 읽어 보세요.

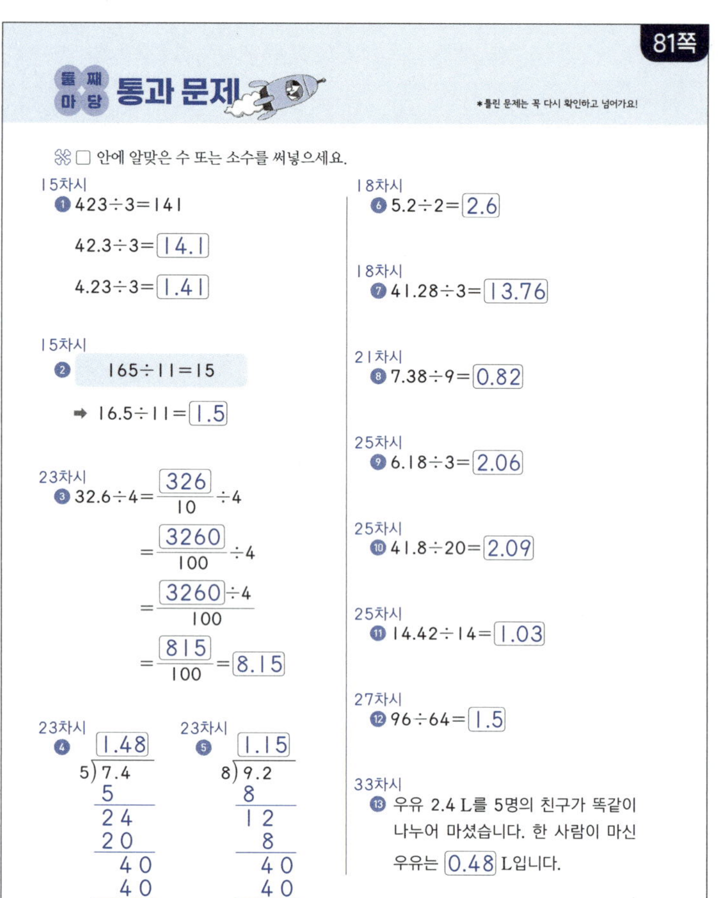

① 1 : ④ 기준량

┌ 1 대 4
├ 1과 4 의 비
├ 4 에 대한 1의 비
└ 1의 4 에 대한 비

② 3 : ② 먼저 비에서 기준을 찾아 ○표 해 봐요.

┌ 3 대 2
├ 3 와(과) 2 의 비
├ 2 에 대한 3의 비
└ 3의 2 에 대한 비

③ 4 : 7

┌ 4 대 7
├ 4 와(과) 7 의 비
├ 7 에 대한 4 의 비
└ 4 의 7 에 대한 비

④ 8 : 5

┌ 8 대 5
├ (8과 5의 비   )
├ 5에 대한 8의 비
└ (8의 5에 대한 비   )

⑤ 16 : 9

┌ 16 대 9
├ (16과 9의 비   )
├ (9에 대한 16의 비   )
└ (16의 9에 대한 비   )

⑥ 12 : 15

┌ (12 대 15   )
├ (12와 15의 비   )
├ (15에 대한 12의 비   )
└ (12의 15에 대한 비   )

34

걸린 시간 3분

❊ □ 안에 알맞은 수를 써넣으세요.

① 1 : 3

➡ 1 대 3

② 5 : 1

➡ 5 와(과) 1 의 비

③ 2 : 7

➡ 7 에 대한 2 의 비

④ 3 : 4

➡ 3 의 4 에 대한 비

⑤ 4 : 9

➡ 4 대 9

⑥ 7 : 5

➡ 7 와(과) 5 의 비

⑦ 8 : 11

➡ 11 에 대한 8 의 비

⑧ 10 : 3

➡ 10 와(과) 3 의 비

⑨ 11 : 6

➡ 6 에 대한 11 의 비

⑩ 13 : 10

➡ 13 의 10 에 대한 비

⑪ 15 : 22

➡ 22 에 대한 15 의 비

35 비로 나타낼 때에는 기준을 먼저 찾자 ⏱ 3분

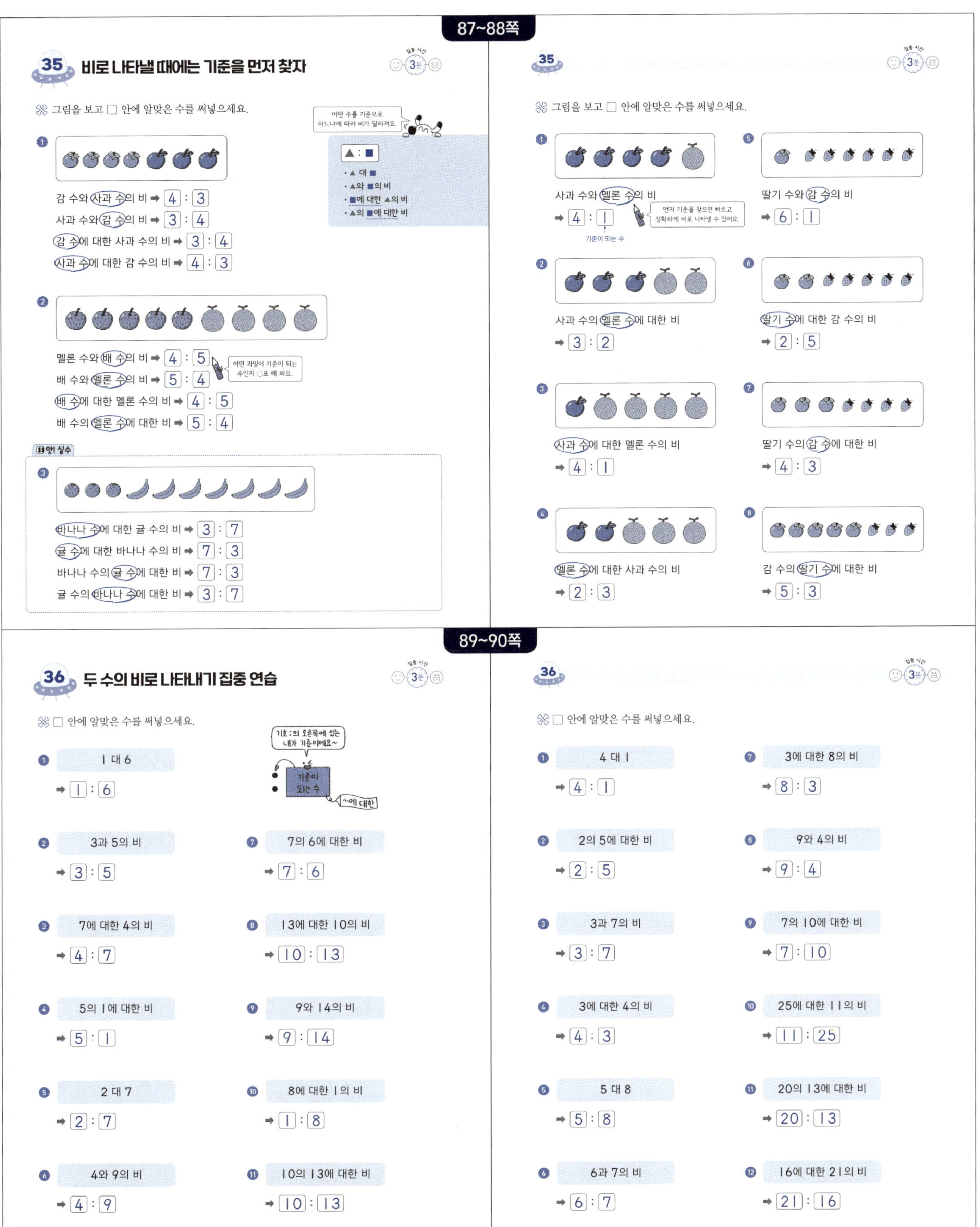

❋ 그림을 보고 □ 안에 알맞은 수를 써넣으세요.

①
감 수와 사과 수의 비 ➡ 4 : 3
사과 수와 감 수의 비 ➡ 3 : 4
감 수에 대한 사과 수의 비 ➡ 3 : 4
사과 수에 대한 감 수의 비 ➡ 4 : 3

②
멜론 수와 배 수의 비 ➡ 4 : 5
배 수와 멜론 수의 비 ➡ 5 : 4
배 수에 대한 멜론 수의 비 ➡ 4 : 5
배 수의 멜론 수에 대한 비 ➡ 5 : 4

앗! 실수

③
바나나 수에 대한 귤 수의 비 ➡ 3 : 7
귤 수에 대한 바나나 수의 비 ➡ 7 : 3
바나나 수의 귤 수에 대한 비 ➡ 7 : 3
귤 수의 바나나 수에 대한 비 ➡ 3 : 7

---

35 ⏱ 3분

❋ 그림을 보고 □ 안에 알맞은 수를 써넣으세요.

①
사과 수와 멜론 수의 비
➡ 4 : 1
기준이 되는 수

②
사과 수의 멜론 수에 대한 비
➡ 3 : 2

③
사과 수에 대한 멜론 수의 비
➡ 4 : 1

④
멜론 수에 대한 사과 수의 비
➡ 2 : 3

⑤
딸기 수와 감 수의 비
➡ 6 : 1

⑥
딸기 수에 대한 감 수의 비
➡ 2 : 5

⑦
딸기 수의 감 수에 대한 비
➡ 4 : 3

⑧
감 수의 딸기 수에 대한 비
➡ 5 : 3

---

36 두 수의 비로 나타내기 집중 연습 ⏱ 3분

❋ □ 안에 알맞은 수를 써넣으세요.

① 1 대 6
➡ 1 : 6

② 3과 5의 비
➡ 3 : 5

③ 7에 대한 4의 비
➡ 4 : 7

④ 5의 1에 대한 비
➡ 5 : 1

⑤ 2 대 7
➡ 2 : 7

⑥ 4와 9의 비
➡ 4 : 9

⑦ 7의 6에 대한 비
➡ 7 : 6

⑧ 13에 대한 10의 비
➡ 10 : 13

⑨ 9와 14의 비
➡ 9 : 14

⑩ 8에 대한 1의 비
➡ 1 : 8

⑪ 10의 13에 대한 비
➡ 10 : 13

---

36 ⏱ 3분

❋ □ 안에 알맞은 수를 써넣으세요.

① 4 대 1
➡ 4 : 1

② 2의 5에 대한 비
➡ 2 : 5

③ 3과 7의 비
➡ 3 : 7

④ 3에 대한 4의 비
➡ 4 : 3

⑤ 5 대 8
➡ 5 : 8

⑥ 6과 7의 비
➡ 6 : 7

⑦ 3에 대한 8의 비
➡ 8 : 3

⑧ 9와 4의 비
➡ 9 : 4

⑨ 7의 10에 대한 비
➡ 7 : 10

⑩ 25에 대한 11의 비
➡ 11 : 25

⑪ 20의 13에 대한 비
➡ 20 : 13

⑫ 16에 대한 21의 비
➡ 21 : 16

37 비율을 분수로 나타내면 기준량은 분모로!
기준량에 대한 비교하는 양의 크기

❋ 비율을 분수로 나타내세요.

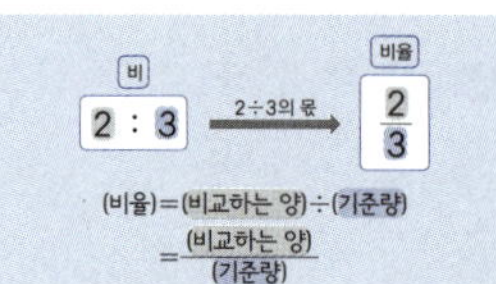

$$2 : 3 \xrightarrow{\;2\div3의\;몫\;} \frac{2}{3}$$

(비율)=(비교하는 양)÷(기준량)
$$=\frac{(비교하는\;양)}{(기준량)}$$

❶ 4 대 ⑨ ➡ $\dfrac{4}{9}$

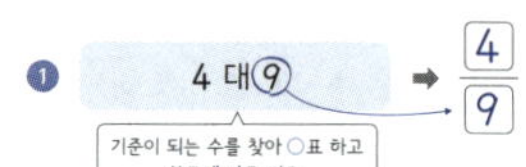
기준이 되는 수를 찾아 ○표 하고
분모에 바로 써요.

❷ ⑥에 대한 5의 비 ➡ $\dfrac{5}{6}$

❸ 4의 ⑦에 대한 비 ➡ $\dfrac{4}{7}$

❹ 1과 ⑩의 비 ➡ $\dfrac{1}{10}$

❺ 7의 ⑫에 대한 비 ➡ $\dfrac{7}{12}$

❻ ㉓에 대한 8의 비 ➡ $\dfrac{8}{23}$

❼ 10과 ⑪의 비 ➡ $\dfrac{10}{11}$

❽ 12의 ⑰에 대한 비 ➡ $\dfrac{12}{17}$

❾ ㉕에 대한 16의 비 ➡ $\dfrac{16}{25}$

37

❋ 비율을 기약분수로 나타내세요.  비에서 기준량을 먼저 찾아 분모에 써 보세요.

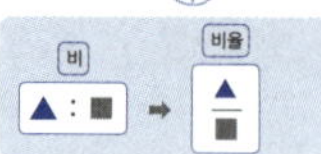
$$▲ : ■ \;\Rightarrow\; \frac{▲}{■}$$

❶ 2 대 3
➡ ($\dfrac{2}{3}$)

❷ 4의 5에 대한 비
➡ ($\dfrac{4}{5}$)

❸ 2 : 9
➡ ($\dfrac{2}{9}$)

❹ 8에 대한 7의 비
➡ ($\dfrac{7}{8}$)

❺ 5와 12의 비
➡ ($\dfrac{5}{12}$)

❻ 10의 15에 대한 비
➡ ($\dfrac{\overset{2}{10}}{\underset{3}{15}}=\dfrac{2}{3}$)

❼ 25에 대한 9의 비
➡ ($\dfrac{9}{25}$)

❽ 11 : 12
➡ ($\dfrac{11}{12}$)

❾ 13의 6에 대한 비
➡ ($\dfrac{13}{6}$)

❿ 11과 7의 비
➡ ($\dfrac{11}{7}$)

⓫ 6 대 9
➡ ($\dfrac{\overset{}{6}}{\underset{3}{9}}=\dfrac{2}{3}$)

⓬ 18에 대한 14의 비
➡ ($\dfrac{\overset{7}{14}}{\underset{9}{18}}=\dfrac{7}{9}$)

---

38 비율을 소수로 나타내려면 먼저 분수로 바꾸자

❋ 비율을 소수로 나타내세요.

＊ 비율을 소수로 나타내는 방법 – 분모가 10, 100, 1000인 분수 만들어 소수로 나타내기

1 : 2	8 : 25
$\rightarrow \dfrac{1}{2}=\dfrac{5}{10}=0.5$	$\rightarrow \dfrac{8}{25}=\dfrac{32}{100}=0.32$
분모를 10으로 만들어요.	분모를 100으로 만들어요.

분모를 10, 100, 1000으로 바꿀 때
분모가 2, 5이면 → 분모를 10으로!
분모가 4, 20, 25, 50이면 → 분모를 100으로!
분모가 8, 125이면 → 분모를 1000으로!

❶ 3 대 8
➡ $\dfrac{3}{8}=\dfrac{375}{1000}=\boxed{0.375}$

❷ 4와 5의 비
➡ $\dfrac{4}{5}=\dfrac{8}{10}=\boxed{0.8}$

❸ 7의 10에 대한 비
➡ $\dfrac{7}{10}=\boxed{0.7}$

❹ 5에 대한 12의 비
➡ $\dfrac{12}{5}=\dfrac{24}{10}=\boxed{2.4}$

❺ 19와 10의 비
➡ $\dfrac{19}{10}=\boxed{1.9}$

❻ 13 대 50
➡ $\dfrac{13}{50}=\dfrac{26}{100}=\boxed{0.26}$

❼ 17의 20에 대한 비
➡ $\dfrac{17}{20}=\dfrac{85}{100}=\boxed{0.85}$

❽ 25에 대한 21의 비
➡ $\dfrac{21}{25}=\dfrac{84}{100}=\boxed{0.84}$

38

❋ 비율을 소수로 나타내세요.

❶ 1 대 8
➡ (0.125)

❷ 3 : 5
➡ (0.6)

❸ 9의 10에 대한 비
➡ (0.9)

❹ 3과 20의 비
➡ (0.15)

❺ 25에 대한 8의 비
➡ (0.32)

❻ 50에 대한 11의 비
➡ (0.22)

❼ 13과 10의 비
➡ (1.3)

❽ 14의 25에 대한 비
➡ (0.56)

❾ 33 대 50
➡ (0.66)

❿ 12의 24에 대한 비
➡ (0.5)

＊ 비율을 소수로 나타낼 때 꿀팁!

6의 12에 대한 비
➡ $\dfrac{\overset{1}{6}}{\underset{2}{12}}=\dfrac{1}{2}=\dfrac{5}{10}=0.5$

비율을 분수로 나타낸 다음 약분을 먼저 해봐요.
기약분수로 나타내면 소수로 바꾸기 더 쉬워져요.

---

39. 비율을 분수와 소수로 나타내기 집중 연습

집중 시간 4분

❊ 비율을 기약분수와 소수로 나타내세요.

① 1 : 4
분수 ($\frac{1}{4}$)
소수 (0.25)

② 2 대 5
분수 ($\frac{2}{5}$)
소수 (0.4)

③ 10에 대한 3의 비
분수 ($\frac{3}{10}$)
소수 (0.3)

④ 7의 8에 대한 비
분수 ($\frac{7}{8}$)
소수 (0.875)

⑤ 6과 5의 비
분수 ($\frac{6}{5}$)
소수 (1.2)

⑥ 7의 25에 대한 비
분수 ($\frac{7}{25}$)
소수 (0.28)

⑦ 5에 대한 14의 비
분수 ($\frac{14}{5}$)
소수 (2.8)

⑧ 11과 20의 비
분수 ($\frac{11}{20}$)
소수 (0.55)

⑨ 12 대 15
분수 ($\frac{4}{5}$)
소수 (0.8)

⑩ 30에 대한 27의 비
분수 ($\frac{9}{10}$)
소수 (0.9)

39

집중 시간 4분

❊ 비율을 기약분수와 소수로 나타내세요.

① 1 대 10
분수 ($\frac{1}{10}$)
소수 (0.1)

② 3과 4의 비
분수 ($\frac{3}{4}$)
소수 (0.75)

③ 7 : 20
분수 ($\frac{7}{20}$)
소수 (0.35)

④ 6의 25에 대한 비
분수 ($\frac{6}{25}$)
소수 (0.24)

⑤ 5에 대한 8의 비
분수 ($\frac{8}{5}$)
소수 (1.6)

⑥ 9와 10의 비
분수 ($\frac{9}{10}$)
소수 (0.9)

⑦ 14 대 25
분수 ($\frac{14}{25}$)
소수 (0.56)

⑧ 31의 50에 대한 비
분수 ($\frac{31}{50}$)
소수 (0.62)

⑨ 9의 5에 대한 비
분수 ($\frac{9}{5}$)
소수 (1.8)

⑩ 45에 대한 18의 비
분수 ($\frac{2}{5}$)
소수 (0.4)

40. 분수를 백분율로 나타내기

기준량을 100으로 할 때의 비율

집중 시간 3분

❊ 비율을 백분율로 나타내세요.

* 분수를 백분율로 나타내는 방법 1
— 분모가 100인 분수로 만들기

기준량을 100으로!

$\frac{1}{2}$ ➡ $\frac{50}{100}$ ➡ 50 %
기호 %를 사용해요.

기준량이 100인 분수로 바꾸어 나타내요.

① $\frac{3}{10}$ ➡ $\frac{30}{100}$ ➡ 30 %   (3×10 / 10×10)

② $\frac{3}{5}$ ➡ $\frac{60}{100}$ ➡ 60 %

③ $\frac{1}{4}$ ➡ $\frac{25}{100}$ ➡ 25 %

④ $\frac{7}{20}$ ➡ $\frac{35}{100}$ ➡ 35 %

⑤ $\frac{39}{100}$ ➡ 39 %

⑥ $\frac{9}{10}$ ➡ $\frac{90}{100}$ ➡ 90 %

⑦ $\frac{3}{4}$ ➡ $\frac{75}{100}$ ➡ 75 %

⑧ $\frac{17}{20}$ ➡ $\frac{85}{100}$ ➡ 85 %

⑨ $\frac{12}{25}$ ➡ $\frac{48}{100}$ ➡ 48 %

⑩ $\frac{23}{50}$ ➡ $\frac{46}{100}$ ➡ 46 %

40

집중 시간 3분

❊ 비율을 백분율로 나타내세요.

* 분수를 백분율로 나타내는 방법2 — 비율에 100 곱하기

$\frac{4}{5}$ ➡ $\frac{4}{5}\times\overset{20}{100}=80$ ➡ 80 %
기호 %를 사용해요.

① $\frac{7}{10}$ ➡ $\frac{7}{10}\times\overset{10}{100}=70$ (%)

② $\frac{11}{20}$ ➡ $\frac{11}{20}\times\overset{5}{100}=55$ (%)

③ $\frac{9}{25}$ ➡ $\frac{9}{25}\times\overset{4}{100}=36$ (%)

④ $\frac{13}{50}$ ➡ $\frac{13}{50}\times\overset{2}{100}=26$ (%)

⑤ $\frac{3}{2}$ ➡ $\frac{3}{2}\times\overset{50}{100}=150$ (%)

⑥ $\frac{19}{20}$ ➡ $\frac{19}{20}\times\overset{5}{100}=95$ (%)

⑦ $\frac{39}{50}$ ➡ $\frac{39}{50}\times\overset{2}{100}=78$ (%)

⑧ $\frac{18}{25}$ ➡ $\frac{18}{25}\times\overset{4}{100}=72$ (%)

⑨ $\frac{8}{5}$ ➡ $\frac{8}{5}\times\overset{20}{100}=160$ (%)

⑩ $\frac{7}{4}$ ➡ $\frac{7}{4}\times\overset{25}{100}=175$ (%)

41 소수에 100을 곱하고 %를 붙여 백분율로 나타내자 

※ 비율을 백분율로 나타내세요.

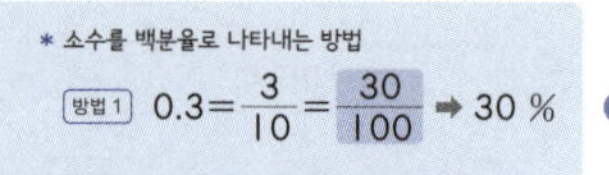

* 소수를 백분율로 나타내는 방법
방법1 $0.3 = \frac{3}{10} = \frac{30}{100}$ → 30 %
방법2 $0.3 \times 100 = 30$ (%) 2칸 이동

⑥ 0.75 → (75 %)

① 0.01 → 0.01×100= 1 (%)

⑦ 3.2 → (320 %)

② 0.04 → (4 %)
백분율의 기호를 꼭 써요.

⑧ 1.03 → (103 %)

③ 0.6 → (60 %)

⑨ 2.49 → (249 %)

④ 0.15 → (15 %)

⑩ 4.61 → (461 %)

⑤ 0.38 → (38 %)

⑪ 10.6 → (1060 %)

41

※ 비율을 백분율로 나타내세요.

① 0.02 → (2 %)
기호를 꼭 써요~

⑦ 1.36 → (136 %)

② 0.05 → (5 %)

⑧ 2.08 → (208 %)

③ 0.09 → (9 %)

⑨ 3.75 → (375 %)

④ 0.25 → (25 %)

⑩ 21.3 → (2130 %)

⑤ 0.43 → (43 %)

앗! 실수

⑪ 0.1 → (10 %)
소수점을 1칸만 옮기는 실수를 하기 쉬워요.

⑥ 0.91 → (91 %)

⑫ 0.5 → (50 %)

---

42 색칠한 부분의 비율을 백분율로 나타내기 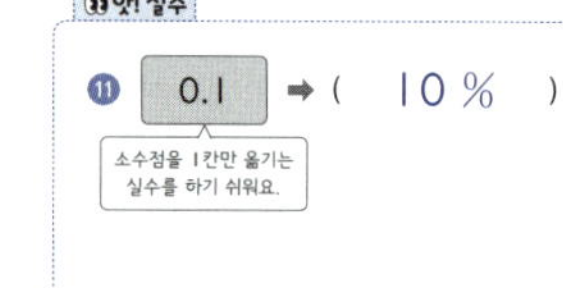

※ 그림을 보고 전체에 대한 색칠한 부분의 비율을 백분율로 나타내세요.

* 전체에 대한 색칠한 부분의 비율을 백분율로 나타내기
비율 $\frac{(색칠한\ 칸\ 수)}{(전체\ 칸\ 수)} = \frac{1}{4}$ 백분율 $\frac{1}{4} \times 100 = 25$ (%)

① 색칠한 칸 수를 세어 봐요.
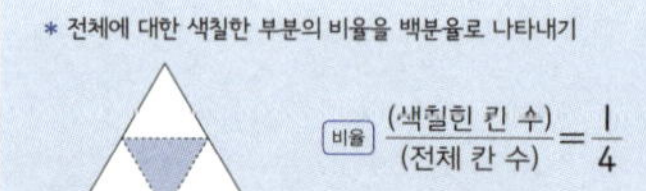 → $\frac{2}{5} \times 100 = $ 40 (%)

⑤ 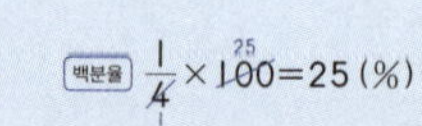 → 75 %

② 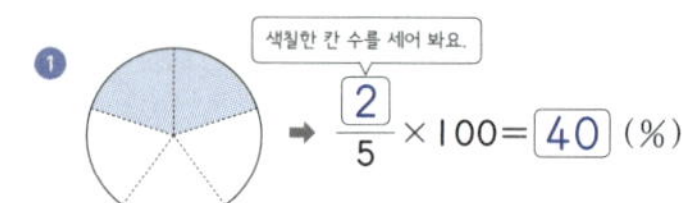 → 30 %

⑥ 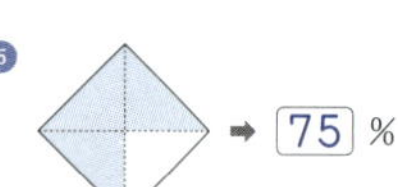 → 80 %

③  → 80 %

⑦ 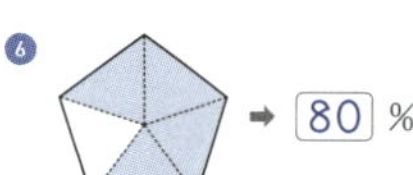 → 60 %

④ 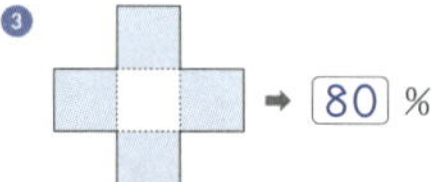 → 50 %

⑧ 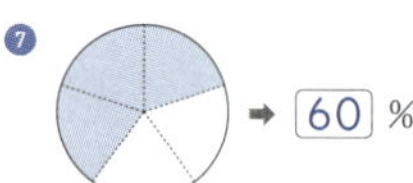 → 25 %

42

※ 그림을 보고 전체에 대한 색칠한 부분의 비율을 백분율로 나타내세요.

① 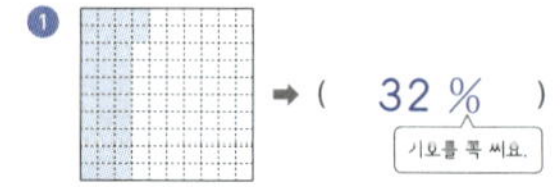 → (32 %)
기호를 꼭 써요.

⑥ 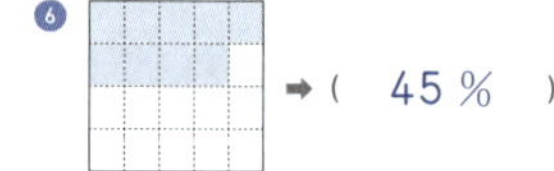 → (45 %)

② → (75 %)

⑦ → (25 %)

③ 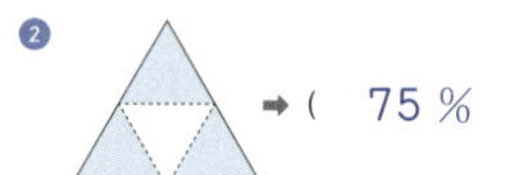 → (60 %)

⑧ 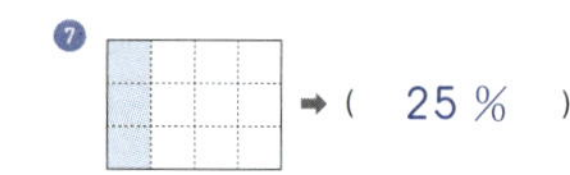 → (75 %)

④ 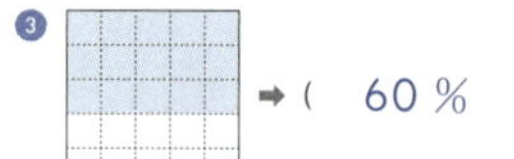 → (80 %)

⑨ → (25 %)

⑤ 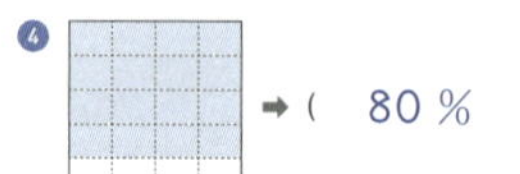 → (25 %)

⑩ 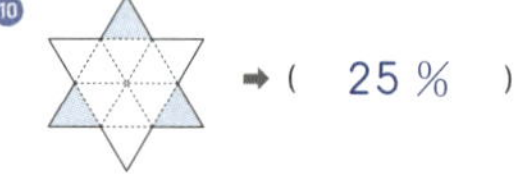 → (25 %)

43 백분율의 %를 빼고 100으로 나눠 분수로 나타내자

걸린 시간 3분

❈ 백분율을 분수로 나타내세요.
기준량을 100으로 할 때의 비율

① 3 % → 3÷100= $\frac{3}{100}$

② 27 % → $\frac{27}{100}$

분모가 100인 분수로
바로 나타내어 볼까요?

③ 33 % → ($\frac{33}{100}$)

④ 41 % → ($\frac{41}{100}$)

⑤ 57 % → ($\frac{57}{100}$)

⑥ 79 % → ($\frac{79}{100}$)

⑦ 21 % → ($\frac{21}{100}$)

⑧ 49 % → ($\frac{49}{100}$)

⑨ 63 % → ($\frac{63}{100}$)

⑩ 99 % → ($\frac{99}{100}$)

⑪ 107 % → ($\frac{107}{100}$)

⑫ 237 % → ($\frac{237}{100}$)

43

걸린 시간 3분

❈ 백분율을 기약분수로 나타내세요.

■▲ % ⇒ $\frac{■▲}{100}$

① 2 % → ($\frac{1}{50}$)

② 10 % → ($\frac{1}{10}$)

③ 40 % → ($\frac{2}{5}$)

④ 70 % → ($\frac{7}{10}$)

⑤ 12 % → ($\frac{3}{25}$)

⑥ 52 % → ($\frac{13}{25}$)

⑦ 15 % → ($\frac{3}{20}$)

⑧ 28 % → ($\frac{7}{25}$)

⑨ 94 % → ($\frac{47}{50}$)

⑩ 116 % → ($\frac{29}{25}$)

⑪ 130 % → ($\frac{13}{10}$)

⑫ 250 % → ($\frac{5}{2}$)

44 백분율을 소수로 나타내기

걸린 시간 3분

❈ 백분율을 소수로 나타내세요.

＊ 100으로 나누면 소수점이 왼쪽으로 2칸 이동해요.
0.12 % → (0.12)
1.05 % → (1.05)

① 34 % → (0.34)

② 53 % → (0.53)

③ 65 % → (0.65)

④ 48 % → (0.48)

⑤ 75 % → (0.75)

⑥ 91 % → (0.91)

⑦ 153 % → (1.53)

⑧ 147 % → (1.47)

앗! 실수

⑨ 5 % → $\frac{5}{100}$ = 0.05

0.5%라고 답하지
않도록 주의해요!

⑩ 8 % → $\frac{8}{100}$ = 0.08

소수점 아래 마지막 0은
생략할 수 있어요.

⑪ 230 % → (2.3)

44

걸린 시간 3분

❈ 백분율을 소수로 나타내세요.

■▲ % ⇒ 0.■▲

① 4 % → (0.04)

② 9 % → (0.09)

③ 13 % → (0.13)

④ 27 % → (0.27)

⑤ 50 % → (0.5)

⑥ 88 % → (0.88)

⑦ 45 % → (0.45)

⑧ 71 % → (0.71)

⑨ 93 % → (0.93)

⑩ 125 % → (1.25)

⑪ 160 % → (1.6)

⑫ 206 % → (2.06)

45 비와 비율 완벽하게 끝내기

빈칸에 알맞은 기약분수와 소수를 써넣으세요.

	비	비율	
		기약분수	소수
❶	4 : 5	$\frac{4}{5}$	0.8
❷	3 대 4	$\frac{3}{4}$	0.75
❸	3과 10의 비	$\frac{3}{10}$	0.3
❹	20에 대한 13의 비	$\frac{13}{20}$	0.65
❺	4의 5에 대한 비	$\frac{4}{5}$	0.8
❻	3과 5의 비	$\frac{3}{5}$	0.6
❼	17의 25에 대한 비	$\frac{17}{25}$	0.68
❽	10에 대한 3의 비	$\frac{3}{10}$	0.3

45

빈칸에 알맞은 기약분수, 소수, 백분율을 써넣으세요.

	비율		
	기약분수	소수	백분율
❶	$\frac{27}{100}$	0.27	27 %
❷	$\frac{7}{10}$	0.7	70 %
❸	$\frac{3}{50}$	0.06	6 %
❹	$\frac{9}{20}$	0.45	45 %
❺	$\frac{13}{50}$	0.26	26 %
❻	$\frac{77}{50}$	1.54	154 %
❼	$\frac{31}{100}$	0.31	31 %
❽	$\frac{23}{10}$	2.3	230 %

46 생활 속 연산 – 비와 비율

그림을 보고 □ 안에 알맞은 수를 써넣으세요.

❶ 
음식점에서 오늘 자장면 80그릇, 짬뽕 60그릇을 팔았습니다. 오늘 판매한 짬뽕 수의 자장면 수에 대한 비는 60 : 80 입니다.

❷ 
다정이는 물에 오렌지 원액 120 mL를 넣어 오렌지 주스 600 mL를 만들었습니다. 오렌지 주스 양에 대한 오렌지 원액 양의 비율을 분수로 나타내면 $\frac{1}{5}$, 소수로 나타내면 0.2 입니다.

❸ 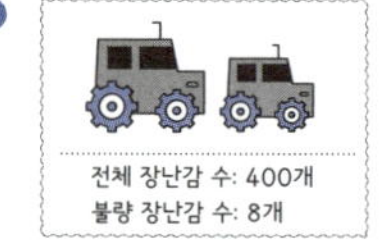
어느 공장에서 만든 전체 장난감 400개 중에서 8개가 불량품이었습니다. 전체 장난감 수에 대한 불량 장난감 수의 비율을 백분율로 나타내면 2 %입니다.

❹ 
마트에서 한 개에 2000원인 사과를 할인하여 1500원에 판다고 합니다. 사과 한 개의 할인된 판매 가격은 원래 가격의 75 %입니다.

46 꿀떡! 연산 간식

태윤이네 야구부에서 타율 왕을 선발하려고 합니다. 친구들의 타율을 각각 구해 □ 안에 소수로 써넣고, 타율이 더 높은 친구를 ◯ 안에 써넣어 타율 왕을 찾아 보세요.

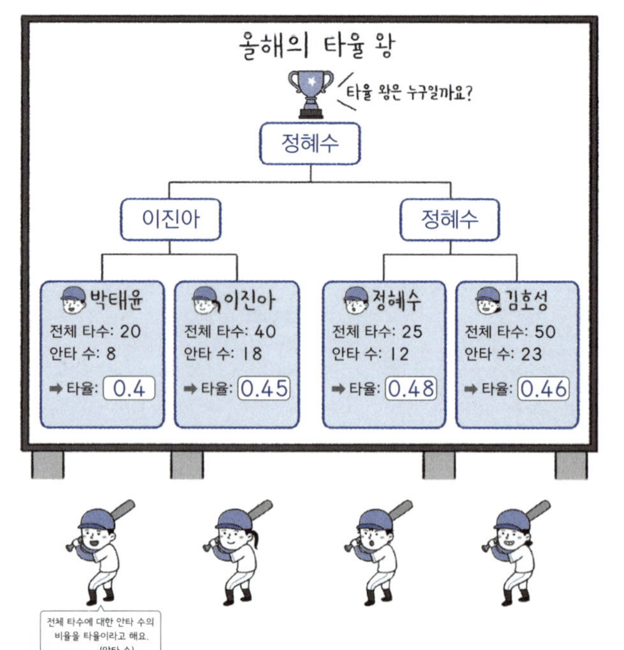

셋째마당 통과 문제

*틀린 문제는 꼭 다시 확인하고 넘어가요!

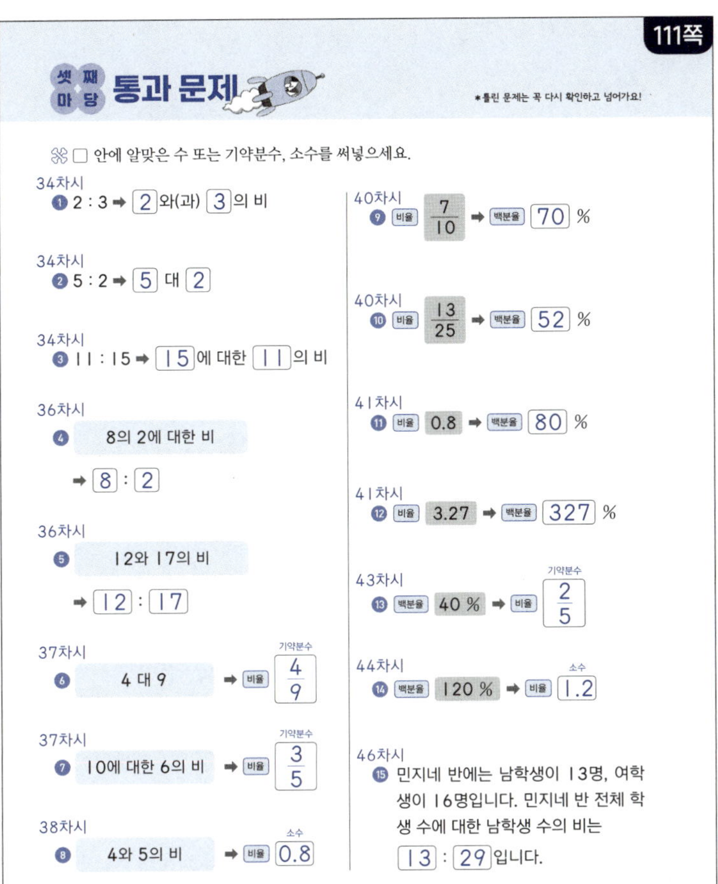

❊ ☐ 안에 알맞은 수 또는 기약분수, 소수를 써넣으세요.

34차시
❶ 2 : 3 ➡ [2] 와(과) [3] 의 비

34차시
❷ 5 : 2 ➡ [5] 대 [2]

34차시
❸ 11 : 15 ➡ [15] 에 대한 [11] 의 비

36차시
❹ 8의 2에 대한 비
➡ [8] : [2]

36차시
❺ 12와 17의 비
➡ [12] : [17]

37차시
❻ 4 대 9 ➡ 비율 [4/9] (기약분수)

37차시
❼ 10에 대한 6의 비 ➡ 비율 [3/5] (기약분수)

38차시
❽ 4와 5의 비 ➡ 비율 [0.8] (소수)

40차시
❾ 비율 [7/10] ➡ 백분율 [70] %

40차시
❿ 비율 [13/25] ➡ 백분율 [52] %

41차시
⓫ 비율 [0.8] ➡ 백분율 [80] %

41차시
⓬ 비율 [3.27] ➡ 백분율 [327] %

43차시
⓭ 백분율 [40] % ➡ 비율 [2/5] (기약분수)

44차시
⓮ 백분율 [120] % ➡ 비율 [1.2] (소수)

46차시
⓯ 민지네 반에는 남학생이 13명, 여학생이 16명입니다. 민지네 반 전체 학생 수에 대한 남학생 수의 비는 [13] : [29] 입니다.

---

47 직육면체의 부피는 가로, 세로, 높이의 곱!

집중 시간 3분

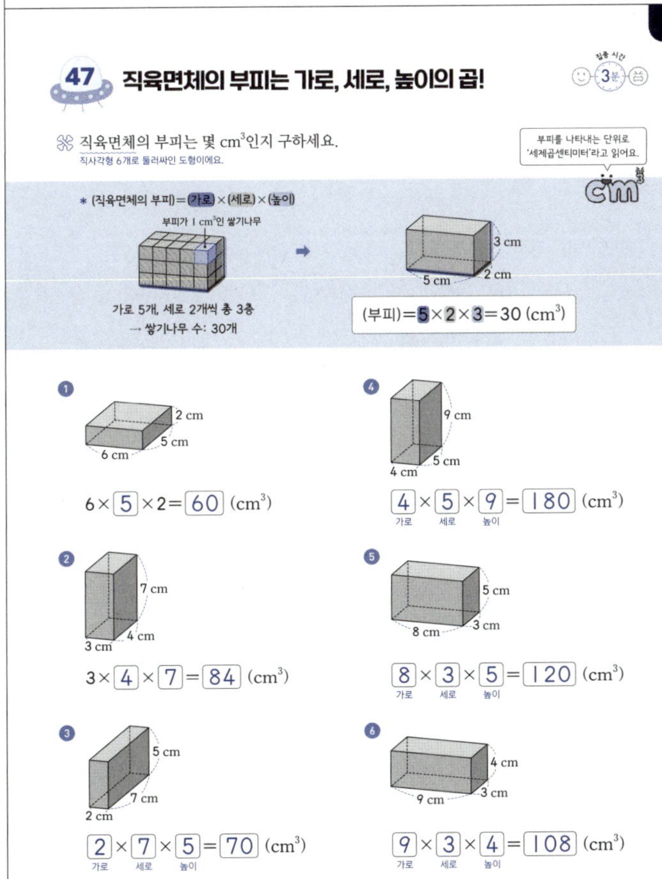

❊ 직육면체의 부피는 몇 cm³인지 구하세요.
직사각형 6개로 둘러싼 도형이에요.

* (직육면체의 부피) = (가로) × (세로) × (높이)

부피를 나타내는 단위로 '세제곱센티미터'라고 읽어요. cm³

부피가 1 cm³인 쌓기나무

3 cm
5 cm
2 cm

가로 5개, 세로 2개씩 총 3층
→ 쌓기나무 수: 30개

(부피) = 5 × 2 × 3 = 30 (cm³)

❶
2 cm
6 cm
5 cm
6 × [5] × 2 = [60] (cm³)

❷
7 cm
3 cm
4 cm
3 × [4] × 7 = [84] (cm³)

❸
5 cm
7 cm
2 cm
[2] × [7] × [5] = [70] (cm³)
가로 세로 높이

❹
9 cm
5 cm
4 cm
[4] × [5] × [9] = [180] (cm³)

❺
5 cm
8 cm
3 cm
[8] × [3] × [5] = [120] (cm³)
가로 세로 높이

❻
4 cm
9 cm
3 cm
[9] × [3] × [4] = [108] (cm³)
가로 세로 높이

47

집중 시간 3분

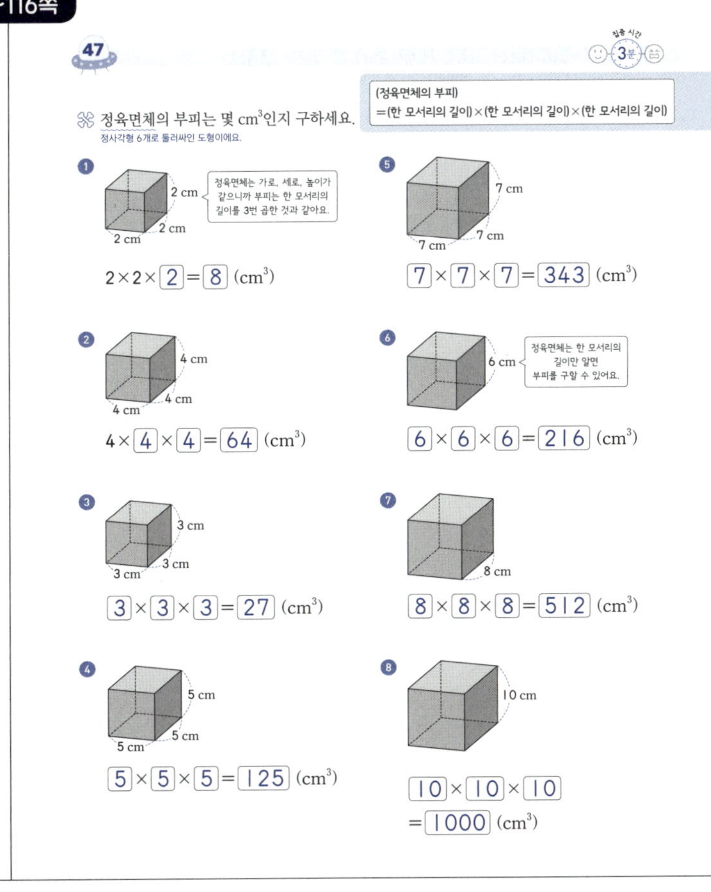

❊ 정육면체의 부피는 몇 cm³인지 구하세요.
정사각형 6개로 둘러싼 도형이에요.

(정육면체의 부피) = (한 모서리의 길이) × (한 모서리의 길이) × (한 모서리의 길이)

❶
2 cm
2 cm
2 cm
정육면체는 가로, 세로, 높이가 같으니까 부피는 한 모서리의 길이를 3번 곱한 것과 같아요.
2 × 2 × [2] = [8] (cm³)

❷
4 cm
4 cm
4 cm
4 × [4] × 4 = [64] (cm³)

❸
3 cm
3 cm
3 cm
[3] × [3] × [3] = [27] (cm³)

❹
5 cm
5 cm
5 cm
[5] × [5] × [5] = [125] (cm³)

❺
7 cm
7 cm
7 cm
[7] × [7] × [7] = [343] (cm³)

❻
6 cm
정육면체는 한 모서리의 길이만 알면 부피를 구할 수 있어요.
6 × 6 × 6 = [216] (cm³)

❼
8 cm
[8] × [8] × [8] = [512] (cm³)

❽
10 cm
[10] × [10] × [10] = [1000] (cm³)

48 직육면체와 정육면체의 부피 구하기

집중 시간 3분

※ 직육면체와 정육면체의 부피는 몇 cm³인지 구하세요.

❶ 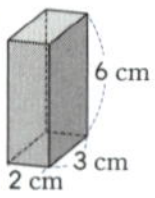

직육면체의 부피는 가로, 세로, 높이의 곱! 줄임말로 '가세높'으로 외워 봐요~

(36 cm³) 단위를 꼭 써요.

❺ 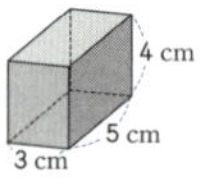

(60 cm³)

❷ 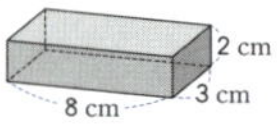

(48 cm³)

❻ 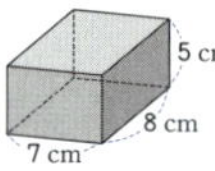

(280 cm³)

❸ 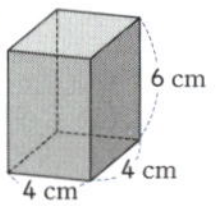

(96 cm³)

❼ 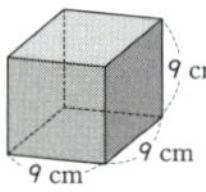

(729 cm³)

❹ 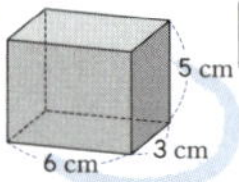

5×(짝수)=(몇십)으로 5를 먼저 곱하면 계산이 쉬워져요.

(90 cm³)

❽ 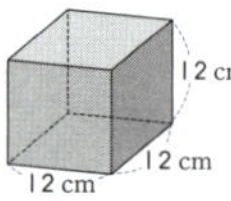

(1728 cm³)

48

집중 시간 3분

※ 직육면체와 정육면체의 부피는 몇 cm³인지 구하세요.

cm 단위인 변을 3개 곱하니까 cm 단위 위에 3을 붙여 줘요.

❶ 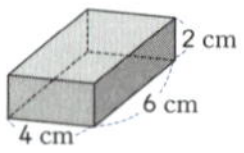

(48 cm³) 단위를 꼭 써요.

❺ 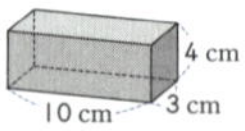

(120 cm³)

❷ 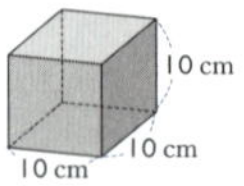

(1000 cm³)

❻ 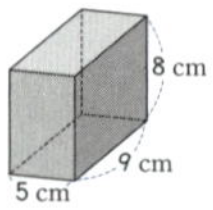

(360 cm³)

❸ 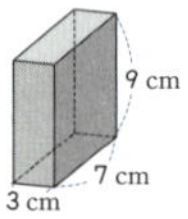

(189 cm³)

❼ 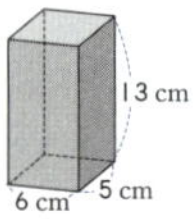

(390 cm³)

❹ 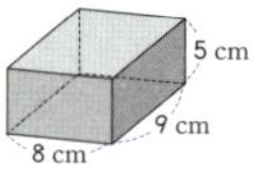

(360 cm³)

❽ 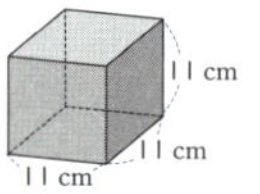

(1331 cm³)

49 전개도에서 가로, 세로, 높이를 찾아 곱하자

입체도형을 펼쳐서 평면에 나타낸 그림이에요.

집중 시간 3분

※ 전개도를 접어서 만든 직육면체의 부피는 몇 cm³인지 구하세요.

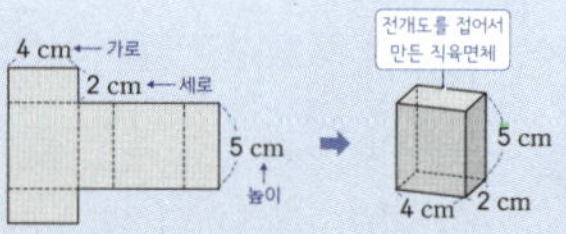

(직육면체의 부피)
=4×2×5=40 (cm³)

❶ 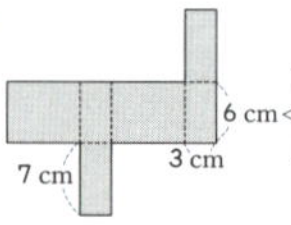

직육면체의 가로, 세로, 높이를 찾아봐요.

(126 cm³)

❹ 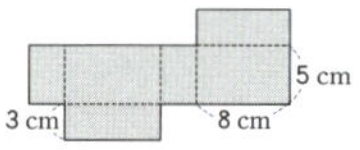

(120 cm³)

❷ 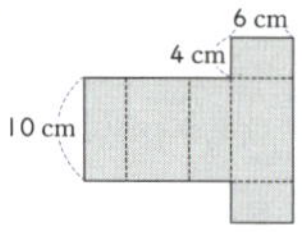

(240 cm³)

❺ 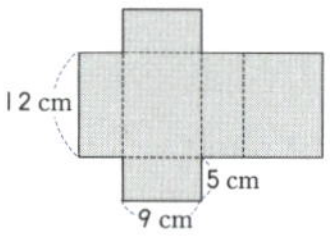

(540 cm³)

❸ 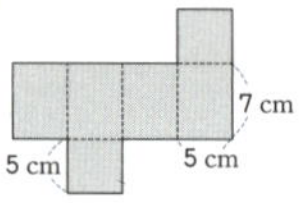

(175 cm³)

❻ 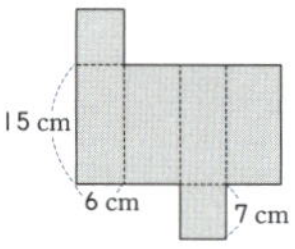

(630 cm³)

49

집중 시간 3분

※ 전개도를 접어서 만든 정육면체의 부피는 몇 cm³인지 구하세요.

❶ 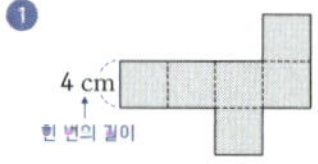

정육면체는 모든 모서리의 길이가 같으니까 한 변의 길이를 3번 곱해 부피를 구하면 돼요.

(64 cm³)

❺ 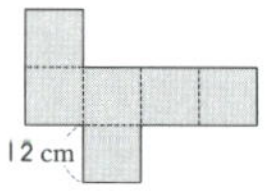

(1728 cm³)

❷ 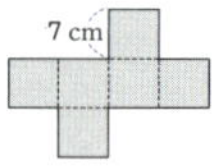

(343 cm³)

❻ 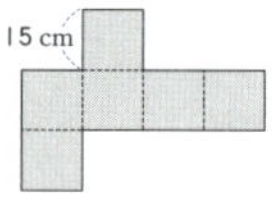

(3375 cm³)

❸ 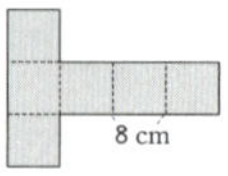

(512 cm³)

❼ 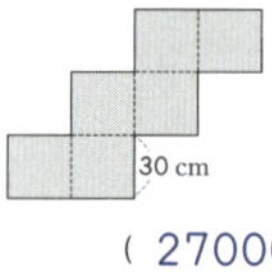

(27000 cm³)

❹ 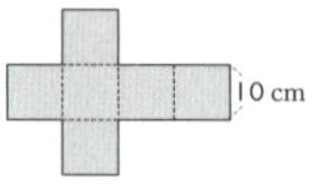

(1000 cm³)

❽ 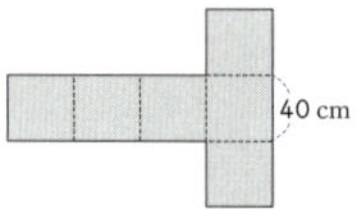

(64000 cm³)

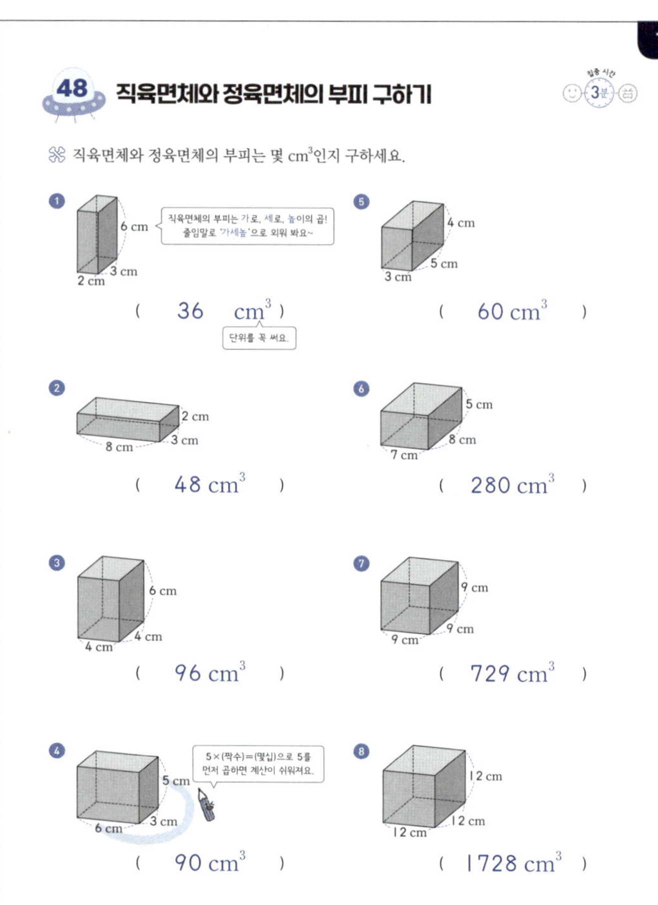

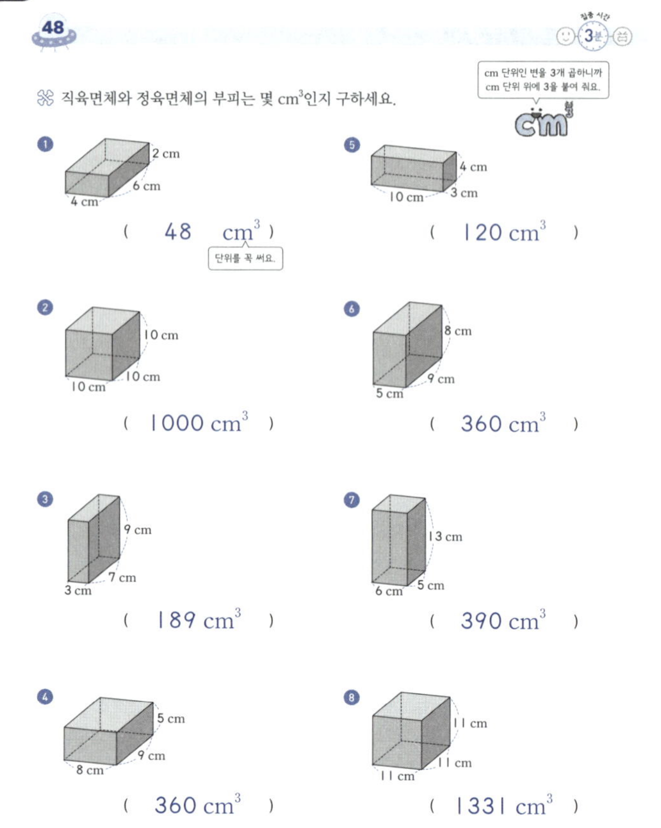

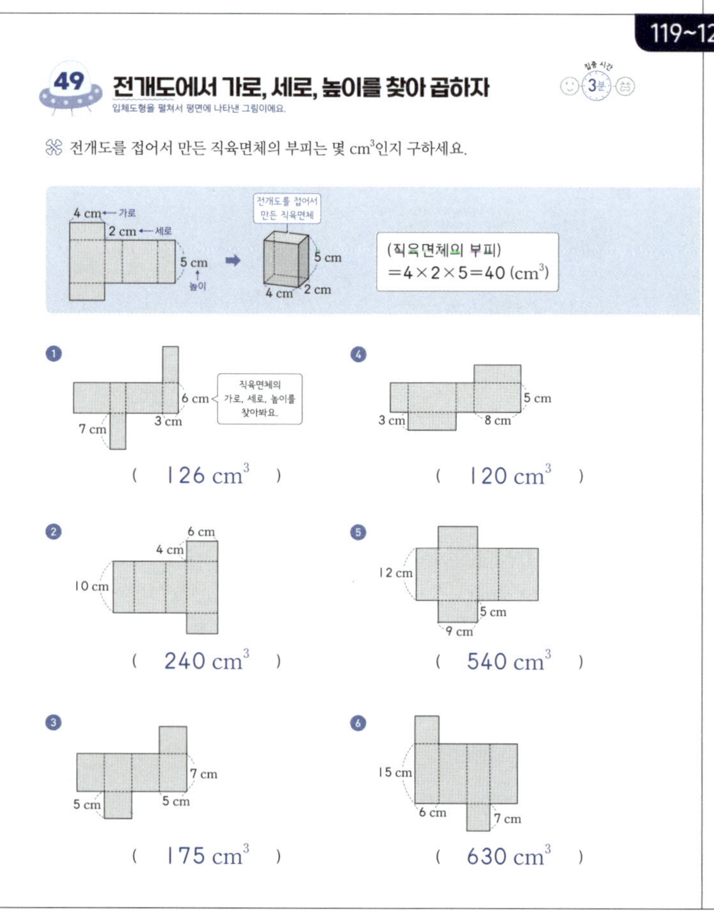

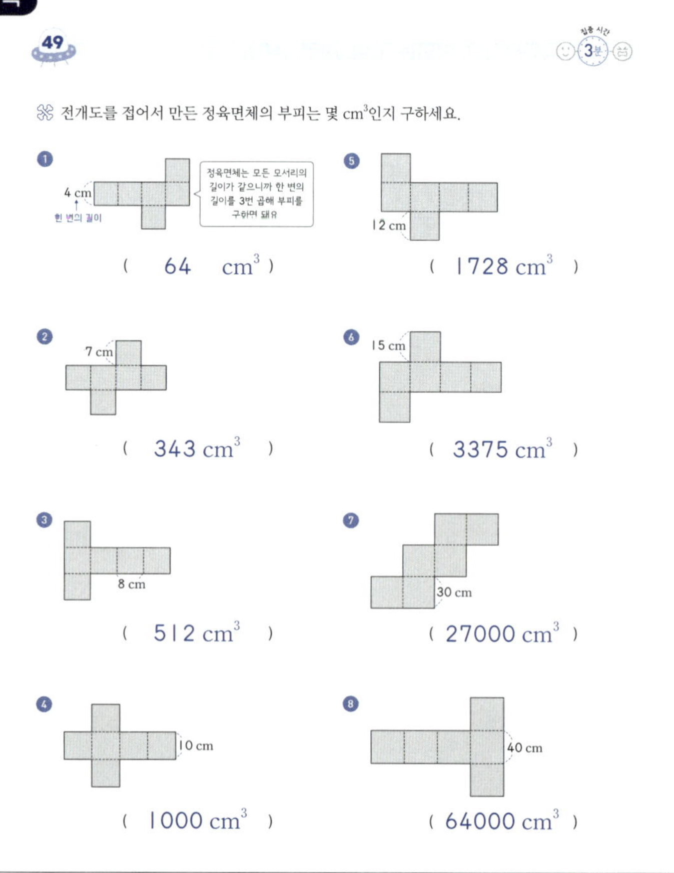

50 직육면체의 부피 공식을 이용하여 한 변 구하기

※ 직육면체의 부피가 다음과 같을 때 □ 안에 알맞은 수를 써넣으세요.

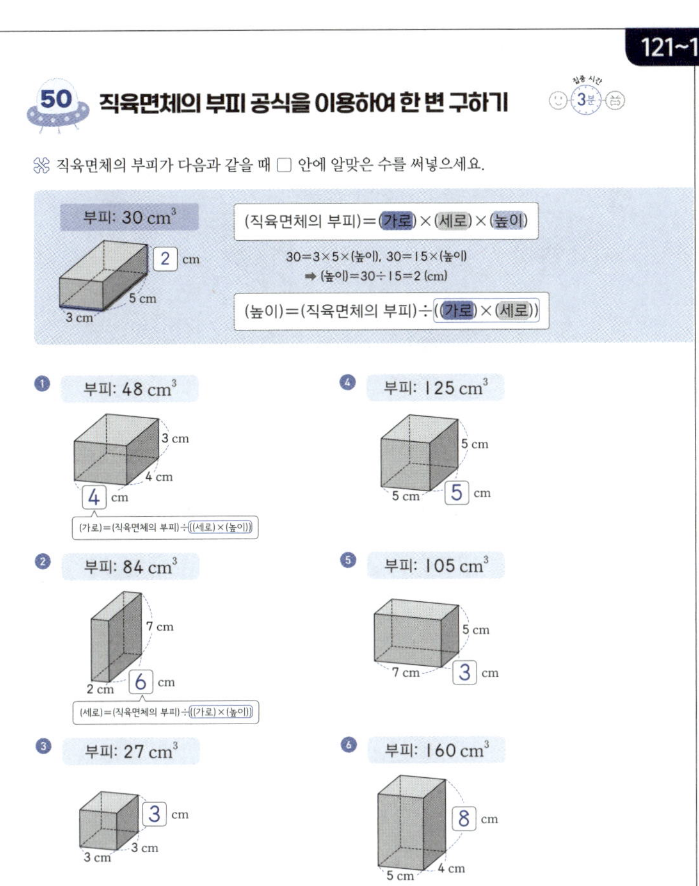

※ 직육면체의 부피가 다음과 같을 때 □ 안에 알맞은 수를 써넣으세요.

모르는 길이는 직육면체의 부피를 주어진 두 길이의 곱으로 나누어 구할 수 있어요~

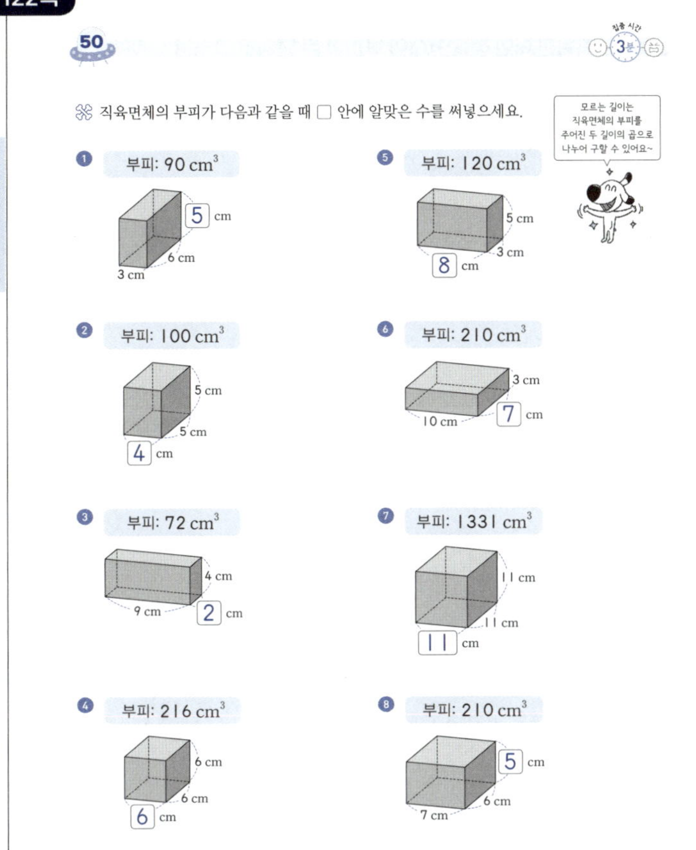

51 m³는 cm³의 1000000배야

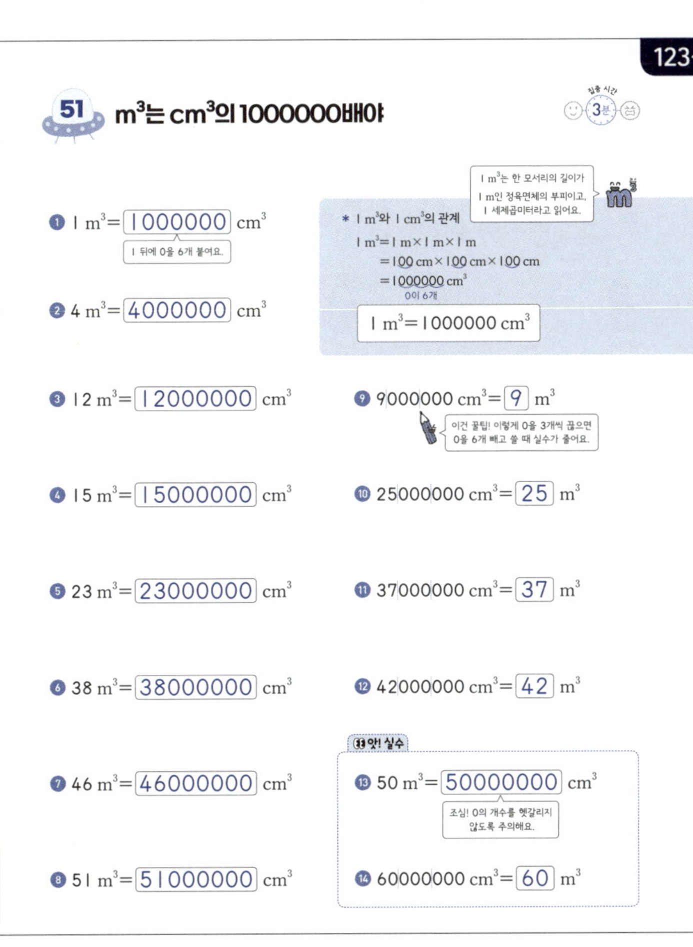

※ □ 안에 알맞은 수를 써넣으세요.

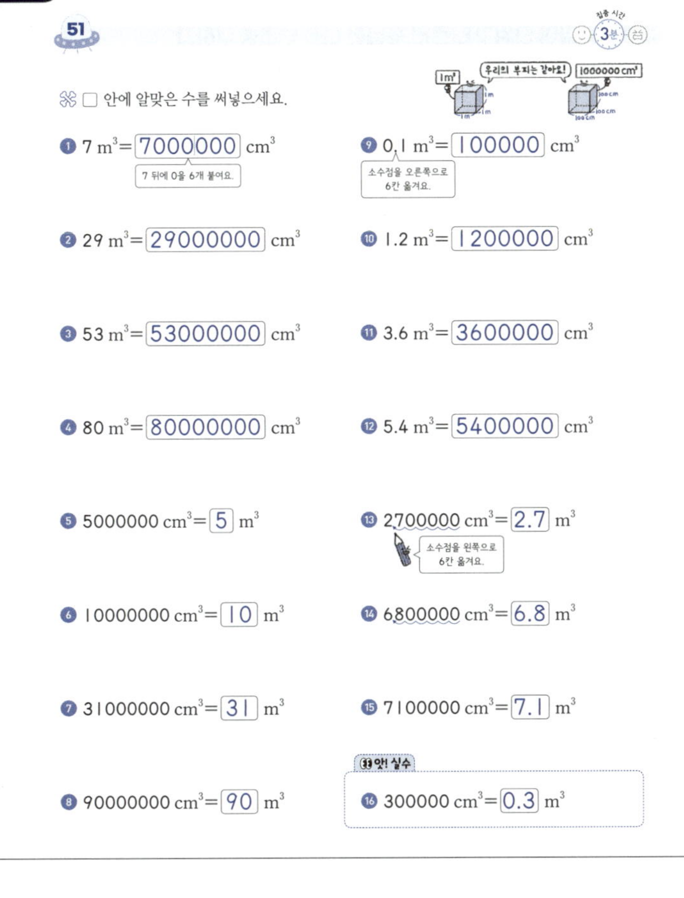

125~126쪽

52 직육면체와 정육면체의 부피를 큰 단위로 구하기

집중 시간 3분

※ 직육면체와 정육면체의 부피는 몇 m^3인지 구하세요.

(직육면체의 부피) =(가로)×(세로)×(높이)

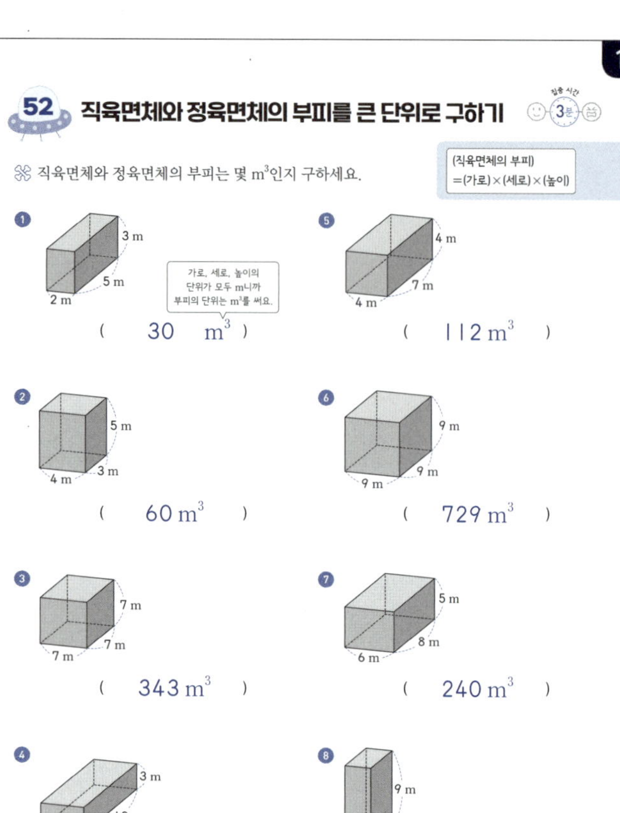

① 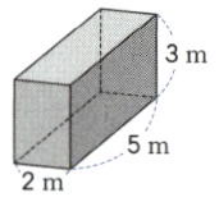

(30 m^3)

⑤ 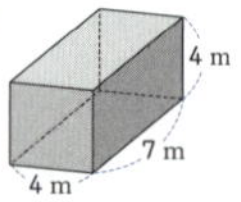

(112 m^3)

② 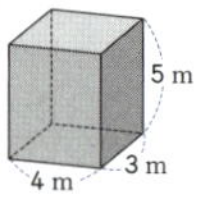

(60 m^3)

⑥ 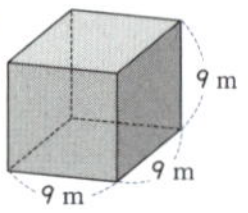

(729 m^3)

③ 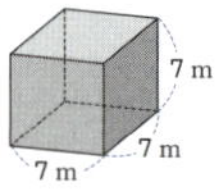

(343 m^3)

⑦ 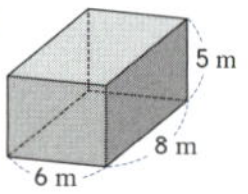

(240 m^3)

④ 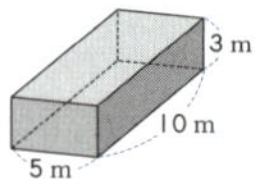

(150 m^3)

⑧ 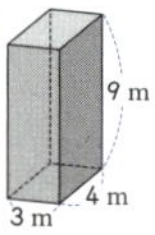

(108 m^3)

52

집중 시간 3분

※ 직육면체와 정육면체의 부피는 몇 m^3인지 구하세요.

m 단위인 변을 3개 곱하니까 m 단위 위에 3을 붙여 줘요.

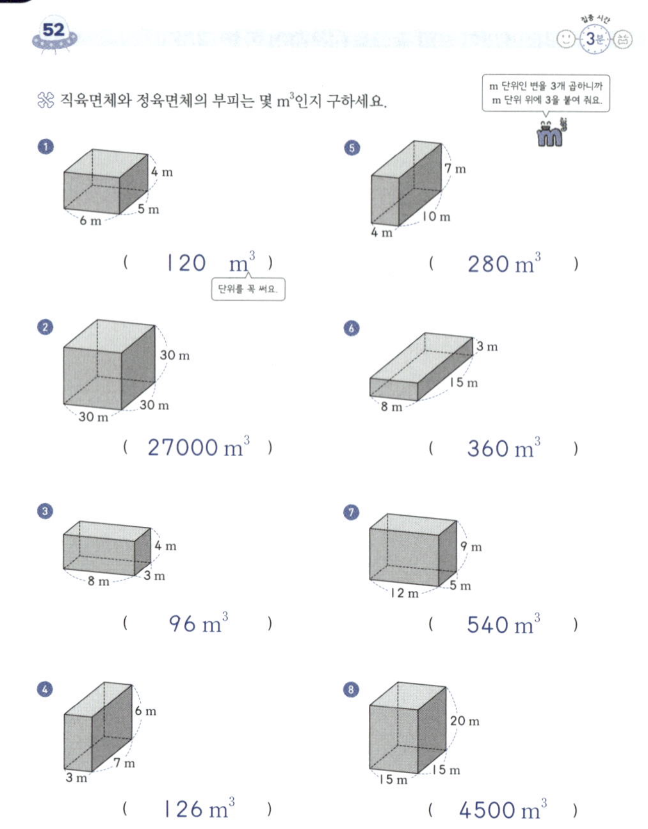

① 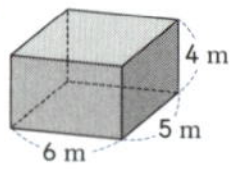

(120 m^3)

단위를 꼭 써요.

⑤ 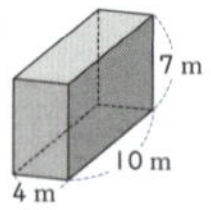

(280 m^3)

② 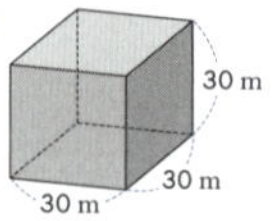

(27000 m^3)

⑥ 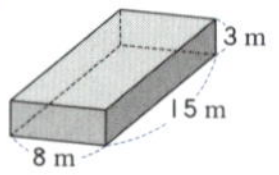

(360 m^3)

③ 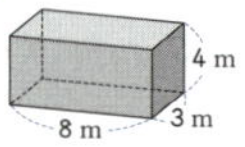

(96 m^3)

⑦ 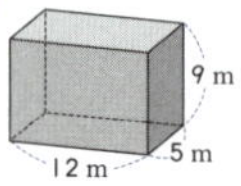

(540 m^3)

④ 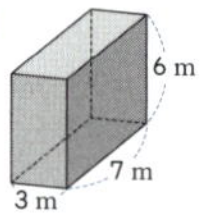

(126 m^3)

⑧ 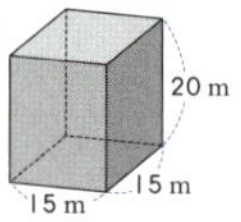

(4500 m^3)

127~128쪽

53 길이 단위가 다르면 통일한 다음 부피를 구하자

집중 시간 3분

※ 직육면체와 정육면체의 부피는 몇 m^3인지 구하세요. m^3 단위로 답해야 하니까 먼저 단위를 m로 통일하고 계산해요.

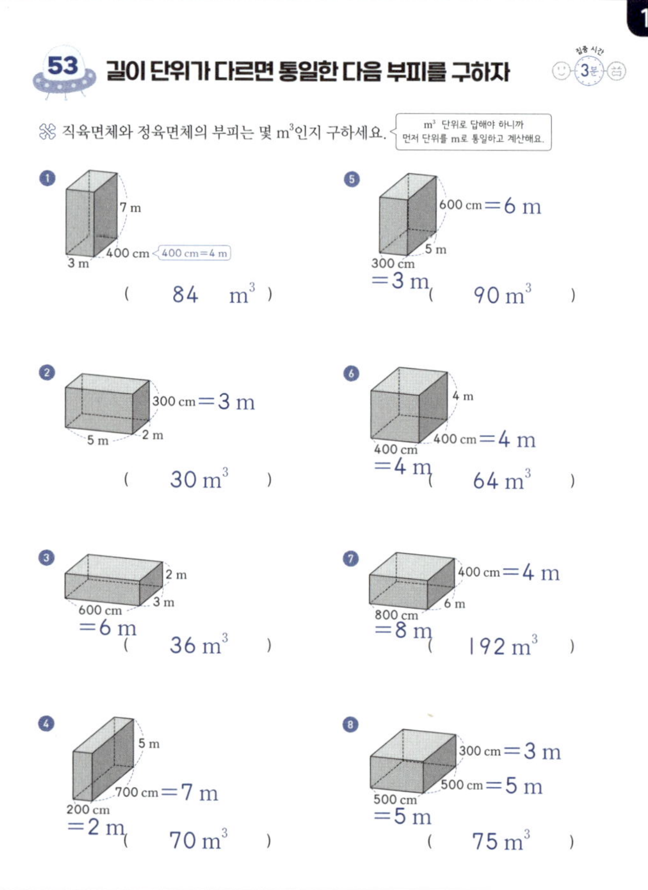

① 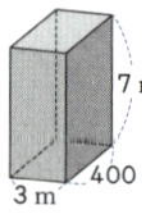

(84 m^3)

⑤ 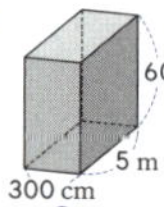

(90 m^3)

② 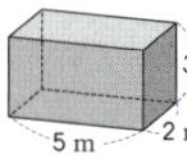

(30 m^3)

⑥ 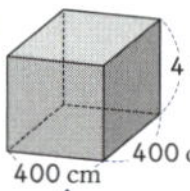

(64 m^3)

③ 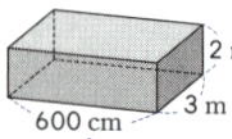

(36 m^3)

⑦ 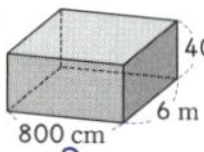

(192 m^3)

④ 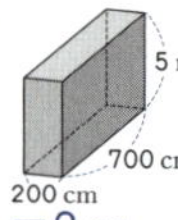

(70 m^3)

⑧ 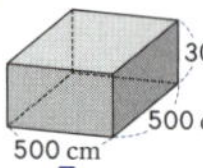

(75 m^3)

53

집중 시간 3분

※ 직육면체와 정육면체의 부피는 몇 m^3인지 구하세요. 먼저 단위부터 통일하고 계산하기! 잊지 마세요~

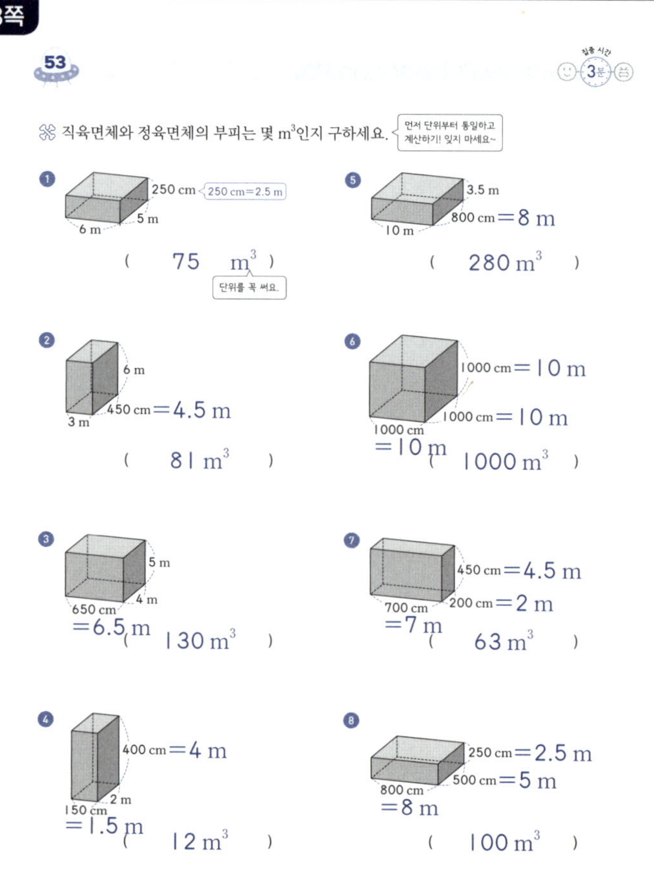

① 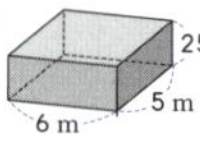

(75 m^3)

단위를 꼭 써요.

⑤ 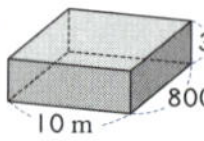

(280 m^3)

② 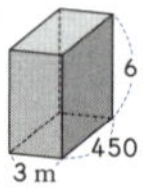

(81 m^3)

⑥ 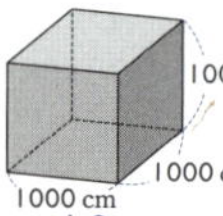

(1000 m^3)

③ 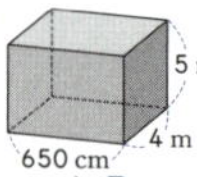

(130 m^3)

⑦ 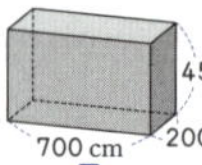

(63 m^3)

④ 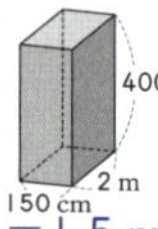

(12 m^3)

⑧ 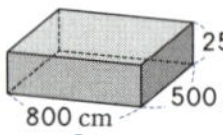

(100 m^3)

129~130쪽

54 합동인 면을 이용하여 직육면체의 겉넓이 구하기

집중 시간 3분

※ 직육면체의 겉넓이는 몇 cm^2인지 구하세요.

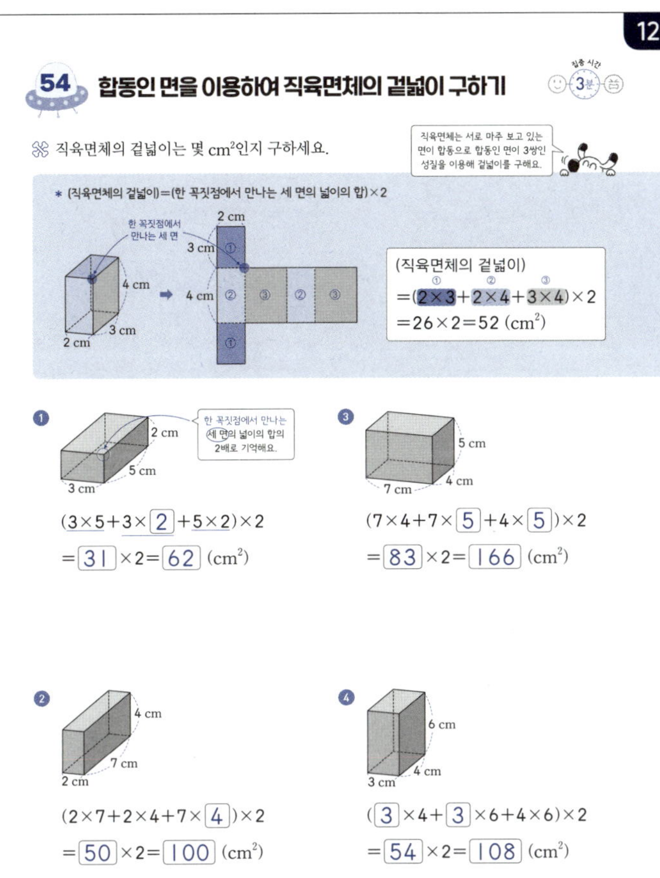

직육면체는 서로 마주 보고 있는 면이 합동으로 합동인 면이 3쌍인 성질을 이용해 겉넓이를 구해요.

* (직육면체의 겉넓이)=(한 꼭짓점에서 만나는 세 면의 넓이의 합)×2

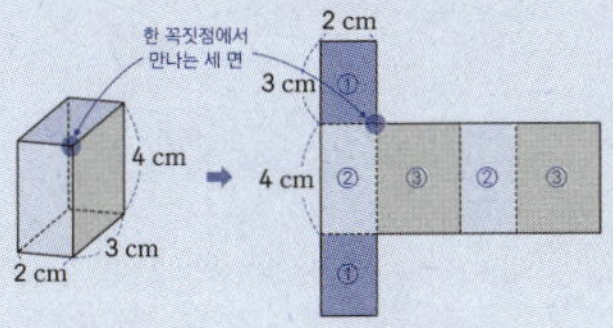

(직육면체의 겉넓이)
=(① 2×3+② 2×4+③ 3×4)×2
=26×2=52 (cm^2)

❶ 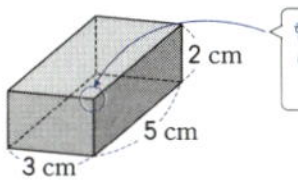

한 꼭짓점에서 만나는 세 면의 넓이의 합의 2배로 기억해요.

(3×5+3×2+5×2)×2
=31×2=62 (cm^2)

❸ 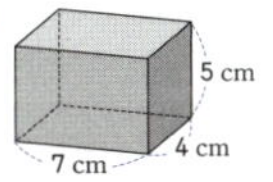

(7×4+7×5+4×5)×2
=83×2=166 (cm^2)

❷ 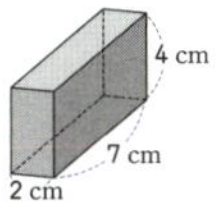

(2×7+2×4+7×4)×2
=50×2=100 (cm^2)

❹ 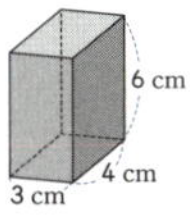

(3×4+3×6+4×6)×2
=54×2=108 (cm^2)

54

집중 시간 3분

※ 직육면체의 겉넓이는 몇 cm^2인지 구하세요.

❶ 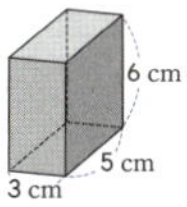

직육면체의 겉넓이는 한 꼭짓점에서 만나는 세 면의 넓이의 합의 2배~

(126 cm^2)

단위를 꼭 써요.

❺ 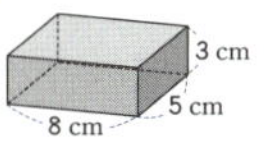

(158 cm^2)

❷ 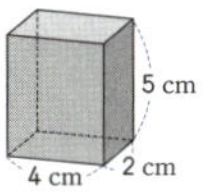

(76 cm^2)

❻ 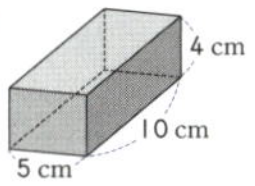

(220 cm^2)

❸ 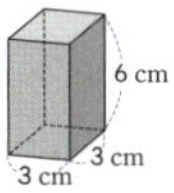

(90 cm^2)

❼ 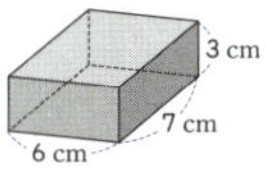

(162 cm^2)

❹ 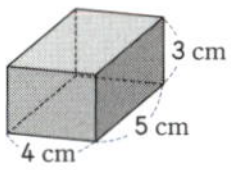

(94 cm^2)

❽ 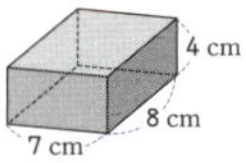

(232 cm^2)

131~132쪽

55 전개도를 이용하여 직육면체의 겉넓이 구하기

집중 시간 3분

※ 전개도를 접어서 만든 직육면체의 겉넓이는 몇 cm^2인지 구하세요.

* (직육면체의 겉넓이)=(한 밑면의 넓이)×2+(옆면의 넓이)

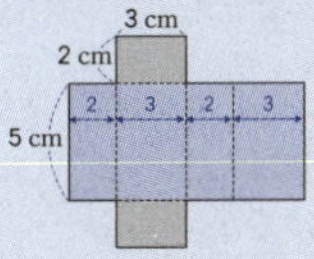

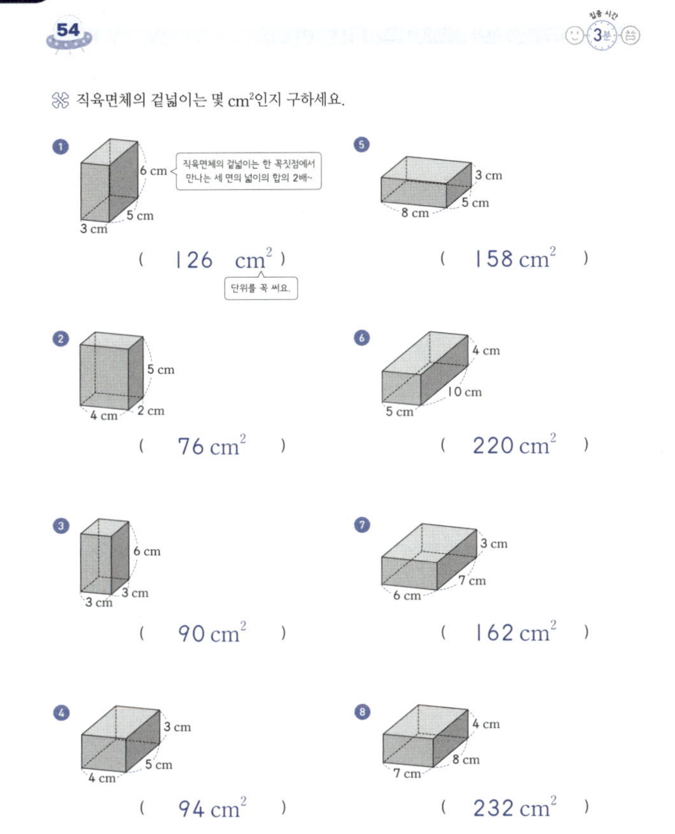

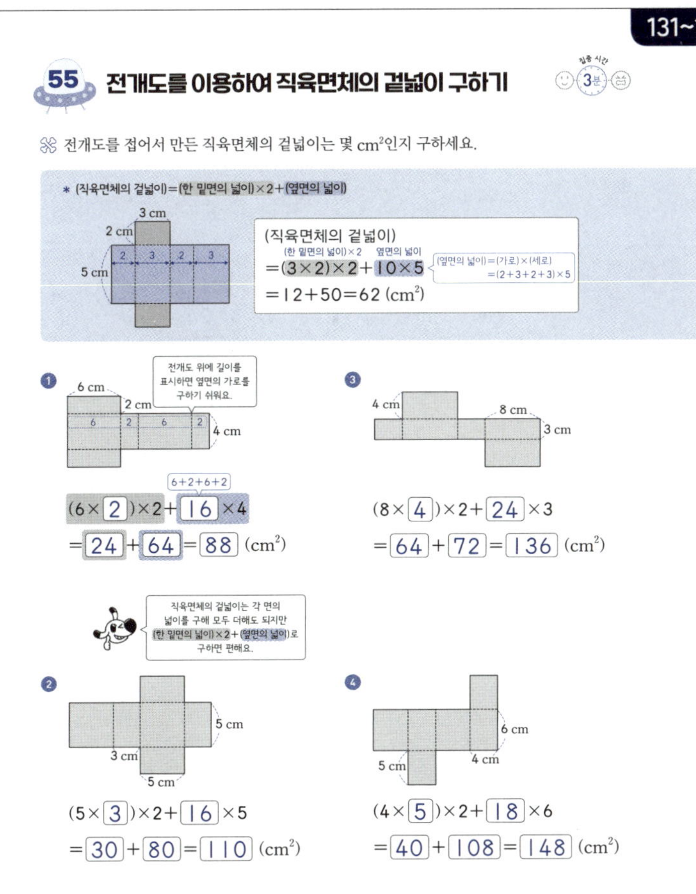

(직육면체의 겉넓이)
(한 밑면의 넓이)×2 옆면의 넓이
=(3×2)×2+10×5
(옆면의 넓이)=(가로)×(세로)
=(2+3+2+3)×5
=12+50=62 (cm^2)

❶ 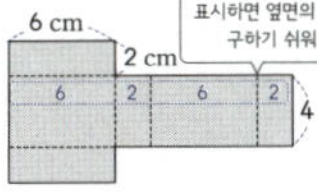

전개도 위에 길이를 표시하면 옆면의 가로를 구하기 쉬워요.

6+2+6+2

(6×2)×2+16×4
=24+64=88 (cm^2)

❸ 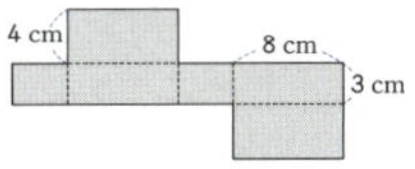

(8×4)×2+24×3
=64+72=136 (cm^2)

직육면체의 겉넓이는 각 면의 넓이를 구해 모두 더해도 되지만 (한 밑면의 넓이)×2+(옆면의 넓이)로 구하면 편해요.

❷ 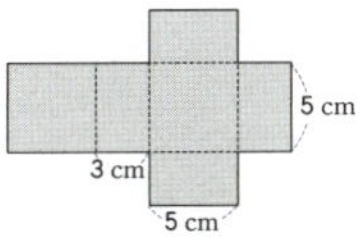

(5×3)×2+16×5
=30+80=110 (cm^2)

❹ 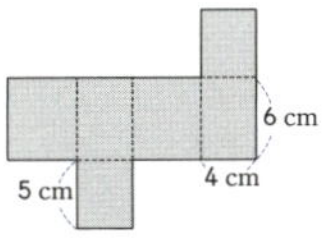

(4×5)×2+18×6
=40+108=148 (cm^2)

55

집중 시간 5분

※ 전개도를 접어서 만든 직육면체의 겉넓이는 몇 cm^2인지 구하세요.

❶ 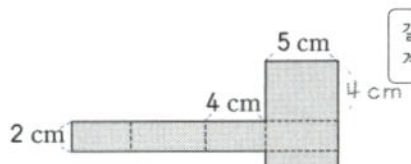

길이를 바로 쓰면 계산이 쉬워져요.

(76 cm^2)

단위를 꼭 써요.

❺ 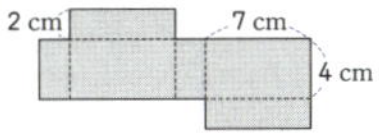

(100 cm^2)

❷ 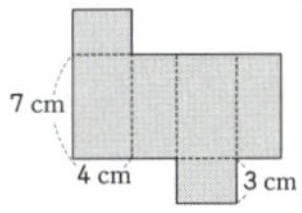

(122 cm^2)

❻ 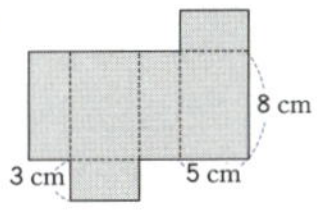

(158 cm^2)

❸ 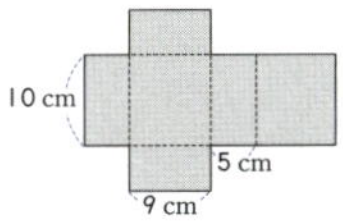

(370 cm^2)

❼ 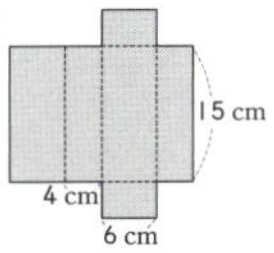

(348 cm^2)

❹ 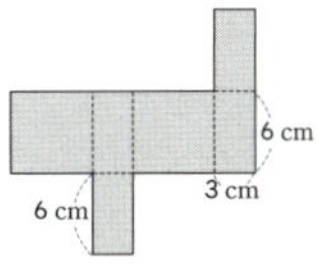

(144 cm^2)

❽ 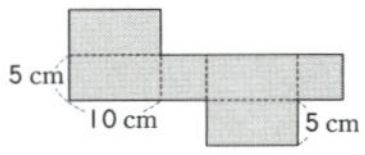

(250 cm^2)

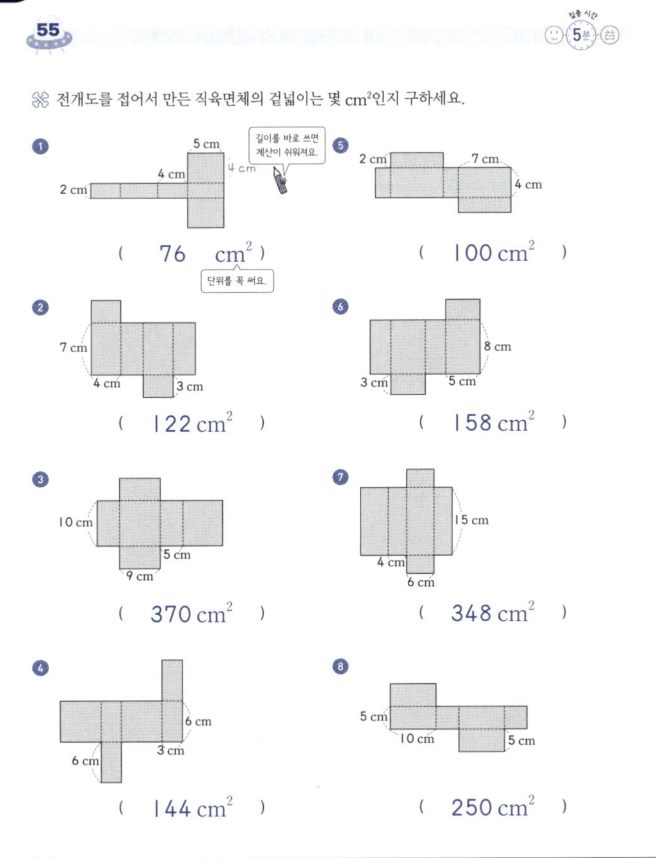

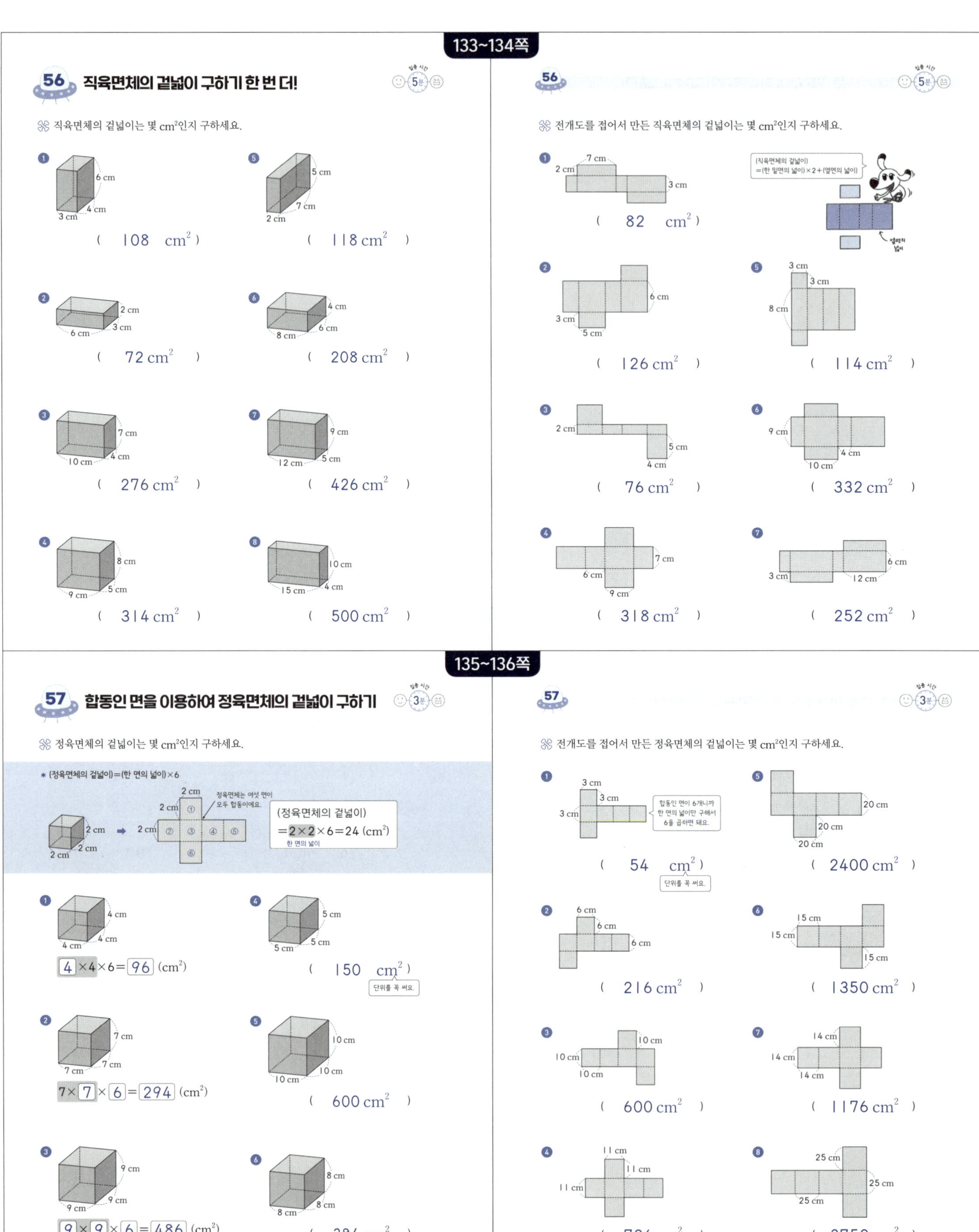

56 직육면체의 겉넓이 구하기 한 번 더!
걸린 시간 5분

직육면체의 겉넓이는 몇 cm²인지 구하세요.

1 6 cm 3 cm 4 cm
(108 cm²)

5 5 cm 7 cm 2 cm
(118 cm²)

2 2 cm 3 cm 6 cm
(72 cm²)

6 4 cm 6 cm 8 cm
(208 cm²)

3 7 cm 4 cm 10 cm
(276 cm²)

7 9 cm 5 cm 12 cm
(426 cm²)

4 8 cm 5 cm 9 cm
(314 cm²)

8 10 cm 4 cm 15 cm
(500 cm²)

56
걸린 시간 5분

전개도를 접어서 만든 직육면체의 겉넓이는 몇 cm²인지 구하세요.

1 7 cm 2 cm 3 cm
(82 cm²)

(직육면체의 겉넓이)
=(한 밑면의 넓이)×2+(옆면의 넓이)
옆면의 넓이

2 6 cm 3 cm 5 cm
(126 cm²)

5 3 cm 3 cm 8 cm
(114 cm²)

3 2 cm 5 cm 4 cm
(76 cm²)

6 9 cm 4 cm 10 cm
(332 cm²)

4 7 cm 6 cm 9 cm
(318 cm²)

7 3 cm 12 cm 6 cm
(252 cm²)

57 합동인 면을 이용하여 정육면체의 겉넓이 구하기
걸린 시간 3분

정육면체의 겉넓이는 몇 cm²인지 구하세요.

* (정육면체의 겉넓이)=(한 면의 넓이)×6
2 cm 2 cm 2 cm 2 cm
정육면체는 여섯 면이 모두 합동이에요.
2 cm ① ② ③ ④ ⑤ ⑥
(정육면체의 겉넓이)
=2×2×6=24 (cm²)
한 면의 넓이

1 4 cm 4 cm 4 cm
4 ×4×6= 96 (cm²)

4 5 cm 5 cm 5 cm
(150 cm²)
단위를 꼭 써요.

2 7 cm 7 cm 7 cm
7 × 7 × 6 = 294 (cm²)

5 10 cm 10 cm 10 cm
(600 cm²)

3 9 cm 9 cm 9 cm
9 × 9 × 6 = 486 (cm²)

6 8 cm 8 cm 8 cm
(384 cm²)

57
걸린 시간 3분

전개도를 접어서 만든 정육면체의 겉넓이는 몇 cm²인지 구하세요.

1 3 cm 3 cm 3 cm
합동인 면이 6개니까 한 면의 넓이만 구해서 6을 곱하면 돼요.
(54 cm²)
단위를 꼭 써요.

5 20 cm 20 cm 20 cm
(2400 cm²)

2 6 cm 6 cm 6 cm
(216 cm²)

6 15 cm 15 cm 15 cm
(1350 cm²)

3 10 cm 10 cm 10 cm
(600 cm²)

7 14 cm 14 cm 14 cm
(1176 cm²)

4 11 cm 11 cm 11 cm
(726 cm²)

8 25 cm 25 cm 25 cm
(3750 cm²)

58 직육면체의 부피와 겉넓이 완벽하게 끝내기

⚘ 직육면체와 정육면체의 부피와 겉넓이를 각각 구하세요.

❶ 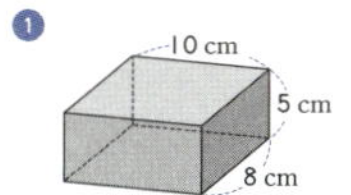
부피 (400 cm³)
겉넓이 (340 cm²)

❷ 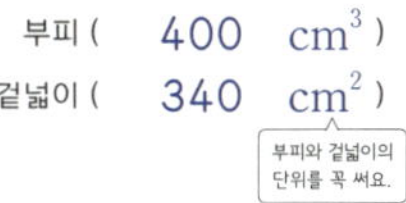
부피 (729 cm³)
겉넓이 (486 cm²)

❸ 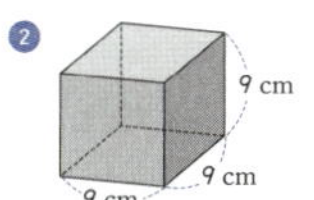
부피 (720 cm³)
겉넓이 (504 cm²)

❹ 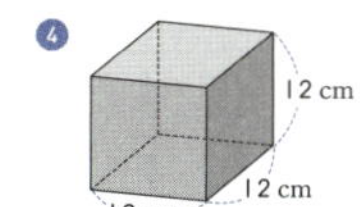
부피 (1728 cm³)
겉넓이 (864 cm²)

❺ 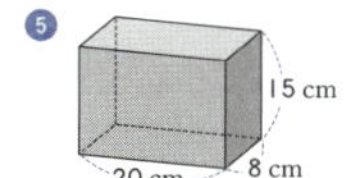
부피 (2400 cm³)
겉넓이 (1160 cm²)

❻ 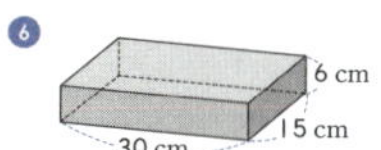
부피 (2700 cm³)
겉넓이 (1440 cm²)

58

⚘ 전개도를 접어서 만든 직육면체와 정육면체의 부피와 겉넓이를 각각 구하세요.

❶ 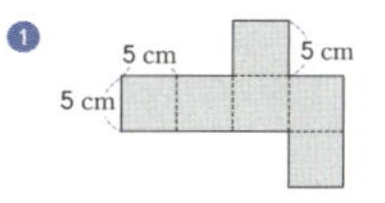
부피 (125 cm³)
겉넓이 (150 cm²)

❷ 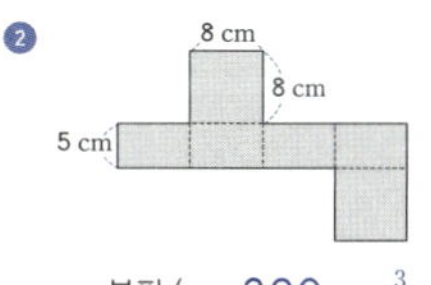
부피 (320 cm³)
겉넓이 (288 cm²)

❸ 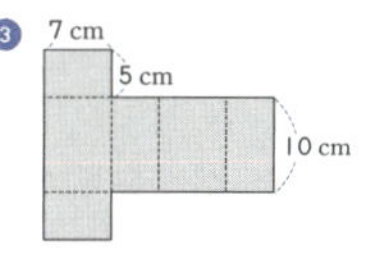
부피 (350 cm³)
겉넓이 (310 cm²)

❹ 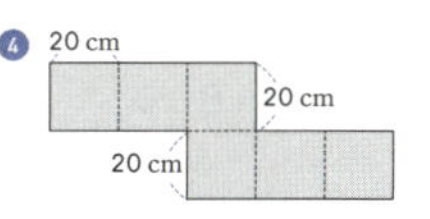
부피 (8000 cm³)
겉넓이 (2400 cm²)

❺ 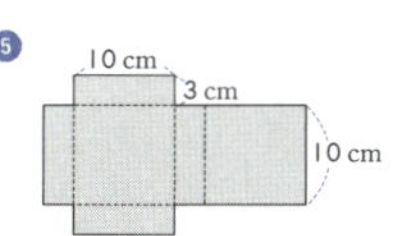
부피 (300 cm³)
겉넓이 (320 cm²)

❻ 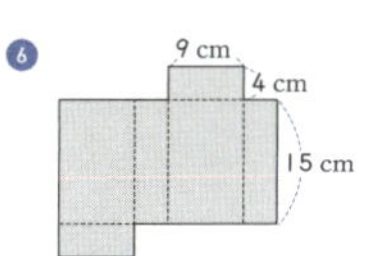
부피 (540 cm³)
겉넓이 (462 cm²)

59 생활 속 연산 – 직육면체의 부피와 겉넓이

⚘ 그림을 보고 □ 안에 알맞은 수를 써넣으세요.

❶ 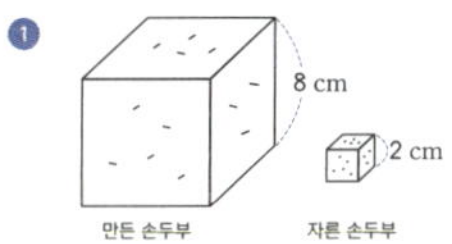
정육면체 모양의 손두부를 만들고 정육면체 모양으로 잘랐습니다. 만든 손두부의 부피는 512 cm³이고, 자른 손두부의 부피는 8 cm³입니다.

❷ 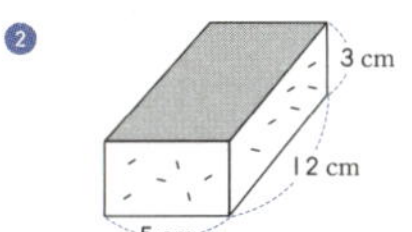
유진이는 가로 5 cm, 세로 12 cm, 높이 3 cm인 직육면체 모양의 카스텔라를 간식으로 먹었습니다. 유진이가 간식으로 먹은 카스텔라의 부피는 180 cm³ 입니다.

❸ 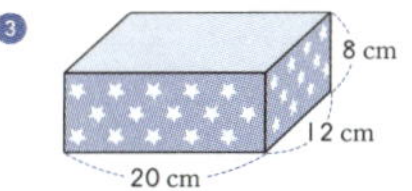
윤지가 선물을 포장하기 위해 가로 20 cm, 세로 12 cm, 높이 8 cm인 직육면체 모양의 상자를 샀습니다. 윤지가 산 상자의 겉넓이는 992 cm²입니다.

❹ 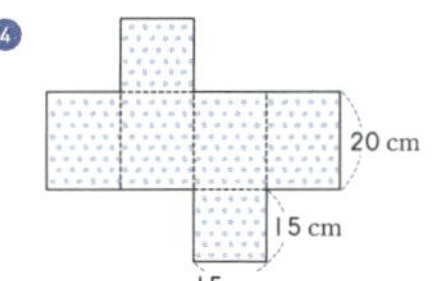
서준이는 직육면체 모양의 상자를 만들기 위해 왼쪽과 같은 전개도를 그렸습니다. 이 전개도로 만든 상자의 겉넓이는 1650 cm²입니다.

59 꿀떡! 연산 간식

⚘ 택배함에서 택배를 찾으려면 비밀번호를 알아야 합니다. 직육면체 모양의 택배 상자의 부피 또는 겉넓이를 계산해 비밀번호를 구하세요.

❶ 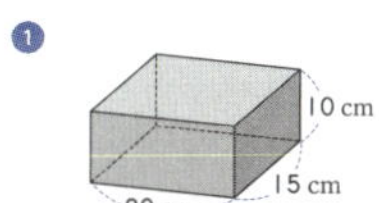
부피 🔒 3000 cm³

❷ 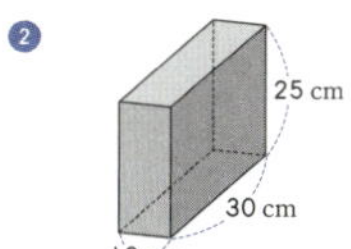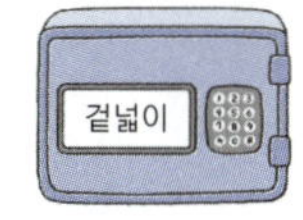
겉넓이 🔒 2600 cm²

❸ 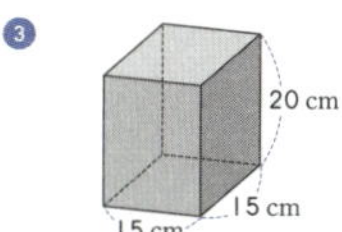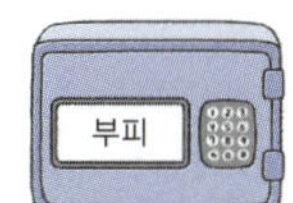
부피 🔒 4500 cm³

❹ 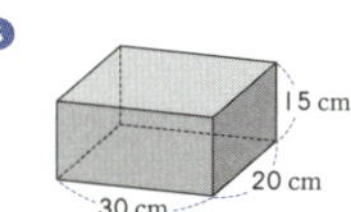
겉넓이 🔒 2700 cm²

넷째마당 통과 문제

*틀린 문제는 꼭 다시 확인하고 넘어가요!

❀ □ 안에 알맞은 수를 써넣으세요.

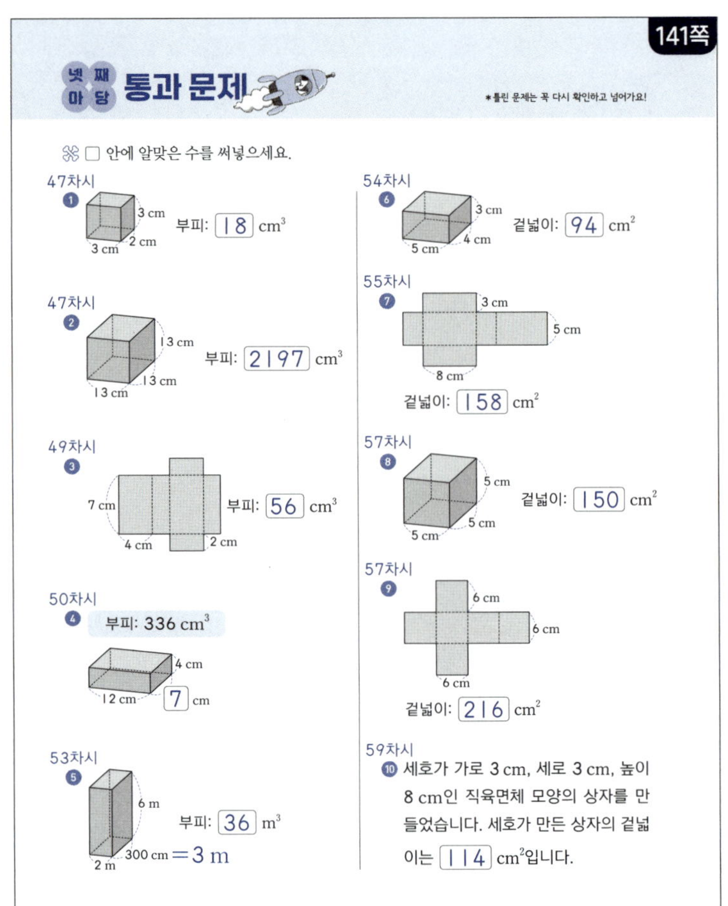

47차시
① 부피: 18 cm³

47차시
② 부피: 2197 cm³

49차시
③ 부피: 56 cm³

50차시
④ 부피: 336 cm³
7 cm

53차시
⑤ 부피: 36 m³
300 cm = 3 m

54차시
⑥ 겉넓이: 94 cm²

55차시
⑦ 겉넓이: 158 cm²

57차시
⑧ 겉넓이: 150 cm²

57차시
⑨ 겉넓이: 216 cm²

59차시
⑩ 세호가 가로 3 cm, 세로 3 cm, 높이 8 cm인 직육면체 모양의 상자를 만들었습니다. 세호가 만든 상자의 겉넓이는 114 cm²입니다.

기본을 다지면 더 빠르게 간다!

바쁜 중1을 위한 빠른 중학연산

1학년 1학기 과정 | 1권 〈소인수분해, 정수와 유리수〉   1학년 1학기 과정 | 2권 〈일차방정식, 그래프와 비례〉

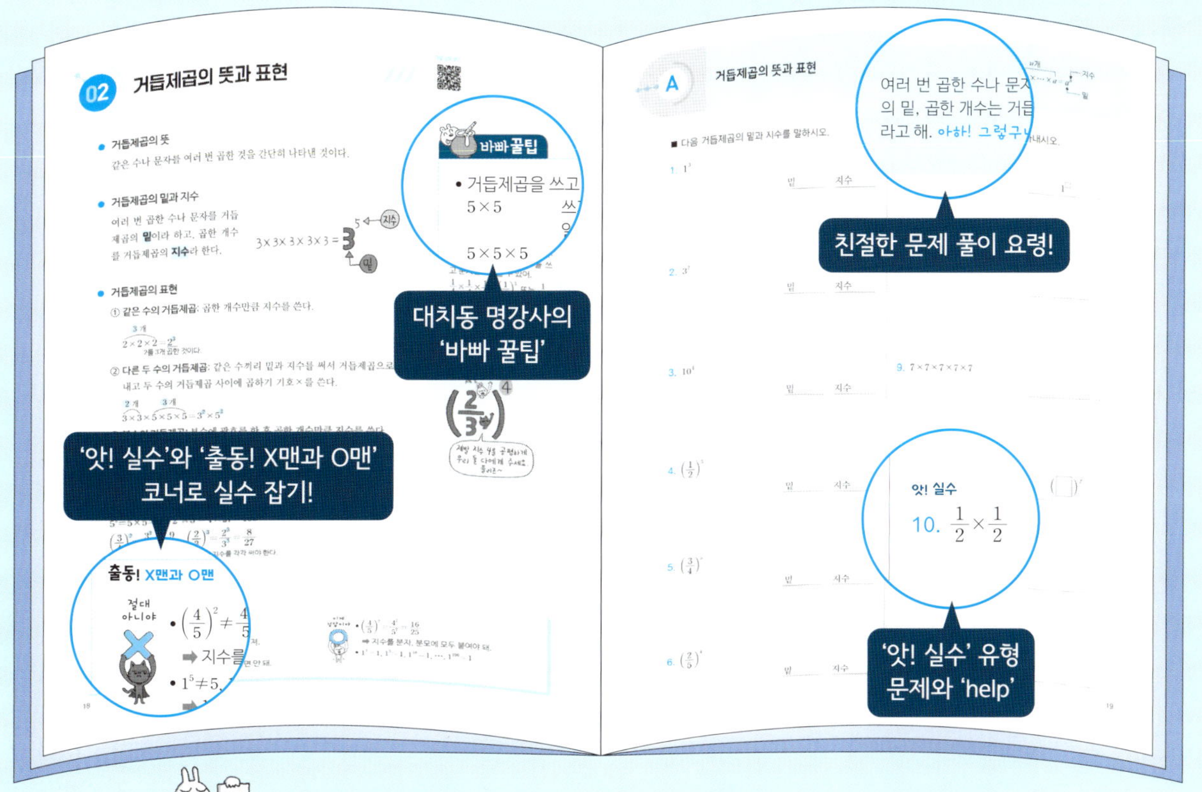

1학기를 두 권으로 구성해 영역별 최다 문제 수록! 기초가 탄탄해져요.